高职高专"十三五"规划教材

辽宁省职业教育改革发展示范校建设成果

# 钻井工艺

张金东 王 岩 赵 林 主编

U0270981

化学工业出版社

·北京·

本书分 13 个单元，系统地阐述了钻井工艺简介、钻井作业工序、钻井设备与工具、井口准备、钻进工具使用、钻井液准备、钻井现场钻井液性能调整、下套管和固井工艺、井控技术、一次开钻、二次开钻、石油钻井常见的卡钻原因及处理措施、钻井 HSE 管理体系等方面的基础知识和钻井工程设计方面的内容。

　　本书为高职高专石油钻井技术专业、石油工程技术专业和油气开采技术专业的教学用书。也可以供钻井初、中、高级工及有关人员培训和参考之用。

### 图书在版编目（CIP）数据

钻井工艺/张金东，王岩，赵林主编．—北京：化学工业出版社，2019.4（2023.8重印）
高职高专"十三五"规划教材
ISBN 978-7-122-33984-3

Ⅰ．①钻⋯　Ⅱ．①张⋯②王⋯③赵⋯　Ⅲ．①油气钻井-高等职业教育-教材　Ⅳ．①TE24

中国版本图书馆 CIP 数据核字（2019）第 034412 号

责任编辑：满悦芝　丁文璇　　　　　　　　　　装帧设计：张　辉
责任校对：张雨彤

出版发行：化学工业出版社（北京市东城区青年湖南街 13 号　邮政编码 100011）
印　　装：北京科印技术咨询服务有限公司数码印刷分部
787mm×1092mm　1/16　印张 12½　字数 307 千字　　2023 年 8 月北京第 1 版第 2 次印刷

购书咨询：010-64518888　　　　　　　　　　售后服务：010-64518899
网　　址：http://www.cip.com.cn
凡购买本书，如有缺损质量问题，本社销售中心负责调换。

定　　价：45.00 元

# 序

世界职业教育发展的经验和我国职业教育的历程都表明，职业教育是提高国家核心竞争力的要素之一。近年来，我国高等职业教育发展迅猛，成为我国高等教育的重要组成部分。《国务院关于加快发展现代职业教育的决定》、教育部《关于全面提高高等职业教育教学质量的若干意见》中都明确要大力发展职业教育，并指出职业教育要以服务发展为宗旨，以促进就业为导向，积极推进教育教学改革，通过课程、教材、教学模式和评价方式的创新，促进人才培养质量的提高。

盘锦职业技术学院依托于省示范校建设，近几年大力推进以能力为本位的项目化课程改革，教学中以学生为主体，以教师为主导，以典型工作任务为载体，对接德国双元制职业教育培训的国际轨道，教学内容和教学方法以及课程建设的思路都发生了很大的变化。因此开发一套满足现代职业教育教学改革需要、适应现代高职院校学生特点的项目化课程教材迫在眉睫。

为此学院成立专门机构，组成课程教材开发小组。教材开发小组实行项目管理，经过企业走访与市场调研、校企合作制定人才培养方案及课程计划、校企合作制定课程标准、自编讲义、试运行、后期修改完善等一系列环节，通过两年多的努力，顺利完成了四个专业类别20本教材的编写工作。其中，职业文化与创新类教材4本，化工类教材5本，石油类教材6本，财经类教材5本。本套教材内容涵盖较广，充分体现了现代高职院校的教学改革思路，充分考虑了高职院校现有教学资源、企业需求和学生的实际情况。

职业文化类教材突出职业文化实践育人建设项目成果；旨在推动校园文化与企业文化的有机结合，实现产教深度融合、校企紧密合作。教师在深入企业调研的基础上，与合作企业专家共同围绕工作过程系统化的理论原则，按照项目化课程设计教材内容，力图满足学生职业核心能力和职业迁移能力提升的需要。

化工类教材在项目化教学改革背景下，采用德国双元培育的教学理念，通过对化工企业的工作岗位及典型工作任务的调研、分析，将真实的工作任务转化为学习任务，建立基于工作过程系统化的项目化课程内容，以"工学结合"为出发点，根据实训环境模拟工作情境，尽量采用图表、图片等形式展示，对技能和技术理论做全面分析，力图体现实用性、综合性、典型性和先进性的特色。

石油类教材涵盖了石油钻探、油气层评价、油气井生产、维修和石油设备操作使用等领域，拓展发展项目化教学与情境教学，以利于提高学生学习的积极性、改善课堂教学效果，对高职石油类特色教材的建设做出积极探索。

财经类教材采用理实一体的教学设计模式，具有实战性；融合了国家全新的财经法律法规，具有前瞻性；注重了与其他课程之间的联系与区别，具有逻辑性；内容精准、图文并茂、通俗易懂，具有可读性。

在此，衷心感谢为本套教材策划、编写、出版付出辛勤劳动的广大教师、相关企业人员以及化学工业出版社的编辑们。尽管我们对教材的编写怀抱敬畏之心，坚持一丝不苟的专业态度，但囿于自己的水平和能力，疏漏之处在所难免。敬请学界同仁和读者不吝指正。

周铭

盘锦职业技术学院　院长

2018 年 9 月

# 前言

根据教职成司函［2013］184 号文件精神，按照辽宁省职业教育改革发展示范校建设要求，为了更好地提高教材编写质量，本教材依据钻井作业现场的实际编写。全书共分为 13 个单元，其中前 12 单元是必讲内容，单元 13 钻井 HSE 管理体系可以作为少学时专业选讲内容。本次教材编写基于钻井作业工序、岗位及核心技能，以"理论够用、实践按需"为原则，并结合当前学生的学习能力，对本教材的知识结构与教学内容做适当的梳理，力争使教材知识更加科学准确、结构更加合理、内容更加实用。与其他教材相比有以下几方面不同。

（1）弱化理论，强化实用。高职院校教学过程中，在知识的传授与技能的掌握上坚持以"理论够用、实践按需"为原则，理论性不能过于理论化。因此，单元 9 的井控技术部分的编写，用文字描述的形式进行说明，减少公式，更加直观、易懂；将单元 8 下套管固井工艺独立出来，作为必讲内容；单元 11 二次开钻中井眼轨迹的计算方法只描述计算方法；增加了石油钻井事故处理的典型案例。

（2）增加刮刀钻头的知识；钻头选型；PDC 钻头的应用性；井口工具使用；钻井液准备、钻井液性能调整；井喷的预防措施和井控设备使用等内容。

（3）增加了实训操作内容：其他教材缺少实训内容，导致理论和实训的结合性不强，本教材编写时增添了部分实训内容，在学中做、在练中学的"项目化"教学符合 21 世纪高职教育教学特点，使课堂效果更好。

（4）删除部分过于陈旧的内容。如删除钻柱的工作状态和钻柱的受力分析，井眼轨迹检测仪器的基本类型和原理，以及直井钻井技术等内容。

本书由张金东、王岩、赵林担任主编。盘锦职业技术学院张金东编写单元 1～5、8～10、12 内容；盘锦职业技术学院张翠婷编写 3.2 节内容，高文阳编写 10.6 节内容，赵宁编写 5.1 节内容；延安职业技术学院王岩编写单元 7、11 内容。辽宁辽河钻探工程有限公司总经理赵林、井队技术员王法强编写单元 6、13 内容。全书由盘锦职业技术学院张金东统稿。

由于编者水平有限，书中不妥之处在所难免，望读者提出宝贵意见。

编者

2018 年 12 月

# 目 录

# 单元1
## 钻井工艺简介

# 1.1 钻井工艺概述

### 1.1.1 国家石油安全与油气钻井的重要性

能源是经济社会发展和提高人民生活水平的重要物质基础，能源安全关系国家的经济命脉和民生大计。石油是重要的战略能源和化工原料，对国家经济、军事安全和国民经济发展有重要影响。

2008年，在世界能源结构中，石油占35%，天然气占24%，煤炭占29%，其他能源占12%。2017年，我国的能源消费结构中，石油占18.8%，煤炭占60.4%，天然气占7.2%，水电、核电、风电等其他能源占13.6%。据专家预测，到2020年，中国石油消耗量将达$(4.5\sim6.1)\times10^8$ t，而国内供应量却只有 $(1.8\sim2)\times10^8$ t，缺口达 $(2.7\sim4.1)\times10^8$。因此，必须站在战略高度考虑石油问题，依靠我国丰富的油气储量，提高自身的原油供应能力，努力减少对原油进口的依赖，避免国际油价大幅度变化对我国经济发展造成的冲击，保证经济发展的稳定与安全。

油气钻井是油气勘探与油气开发的主要手段，直观了解地下情况、证实已探明的油气储量以及把地下的石油和天然气开采出来，都要通过钻井来实现。钻井工程质量的优劣和钻井速度的快慢，直接关系到钻井成本的高低和油气勘探开发的综合经济效益及石油工业的发展速度，因此要加大油气勘探与开发的钻井工作量和促进钻井技术进步。

### 1.1.2 油气钻井的发展

#### 1.1.2.1 世界石油钻井技术的发展

旋转钻井的发展可分为初期阶段、发展阶段和科学化钻井三个阶段。1900～1920年为初期阶段，1920～1950年为发展阶段，1950年至今为科学化钻井阶段。科学化钻井阶段又可分为前期阶段和后期阶段（现代钻井阶段）。

前期阶段（1950～1980年）出现了9项单项技术：喷射钻井技术；优选参数钻井技术；平衡压力钻井技术；保护油气层技术；深井钻井技术；丛式钻井技术；高效钻井技术；井控技术；洗井液技术。

后期阶段主要有三项大成果：①实现了井下信息实时检测传输、处理和分析；②开发了井下导向和井下闭环钻井系统；⑩发展了新钻井技术（水平井钻井技术、多分支井钻井技术、欠平衡压力钻井技术），并在此基础上发展了新的小井眼钻井技术和连续油管钻井技术。

### 1.1.2.2 新中国石油钻井的发展

我国是世界上最早发现、开采和利用石油与天然气的国家，然而，由于种种历史原因，我国的石油钻井技术未能得到持续发展。新中国成立后，石油工业得到政府高度重视，石油工作者坚持独立自主、自力更生精神，在艰苦创业中形成了一支以"铁人"王进喜为代表的石油钻井队伍。回顾新中国石油钻井事业、经历了组建、发展和现代化钻井三个时期。

**(1) 组建时期**（1949～1958 年）

1949 年，中国只有甘肃玉门老君庙油田凿井部一个钻井机构，全国原油产量只有 $12×10^4 t$，1950 年召开第一次全国石油会议后，开始调配人力、设备和物资，组建钻井机构。到 1957 年，共有钻井队 205 个，钻机 319 台。与 1949 年相比，钻井口数由 9 口增加到 622口，钻井进尺由 5000m 上升到 $52.9×10^4 m$。这期间相继发现了克拉玛依、冷湖等油田，石油工业有了显著发展。

**(2) 发展时期**（1959～1977 年）

1958 年后，随着石油勘探的重点由西向东战略转移，整个钻井形势发生了很大变化。1958—1977 年的 20 年间，钻井队伍经过几次大的组建和补充，不断发展壮大。钻井队由205 个扩大到 570 个，钻机由 319 台增加到 942 台。1971 年，大庆油田 1205 钻井队使用改进后的刮刀钻头，创造了中型钻机年进尺 $12.7×10^4 m$ 的新纪录；胜利油田使用聚晶金刚石（PDC）喷射式刮刀钻头，创出一只钻头最高进尺 3135m 的好成绩。1976 年，大庆油田原油产量突破 $5000×10^4 t$。1977 年，全国累计完成定向井 119 口，井深 4000m 以上的井 31 口。

**(3) 现代化钻井的新阶段**（1978 年以后）

1978 年，我国石油钻井进入现代化钻井新阶段。现代化钻井技术从推广喷射钻井开始，喷射钻井技术的发展使地层压力预测与监测平衡压力钻井井控技术、优选参数钻井技术、钻井液与油气层保护技术等相继发展起来。

从 20 世纪 90 年代开始，定向丛式井和水平井技术得到长足发展。胜利油田钻成包括42 口井的丛式井组。大港油田形成了平台优选、丛式井设计、防碰扫描、综合施工服务等成熟完备的丛式井工艺技术。

水平井钻井技术在整装油田开发、薄油藏、块状底水油藏、特低渗透油藏、老油田剩余油挖潜及相关领域获得广泛应用，其应用技术与欠平衡、分支井钻井技术的集约化与集成化，大大提高了油气井产量和油藏最终采收率，大幅度地降低了原油生产成本。新疆塔里木油田从 1994 年开始用水平井开发 4 个整装油田，共钻水平井 134 口，取得了良好的经济效益。2002 年 12 月，大庆油田一口水平井钻井时成功穿越 2 个油层，创造了我国水平钻井在1m 左右的薄油层内穿行 613.7m 的纪录。我国目前所钻水平井基本为单水平井和双台阶水平井，而分支水平井和多分支水平井尚未广泛应用，影响了水平井的经济效益。

复杂地质条件下深井、超深井钻井技术处于世界先进行列。新疆油田在准噶尔盆地、塔西南山前构造带及塔里木地区以研究地层压力预测、井壁稳定为基础，设计合理的井身结构和钻井体系，提高了钻井速度和固井质量，降低了钻井成本，形成了一套适合复杂地质条件的深井、超深井钻井技术。

欠平衡钻井技术近年来有较大发展，四川石油管理局和西南油气田分公司应用了全过程欠平衡钻井技术，但目前井内压力理论计算还达不到钻井技术需要的精度范围。

2018 年 5 月 29 日，位于安达市的松科二井成为全国瞩目的焦点。这口井完钻井深 7018m，是亚洲国家实施的最深大陆科学钻井和国际大陆科学钻探计划（ICDP）成立 22 年来的最深钻井，也是全球首个钻穿白垩纪陆相地层的科学钻探井，取得地质科技四项重大突破与进展，创造了多项世界纪录。

### 1.1.3 油气井的分类

按目的不同，油气井可以分为探井、生产井和注水井等。

**（1）探井**

探井是为了探明经过地球物理勘探证实有希望的地质构造的地下情况，寻找油气田而钻的井。探井一般分为四大类。

**参数井** 了解一个地区（盆地或凹陷）生油岩和储集岩存在和分布情况的井。

**预探井** 了解一个圈闭中是否有油气和储集岩分布情况的井。

**评价井** 在预探井发现含油气储集层后，为探明这个圈闭（油气藏）含油气面积和地质储量所钻的井。

**资料井** 为获得油气藏油层参数，使用特殊工具钻取岩心进行检测与分析所钻的井。

**（2）生产井**

生产井是为了采出油气而钻的井。根据开发方案，生产井可分为以下两类。

**开发井** 油田开发初期布置的第一批用来采出油气的井。

**调整井** 在原有井网基础上，为改善油田开发效果，而补充钻的一些零散井或成批成排的加密井。

**（3）注水井**

注水井是用来向油层内注水的井。根据注水方式，注水井可分为以下两类。

**正注井** 从油管向地层注水的井。

**反注井** 从套管向地层注水的井。

**（4）其他油气井**

其他油气井还包括以下几类。

**更新井** 为了完善注采系统，需要钻的新井。

**观察井** 专门用来观察油田地下动态的井。

**检查井** 为了检查油层开发效果而钻的井。

### 1.1.4 油气钻井的基本过程

油气钻井是一个多专业、多工种、技术性很强的施工过程。钻一口井包括钻前工程、钻进工程和完井工程三个阶段。

**（1）钻前工程**

钻前工程是为钻井作业施工所进行的生产技术准备工作，包括钻井设计，测井定位，平整井场，道路施工，打混凝土基础，钻井设备检修、搬迁及安装，敷设水、电、通信线路和安装保温或降温设施等。

**（2）钻进工程**

钻进工程是钻井的基本施工过程，深井施工时要分多次钻进。钻井时要按工程设计组合钻具、配制钻井液、选择钻井参数。实施钻井施工时，由司钻、副司钻、井架工、内钳工、外钳工、场地工等岗位协作完成钻进、起下钻、接卸钻杆单根、循环钻井液、取心等具体作业。

**（3）完井工程**

完井工程是钻井施工的最后阶段，由完井电测、井壁取心、下套管、注水泥、射孔和试油等环节组成。完井工程由钻井队人员和专业队伍交叉进行，共同完成。

钻成一口井的工艺主要包括：选用高效率的钻头和最优的钻井技术参数，获得理想的钻进速度和最低成本，有效地控制井眼倾斜和方位，合理地控制地层压力实现平衡压力钻井，加固井壁和保护好油气层，形成油气流的通道等工艺。

# 1.2 钻井队岗位

**（1）钻井工程师（技术员）岗位**

ⅰ. 负责钻井队技术、工程资料、新技术及新工艺的推广与应用。

ⅱ. 负责钻井队技术管理，保证甲方和工程技术部门各项技术指令和安全技术措施的贯彻落实，并负责钻井技术交底、培训工作。

ⅲ. 根据甲方下达的地质、工程设计书，负责制定施工计划和技术措施。

ⅳ. 负责钻具、钻头的管理，钻井参数仪、自动记录仪、测斜仪的使用、检查及维护，参与设备安装质量的检查、校正和验收工作。

ⅴ. 负责组织各项重大工程和特殊作业的施工、准备与检查，处理井下复杂情况和井下事故，制定技术措施和要求，并负责各种特殊工具的草图绘制和相关技术标准的实施。

ⅵ. 负责钻井队技术培训，组织和实施钻井新技术、新工艺的推广与应用；负责计算机管理。

ⅶ. 负责钻井施工质量控制，执行相关 QHSE 体系标准。

ⅷ. 严格执行井控管理制度，负责组织现场井控设备的安装、试压、维护工作，负责现场防喷演习的组织和讲评工作。

ⅸ. 负责审查工程班报表，填写井史，收集、整理、保管各项工程技术资料并按时上报；严格执行每日汇报制度。

ⅹ. 负责组织编写阶段性特殊施工方案及应急救援预案，并按程序报审；负责编写公司级论文或公司级技术总结。

**（2）钻井液工程师岗位**

ⅰ. 全面负责一口井的钻井液技术管理，督促钻井队配齐、用好固控设备，负责有关技术措施的贯彻执行。

ⅱ. 负责执行主管部门制定的钻井液技术措施，搞好口井技术交底，下达作业指令并监督钻井液工做好钻井液性能的调整及维护工作。如果超设计范围改变钻井液性能和钻井液体系，必须经主管部门同意。

ⅲ. 负责现场所需钻井液材料的计划、验收、登记及使用过程中的质量评价，并督促钻井队妥善保管好各种材料。

ⅳ. 全面负责本井钻井液、滤液及水质等性能的测量、分析、调整、维护工作。大型处理钻井液时，一定要做小型试验并详细记录。遇到以下情况时，必须到现场组织处理钻井液：钻井液性能发生大幅度变化；起下钻遇阻遇卡；钻遇高压油、气、水层及漏失层；打开油气层；处理井下复杂情况和事故；电测遇阻；裸眼测试。

ⅴ.指导和督促钻井液工使用和保养好固控设备，对不能排除的设备故障隐患，应要求并督促钻井队及时整改或更换。

ⅵ.负责检查固控设备运转保养记录的填写。

ⅶ.协助钻井队搞好本单位钻井队钻井液工的技术培训；检查各班钻井液工的工作，并进行业务指导。

ⅷ.督促钻井队做好钻井液罐区及周围的环境保护管理工作，控制钻井液总量，防止污染环境。

ⅸ.负责全井钻井液资料的收集、整理及完井钻井液资料的总结，并负责保管和及时上报主管部门。

**(3) 安全（HSE）监督员岗位**

ⅰ.负责派驻项目生产作业现场的安全监督工作，发现重大事故隐患及时通知被监督井队负责人和本项目经理。

ⅱ.参与钻井队各次开钻及钻开油气层前验收工作。

ⅲ.负责所监督钻井队正常作业、特殊作业、辅助作业等作业的现场监督。

ⅳ.监督钻井队安全管理、"两书一表"的规范运作、应急预案的演练及员工正确执行岗位责任制和操作规程的情况。

ⅴ.对现场监督过程中发现的"三违"现象责任人，有权按有关规定进行处罚并进行违章记分。对存在危及职工生命安全、严重影响施工安全和破坏环境的情况有权下令停工。

ⅵ.负责每口井 HSE 管理情况的评价及监督工作报告的编制。

ⅶ.按期向本单位安全监督站报送监督报告。

**(4) 大班司钻岗位**

ⅰ.全面负责钻井队钻台设备、钻井泵、井架、底座的管理和维修，落实设备管理制度和各项操作规程。

ⅱ.负责组织分管设备的搬运、安装、调试工作，检查指导设备操作者正确使用维护保养设备。

ⅲ.指导和协助生产班组进行钻井设备维修和零部件的更换，设备故障隐患不能及时排除时，应及时向值班干部和设备主管部门报告。

ⅳ.负责钻井设备和工具的配套、送修工作，提供相应的材料计划，组织修旧利废工作。

ⅴ.协助钻井工程师（技术员）进行职工技能培训。

ⅵ.负责分管设备安全防护设施的管理，制止、纠正各类违章指挥和违章作业。

ⅶ.负责电气焊设备及工具的操作和保养管理。

ⅷ.负责检查机械设备运转保养记录，填写设备运转综合月报表和设备档案，并负责保管和及时上报设备管理部门。

ⅸ.协助平台经理搞好生产管理，针对生产中存在的问题，提出整改意见。

**(5) 司钻岗位**

ⅰ.负责组织本班正确使用和维护保养设备。

ⅱ.负责操作刹把（司钻房）、司钻操作箱及井控操作台，严格执行质量标准、操作规程和技术措施。

ⅲ.协助大班司钻进行钻台设备、井架和底座搬安的组织工作。

ⅳ.检查全班对巡回检查制、交接班制、设备维修保养制的执行情况，督促全班合理、正确使用设备。

ⅴ.组织全班按生产任务书搞好生产；严格执行钻头、钻具使用管理制度和钻井液净化及处理措施，正确判断和处理井下情况异常情况并及时向值班干部汇报。

ⅵ.负责本班的 QHSE 管理工作，坚持定期开展 QHSE 活动，检查各岗位 QHSE 工作情况，发现不安全因素和钻井质量问题及时进行处理，不能及时处理的，要采取防范措施，及时汇报。

ⅶ.负责本班岗位练兵、新职工的岗位培训工作，做到"四懂三会"，即懂原理、懂结构、懂性能、懂用途；会使用、会保养、会排除故障。

ⅷ.负责主持班前、班后会，审查工程报表、机械设备运转保养记录、QHSE 活动记录并签字；负责控制生产用料，搞好班组成本核算。

**(6) 副司钻岗位**

ⅰ.协助司钻搞好全班工作，司钻不在时顶其岗位。

ⅱ.负责钻井泵、井控装置、高压循环系统及充气机等设备的正确使用和维护保养。

ⅲ.负责操作猫头。

ⅳ.负责防喷器、远程控制台、节流管汇、压井管汇、液气分离器的维护保养及泵房工具的管理。

ⅴ.负责泵房的安全管理，按 QHSE 管理的要求做好泵房区域的卫生清洁和环境保护工作。

ⅵ.负责内、外钳工和场地工的协调与管理。

ⅶ.协助钻井液工维护、调整钻井液性能，复杂情况时注意钻井液面变化，起钻时负责向井内灌钻井液。

ⅷ.协助司钻搞好全班 QHSE 管理工作，并负责班组材料管理及填写本班质量记录。

**(7) 井架工岗位**

ⅰ.负责二层台的安全操作，副司钻不在时顶其岗位。

ⅱ.负责提升系统（天车、游车、大钩）、水龙头、自动上扣器、吊环、转盘、节流阀控制箱的检查、保养和维护工作。

ⅲ.负责井架、底座各部位设备的检查、固定、维护与清洁。

ⅳ.负责井架附件（包括滑轮、绳索、钩子、保险带、操作台、立柱排放架、立管、照明设备）、底座及大绳抽倒装置的检查、固定、保养和清洁工作。负责二层台风动绞车的检查、保养、清洁工作。

ⅴ.协助副司钻进行钻井泵、防喷器、保护伞、压井管汇、节流管汇的维护和井口周围的卫生。

ⅵ.担任本班组 QHSE 监督员，发现事故隐患和违章行为要及时整改和纠正；坚持班前会安全讲话，班后会安全讲评。

ⅶ.正常钻进时组织本班完成辅助工作。

ⅷ.负责填写本班 QHSE 活动记录。

ⅸ.负责接单根及下套管时操作风动（液动）绞车。

**(8) 内钳工岗位**

ⅰ.负责内钳的操作，井架工不在时顶其岗位。

ⅱ.负责绞车、辅助刹车、爬坡万向轴（机械钻机）及各护罩的检查、保养和清洁工作。

ⅲ.负责水柜（水罐）和循环冷却水泵及钻台各气、液压油管线的检查与清洁。

ⅳ.负责内钳和气液大钳的操作、保养和清洁；做好起下钻、接单根的准备工作。

ⅴ.负责钻井参数仪、立压表的检查、保养和清洁工作。

ⅵ.负责大绳、排绳器、死绳固定器及起下钻钻具的检查与维护保养工作。

ⅶ.负责填写钻台设备运转保养记录。

**(9) 外钳工岗位**

ⅰ.负责外钳的操作，内钳工不在时顶其岗位。

ⅱ.负责猫头绞车和转盘传动装置及护罩的检查、保养和清洁工作。

ⅲ.负责井口工具（吊卡、卡瓦、安全卡瓦、钻头盒、防喷盒）、提升短节、配合接头、内防喷工具、钻台手工工具的准备、检查、保养和清洁。

ⅳ.负责外钳和风动（液压）绞车的检查和维护保养。

ⅴ.负责钻台栏杆、大门坡道、梯子及扶手、安全滑道、升降机的固定与清洁。

ⅵ.负责钻台上下及钻台偏房的卫生与环境保护工作。

ⅶ.协助副司钻、井架工、内钳工搞好设备修理和保养。

ⅷ.负责螺纹脂的补充和更换，起钻时负责排好钻具，下钻时负责钻具螺纹清洁并涂好螺纹脂。

ⅸ.负责做好起下钻及接单根时的接头、提升短节、安全卡瓦、卡瓦、钻头、手工工具和各种绳套的准备工作。

ⅹ.负责起下钻中钻具质量的检查。

**(10) 场地工岗位**

ⅰ.负责钻具检查、清洁及振动筛的使用和保养；外钳工不在时顶其岗位。

ⅱ.负责振动筛、高架槽的检查、保养及清洁。

ⅲ.负责井场钻具管材的排放、管理和编号，负责螺纹清洁、保证水眼畅通，钻进时准备好单根。

ⅳ.负责值班房用具、场地用具（工具）、绳套、爬犁等及其周围的管理和清洁。

ⅴ.负责污水泵的使用、管理和保养，搞好排污池的维护与管理，防止废钻井液、污水乱排放而造成环境污染。

ⅵ.负责消防设备及工具的检查、保养及管理。

ⅶ.负责填写工程班报表、钻具记录，协助钻井液工做好液面监测工作。

ⅷ.负责送井材料的归类和摆放以及场地、值班房的卫生清洁与环境保护。

**(11) 钻井液作业工岗位责任制**

ⅰ.认真贯彻执行钻井液管理措施，在钻井液技术员（甲方工程师）的指导下，负责钻井液的日常处理和维护工作。

ⅱ.负责钻井液处理剂的使用和保管；负责送达井队的各种处理剂的验收、入库。

ⅲ.负责钻井液性能的测量和仪器的使用、维护和保管；完成钻井液技术员（甲方工程师）布置的各项任务。

ⅳ.负责固控系统设备的搬运安装，按设备使用说明书及操作规程正确使用和维护保养固控设备，负责填写固控系统设备运转记录。

ⅴ.严格执行 QHSE 管理标准，负责钻井液罐区和值班房的卫生及环境保护，防止钻井液乱排、乱放，杜绝污染事故。

ⅵ.负责钻开油气层后钻井液变化的监测工作，并负责钻井液用水的准备。

ⅶ.负责填写钻井液原始记录及坐岗记录，协助钻井液技术员（甲方工程师）整理钻井液资料。

# 单元习题

1.简述石油的重要性。

2.简述钻井的岗位分类。

# 单元2
## 钻井作业工序

石油钻井是一项复杂的系统工程，是勘探和开发油气田的主要手段。其主要施工工序一般包括：定井位、道路勘测、基础施工、安装井架、安装设备、钻进、起钻、换钻头、下钻、完井测试、固井、搬家等。

## 2.1 井场准备

### 2.1.1 定井位

定井位就是确定油、气井的位置。它由勘探部门（勘探井）或油田开发部门（生产井、注水井、调整井等）来确定。井位内容包括以下几点。

**构造位置** 该井在什么地质构造上。

**地理位置** 该井在省、市、县、乡、村的位置。

**测线位置** 该井所在地震测线剖面。

**坐标位置** 该井在地球表面的经度和纬度。

确定井位时，应全面考虑地形、地势、地物、土质、水源、地下水位、排水条件、交通状况等，选定最佳井位。定井位的原则是避开山洪及暴雨冲淹或可能发生滑坡的地方；井场边缘距铁路、高压电线及大型设施至少50m，井口距民房60m以上。标准井场最小有效使用面积见表2-1。

表 2-1　标准井场最小有效使用面积

| 钻机级别 | 井场面积/m² | 长度/m | 宽度/m |
|---|---|---|---|
| 20 及以下钻机 | 6400 | 80 | 80 |
| 30 | 8100 | 90 | 90 |
| 40 | 10000 | 100 | 100 |
| 50 | 11025 | 105 | 105 |
| 70 及以上钻机 | 12100 | 110 | 110 |

70 钻机井场布局简图（虚线框区域为司机属地）如图 2-1 所示。

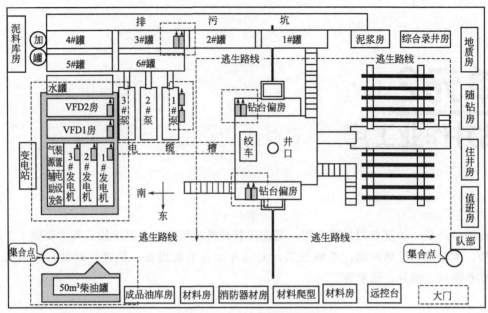

图 2-1　70 钻机井场布局简图

## 2.1.2　道路勘测

道路勘测是对井队搬家所经过的道路进行实地调查，以保证安全顺利地搬迁。搬家前要勘察沿途的道路、桥梁和涵洞宽度及承载能力，掌握沿途的通讯线、电力线的情况，凡不符合要求者及时整改处理。

## 2.1.3　基础施工

基础是安装钻井设备的地方，目的是保证机器设备的稳固，保证设备在运转过程中不移动、不下沉，减少机器设备的振动。基础质量的好坏，直接影响钻井设备的正常运转、加速设备的磨损。例如井架基墩水平度达不到要求，不仅使井架安装困难，严重时还会导致井架倾斜。动力机的基墩不平，会使动力机轴及传动装置各部件受力不均衡，易于磨损甚至发生折断。钻井现场基础一般采用填石灌浆、混凝土预制和方木，特殊条件下可用木桩基础、爆扩桩基础。

填石灌浆基础是先将直径 250～350mm 的石块填入坑内，然后用水泥与砂子之比为 1：2 或 1：3 的水泥砂浆灌注而成。

混凝土基础是用清水洗干净的直径为 15～30mm 的石子、干净的细砂和 300～500 号水泥，以一定的比例混合加水，用混凝土搅拌机或铁皮压盘人工搅拌均匀倒入基础坑内，并用铁钎或振动器捣实而成。水泥：砂子：石子一般为 1：2：4 或 1：3：5（体积比）。

填石灌浆及混凝土基础具有现场制作方便、成形件好、强度大、能够承受较大负荷等特点。钻井设备安装时使用广泛，特别是重型、超重型钻井设备的井架、动力机及钻井泵等均使用这种基础。

木方基础是用硬质木料制成的，其断面尺寸为 300mm×300mm 或 400mm×400mm。木方制作简单，完井后可起出多次使用，有利于保护环境。缺点是不能承受重载荷，而且费用高，现在已很少使用。

木桩基础用于地下有流沙、水泡子，填方过深时有塌方危险或消耗水泥过多、不宜采用混凝土基础的情况。

在一些超深井钻探设备安装时，由于井深、负荷大、钻井周期长、地表土层厚且较软，采用上述基础不能满足要求，可采用爆扩桩基础。

混凝土预制基础（水泥活动基础）是预先在车间（预制厂）按标准尺寸做成钢筋混凝土基墩，安装时直接运到井场使用，完井后起出可多次重复使用。预制基础可以提高安装速度，节约材料，减少运输费用，降低钻井成本。但由于各井场地表上层强度差异较大，该基础已经预制成形，因而适应性较差。

基础完工后必须用水平仪找平。井架、柴油机和钻井泵的基础水平误差不超过±3mm，前后误差不超过±10mm。平面位移以中心线为准，偏差不超过±20mm。

活动基础的摆放只准挖方，不准填方。基础应高出地面 50～60mm，井用土加以覆盖，防止拖拉井架和设备时损坏基础表面。

### 2.1.4 安装井架

#### 2.1.4.1 安装塔形井架

首先安装井架底座，底座由四根大梁组成，大梁间用槽钢拉筋连接。安装底座时先把井口中心线划出来，找好安放底座的位置，用吊车将大梁逐件摆上，连接固定好。摆放时应注意大梁的顺序；四根大梁要一样平，不平可在基础与大梁之间垫铁片，水平误差小于 3mm；底座两对角线交点应与井口中心重合，偏心距小于 3mm，水平位移小于 10mm，底座对角线的长度偏差小于 5mm。

然后把安装好的井架底座吊装在井架基础上，安装底座时应注意上全所有的螺栓、卡子、销子等，螺栓要垫弹簧垫圈，销子要涂润滑脂并穿保险销子。

底座安装好后，把搬运到井场的井架部件初步组装成组合件，并放在方便施工的位置，然后用吊车将组合件大腿及二层组装好的拉筋装上，再用扒杆法或旋转扒杆法依次将井架一层层安装完毕，最后吊装天车，拉好井架绷绳。

#### 2.1.4.2 安装 A 形井架

首先安装底座，底座安放前应以井口纵向、横向中心线为基准，在底座上划出底座安放边线。底座安装时，一般以井口为中心，按设计尺寸在基础上划好线，再用吊车逐件将底座架摆放到基础上。吊装底座一般从井架主体底座架开始，逐件安放井同时用销子或 U 形卡子把相接的底座架按要求连接起来。底座安放完毕，需用水准仪进行找平，并核对有关尺寸。该类钻机底座安装好后，摆放设备时一般不再找平，故整体底座的对正与找平必须按设备出厂要求和标准严格执行，保证质量。然后采用水平安装、整体吊升的方法安装其他井架部件。主要有撑杆法、人字架法。

### 2.1.5 安装设备

安装设备是将钻井所需设备、工具（除新设备、新工具外，一般是搬家拆开的设备、工具）等在新井场重新组装，形成完整的钻井设备系统。

安装工作主要有：设备就位、校正设备、固定设备等。设备的安装工作可在整个井场同时进行。校正设备应先找正，后找平，校正要按规定顺序进行。首先根据井架四条大腿对角线交点来确定转盘中心位置，再确定天车的中心，使天车中心、转盘中心、井口中心三者在一条垂线上。然后通过转盘链轮和绞车过桥链轮的同一端面校正绞车的位置。依次类推，校正 1 号车位置，校正柴油机、联动机、钻井泵、压风机、除砂泵等设备的位置。固定设备时必须按规定的力矩使螺栓紧固牢靠，零部件齐全，保证质量并注意安全。

#### 2.1.5.1 保证安装质量

钻井设备的安装质量是影响一口井能否顺利完工的关键因素之一。安装质量要达到"七字"标准和"五不漏"要求。"七字"标准是：正、平、稳、全、牢、灵、通。

正：设备位置要对正，不偏不斜，偏差要符合标准。

平：设备安装的水平度要符合标准，工作台要铺平。

稳：设备安装时不悬空，运转时不振动。

全：设备零部件、护罩、固定螺丝等要齐全。

牢：设备固定要牢固。

灵：设备的刹车控制系统要灵活可靠，仪器、仪表要灵敏准确。

通：各种管线、电路等要畅通。

五不漏：不漏油、不漏气、不漏水、不漏电、不漏钻井液。

#### 2.1.5.2 设备的保养

在设备开始运转之前，要对设备进行一次全面保养。各岗位要按保养项目及要求进行保养，主要内容如下。

ⅰ.洗设备表面及内腔。

ⅱ.所有润滑点按标准加入机油或注入润滑脂。

ⅲ.清洗机油、柴油及空气滤清器。

ⅳ.向柴油机、发电机等水箱加入软化冷却水。

ⅴ.再次检查设备的紧固和连接是否符合要求。

# 2.2 钻进工序

钻进是用一定的破岩工具，不断破碎岩石加深井眼的过程。钻进应采用先进的工艺技术，按设计要求，安全、快速、高效地钻达目的层。钻进按开钻次数分为：一次开钻钻进、二次开钻钻进、三次开钻钻进等。钻进按钻井速度和对钻井液的要求分为：快速钻进、正常钻进。

## 2.2.1 一次开钻

一次开钻是设备安装完毕后，为下表层套管面进行的钻井施工。

**（1）钻前的准备工作**

ⅰ.下井钻具及套管要清洗螺纹，检查、丈量、编号，并记录。

ⅱ.挖出圆井和循环沟，冲（钻）大、小鼠洞，下好鼠洞管。

ⅲ.按设计要求配制好钻井液。

ⅳ.接好向井内灌钻井液的管线。

ⅴ.接好钻头，提出转盘大方瓦，下入钻具。

**(2) 技术要求**

ⅰ. 钻头直径要根据所下表层套管的直径选定。

ⅱ. 钻头进入圆井开泵，钻具结构、钻井参数、水力参数应符合工程设计要求。

ⅲ. 表层套管的沉砂口袋不能大于 2m。

ⅳ. 打完表层，循环钻井液，调整好钻井液性能后，起钻投测，井斜小于 0.5°。

ⅴ. 起钻时连续向井内灌满钻井液，钻头出转盘前，要先提出大方瓦，再起出钻头。

ⅵ. 表层套管下入深度与设计深度误差小于 5in❶。

ⅶ. 表层套管连接不得选错螺纹，双钳紧螺纹，剩余螺纹不超过 1 牙。

ⅷ. 表层套管必须在井口找正固定好后再固井。

ⅸ. 固井时，水泥浆必须返出地面，若未返出则要补注，即打上水泥帽子。

ⅹ. 替入量要计算准确，不得替空，水泥塞高度不大于 10m。

## 2.2.2 二次开钻

二次开钻是下完表层套管固井后，再次开始的钻井施工。也就是说，二次开钻是接好钻头，按工程设计要求下入钻具，钻完水泥塞，钻头接触第一次钻进时的井底，再次开始的钻进。

① 开钻前的准备工作 首先要安装井口装置。每次开钻的井口装置应尽量保持四通出口高度不变；双外螺纹短节及调节长度短节的有效长度误差小于 10mm；螺纹用标准螺纹，上紧后剩余螺纹不超过 1 牙；安装闸板防喷器时，手动锁紧装置的手轮，操纵杆应位于大门两侧，油路接头出口与井架大门方向相反。根据钻具尺寸装相应尺寸的管子闸板，并在司钻控制台和远程控制台上挂牌标明所装闸板尺寸，以防关错。手动锁紧装置要装全、连接好，并在手轮处挂牌标明开关圈数；环形防喷器油路接头应和闸板防喷器的油路接头方向相同。安装好防喷器井口后，要校正天车、转盘及防喷器组，两者中心在同一条垂线上，偏心距不大于 10mm。校正好后，用直径 18mm 的钢丝绳将防喷器紧固在井架底座上；安装好的防喷器井口内径无死台阶；防喷器上方要装防溅罩。

节流、压井管汇要使用专用管线并采用标准法兰连接，无弯度，管线装好后用地锚固定。四通的两翼各装两个阀门，紧靠四通的阀门处于常开状态（冬季一般处于常闭状态）。放喷管线的布局要考虑居民区、道路及各种设施，管线安装要平直，并接出井口75m 以外，控制阀门必须接出井架底座以外。特殊情况下，管线要拐弯时，应采用铸钢弯头，其弯角应大于 120°，每隔 10～15m、拐弯处及放喷口处要用水泥基墩地脚螺栓或地锚固定。放喷管线通径应大于 75mm；放喷管线及压井、节流管汇应采用防堵、防冻措施，保证畅通。

远程控制台应摆放在井架右前方，距井口 25m 以上，距放喷管线或压井管线要有一定距离，其电源线要单独连接，不能与照明线串接，储能器瓶的压力要始终在工作压力范围内。司钻控制台要安装在司钻工作位置附近，便于司钻操作。安装完毕要全面试压。

② 高压试运转 开钻前，对循环系统进行高压试运转，以检查安装质量，保证设备和循环系统在钻进过程中不出问题。同时可发现薄弱环节，以便整改。高压试运转应注意以下问题。

---

❶ 1in＝25.4mm

ⅰ.做好准备工作。钻井泵、立管、水龙头、水龙带及方补心等保险装置必须齐全可靠。

ⅱ.装合适的钻头水眼，确保在确定的排量下达到钻进中的最高压力。

ⅲ.试压时钻具结构为：钻头＋钻杆＋方钻杆。

ⅳ.开泵时人员应远离高压区，待钻井泵运转平稳、泵压稳定后再检查。

ⅴ.钻井泵上水良好，排量由小到大，逐渐达到确定排量。

ⅵ.转盘转速由低到高，交替试运转，水龙带不摆不跳。

ⅶ.试运转30min，钻井泵、地面高压管线、立管、水龙带、水龙头、泵压表等不刺不漏。

如有问题及时整改，整改后重新试压，直到符合要求。

③ 运行、分工　地质、工程设计交底，贯彻措施，运行生产大表。合理分工，科学组织安排生产，保证工作的顺利进行。

### 2.2.3　三次开钻

下入技术套管后，需继续加深的井所组织的钻井施工称为三次开钻。对于超深井和特殊井可能要下多层套管，那么会有四次开钻、多次开钻等。

### 2.2.4　钻进操作

当钻头接触井底前，由司钻操作，开泵，启动转盘，慢慢使钻头接触井底，逐渐施加钻压（即钻进时施加于钻头上的力），转盘旋转带动钻具转动，钻头便不断破碎岩石，形成的岩屑被射流冲离井底，并由钻井液带至地面。

当方余（钻进中，方钻杆在转盘面以下的长度称为方入；在转盘面以上的方钻杆有效长度称为方余）打完后，停泵，停转盘，上提钻具，至方钻杆下钻杆内螺纹接头提出转盘面，扣上吊卡悬挂住钻具，用吊钳卸开方钻杆，拉方钻杆与小鼠洞内的单根相接，然后提单根出鼠洞再与井口的钻柱相接，开泵、下放钻具，启动转盘，恢复正常钻进。

钻进操作要求送钻均匀，防止蹩钻、跳钻、顿钻、溜钻，严禁加压启动转盘，禁止打倒车，上提下放钻具要平稳。

钻进时要随时注意泵压和悬重的变化，注意井口返出的钻井液情况。若发现泵压下降1MPa，地面检查不出原因时，要果断起钻，检查钻具。

钻进中停泵或倒泵要首先通知司钻，待钻具提起后再进行上述操作。钻头使用后期，如发现蹩钻、转盘载荷增大、转动不均匀、打倒车、钻速明显下降等现象，应立即停钻、循环钻井液，起钻换钻头，切不可凑合。

### 2.2.5　钻井技术

#### （1）喷射钻井技术

喷射钻井是充分利用钻井液流经钻头喷嘴所形成的高速射流的水力作用，提高机械钻速的钻井方法。

与普通钻井相比，其特点可概括为："三大、三小、三高、两合理"。即钻头喷嘴水力功率、钻头喷嘴出口的射流速度、射流对井底的冲击力大；钻井泵排量、钻头喷嘴出口直径、钻井液环空返回速度小；钻井泵泵压、钻头喷嘴压力降、钻井泵输出功率高；钻井泵的压力和功率分配合理。

喷射钻井的最大优点是能获得较大的钻头水力功率，使泵功率大部分作用于井底。喷射钻井可以获得较高的机械钻速，其主要原因是：射流可以充分净化井底，消除重复切削；射流能保持和扩大预破碎带裂缝；射流能直接水力破碎岩石。

**（2）取心钻井技术**

钻井取心是石油勘探和开发的重要工作，多采用钻进取心法，一般利用筒式取心工具把岩样（岩心）从地下取出。岩心是了解井下情况最完整的第一手资料，地质人员通过岩心的分析研究，可取得更为完整、准确的地质资料（如油气层的分布规律、厚度、岩性、孔隙度、渗透率、含油饱和度、裂缝发育情况等），为制定合理的勘探、开发方案，准确计算储量，采取合适的增产措施提供了可靠的依据。

取心工具按适用地层分为硬地层取心工具、软地层取心工具；按取心工艺可分为短筒取心，长筒取心、密闭取心、保压取心等。

取心钻进过程包括钻出岩心、保护岩心和取出岩心三个主要环节。完成这三个环节，一般需用取心钻头、岩心筒、岩心爪、扶正器和悬挂装置等部件。

岩心收获率是衡量取心技术水平和取心质量的一个重要指标。岩心收获率是指实取岩心长度与取心进尺比值的百分数。

**（3）定向钻井技术**

定向钻井是使井身沿着预先设计的方向钻达目的层的钻井方法，又称斜向钻井。丛式井、多底井、侧钻井、水平井等都属于定向井。

首先进行定向井的井身剖面设计，确定井眼曲率、井眼形状及造斜位置。然后采取一定的造斜方法和造斜工具进行造斜。在钻井的每一阶段都要不断的测井，取得井深、井斜角、方位角等资料，绘制出实际井眼轴线，检查它们与设计井身的偏差，如果不符合井身剖面设计，要及时加以调整，即增斜、降斜或扭方位等。

## 2.2.6 钻进中的特殊情况

① 泵压下降　原因可能是泵压表失灵或泵上水不好；管线、阀门、钻具刺漏或断裂造成钻井液循环短路；钻头水眼刺坏或脱落；井漏；钻井液气侵；泵冲速减小；泵压表失灵等。

② 泵压升高　原因可能是井塌；钻速过快，钻井液携岩能力差；钻头水眼（喷嘴）堵塞；钻井液密度不均匀；钻头泥包；岩性变化；刮刀钻头刀片磨光或脱落，金刚石钻头、PDC 钻头有效部位用完研磨胎体所致。

③ 悬重下降　一般原因是悬重表出现故障；钻具断脱。

④ 发生溢流　要立即按井控的"四、七"动作进行操作。

## 2.2.7 起钻、换钻头、下钻

### 2.2.7.1 起钻

起钻是将井内钻具从井眼中起出的工作。起钻一般以 3 根钻杆为 1 根立柱，起出移放于钻杆盒内。

**（1）起钻前的准备工作**

ⅰ.循环、调整好钻井液。

ⅱ.检查设备、仪器、仪表和刹车系统等工作是否正常。

ⅲ.做好向井内灌钻井液的准备。

ⅳ.检查吊钳、吊卡、卡瓦、提升短节等井口工具是否完好，并备好刮泥器。

ⅴ.检查吊钳尾绳是否固定牢固。

**(2) 起钻中的特殊情况**

起钻中，由于钻井液性能、井身质量或疏忽大意等原因，可能造成井塌、砂桥、缩径、钻头泥包、键槽或井下落物，导致拔活塞或遇卡等现象。例如拔活塞时摩擦阻力较大，连续遇卡；环空钻井液随钻具一起上行；钻具内液面逐渐下降，被抽空；转盘卸螺纹困难，打倒车严重。

起钻有拔活塞、卡钻现象时切记不要硬拔硬起。要首先下放钻具至正常井段，接方钻杆开泵循环钻井液，并转动转盘，调整钻井液性能，大排量洗井，井下正常后再进行起钻。若是键槽卡钻则要采用倒划眼等方法，破掉键槽后再起出钻具。

#### 2.2.7.2 换钻头

换钻头是起钻完毕，把钻柱底端的旧钻头卸下，换上所需的新钻头的工作。对所换新钻头在下井前必须进行仔细检查，检查内容包括：钻头类型、尺寸、牙型、钻头水眼、螺纹、焊缝及牙齿（切削元件）等。

钻头螺纹要涂抹螺纹脂，钻铤提离转盘1m左右，内外钳工用手提起并转动钻头与钻铤螺纹连接上，然后放入钻头盒，关闭转盘止转销，用吊钳上紧。钻头螺纹的紧度要符合扭矩标准。

#### 2.2.7.3 下钻

下钻是换好钻头后，将钻具重新下入井内的工作。下钻工作与起钻基本相同，不同之处是：起钻是卸螺纹，提升钻具，下放吊卡；而下钻是上螺纹，下放钻具，提升吊卡，并比起钻多一道使钻具上螺纹的工作。

**(1) 下钻前的准备工作**

ⅰ.检查刹车系统、气路、防碰天车装置、仪器仪表等。

ⅱ.检查吊钳、吊卡、卡瓦等井口工具。

ⅲ.备好合适的螺纹脂。

**(2) 下钻中的特殊情况**

下钻中的特殊情况一般是下钻遇阻。遇阻原因有以下几点。

ⅰ.钻井液性能不好或起钻时未灌满钻井液导致井塌。

ⅱ.地层吸水膨胀导致井径缩小即缩径。

ⅲ.钻头直径严重磨损导致新钻头入井遇阻。

ⅳ.钻具结构改变，不同尺寸钻具组成钻柱。

ⅴ.井眼不规则或有砂桥、落物等。

### 2.2.8 完井测试

任何一口井在进行完井作业前都要进行完井测试。其目的是为完井作业和油田开发提供可靠依据。

测井主要有：电法测井、放射测井、工程测井等。其中工程测井与钻井工程的关系较密切。工程测井包括：井径曲线测井、井斜曲线测井、井温曲线测井、声幅测井、磁性定位测井等。其目的是检查井身质量、固井质量，为准确射孔提供依据。

测井时，要按时向井内灌满钻井液，并密切注意井口液的变化。若发现溢流要立即报告井队负责人（队长、技术员等），及时进行处理。

## 2.2.9 固井

固井是向井内下入一定尺寸的套管串，并在其周围注以水泥浆，把套管与井壁紧固起来的工作。其目的是：封隔疏松、易漏、易塌等复杂地层；封隔油气水层，防止相互窜漏；安装井口，形成油气通道，控制油气流，以便达到安全钻井和保证长期生产的目的。常规注水泥施工工序如下。

ⅰ.套管下至预定井深后，装上水泥头循环钻井液，并接好各台水泥车的地面管汇。

ⅱ.打隔离液，注水泥。

ⅲ.顶胶塞并开始替钻井液。

ⅳ.碰压。替钻井液后期，泵压逐渐升高，当胶塞坐在生铁圈上时，泵压突然升高的现象，称为碰压，此时注水泥结束。

ⅴ.候凝。候凝即等候水泥浆凝固。碰压后为了防止水泥浆倒流憋坏止回阀，导致环空水泥浆液面下降、套管内水泥塞过长，影响固井质量。候凝时常采用憋压候凝。在憋压候凝过程中，由于水泥浆凝固放出热量，钻井液温度升高，体积膨胀，井口压力要升高，因此应有专人负责注意观察井口压力，当压力超过规定压力时要放压，以确保井口安全。

## 2.2.10 搬家

搬家是把钻井设备及井队人员的生活设施等搬离老井场（一般是搬至新井场）。它是一项繁忙而复杂的工作，须由生产调度统筹安排。搬家主要包括：搬家前的准备工作、搬家组织工作、拆卸设备、装车、运输、卸车及设备就位。

**(1) 搬家前的准备工作**

ⅰ.确定搬家时间和车辆计划。

ⅱ.准备各种设备的吊、捆绳套和绳索。

ⅲ.把所有设备、活动板房等拖开，清洗泥污井按顺序摆放。

ⅳ.钻井液回收。

ⅴ.落实搬家路线，合理搭配吊车、卡车。

**(2) 拆卸设备**

拆卸设备前，必须切断电源，以防触电。无论拆卸什么设备都要精心组织，密切配合，都必须严格按照操作规程进行，严禁用铁锤敲打。设备拆卸要先下绞车，再抽大绳，最后拆卸机房设备。设备拆卸后要按吊装顺序分类摆放，严禁把散件放在电力线下面。

**(3) 设备器材的吊装**

ⅰ.吊装设备器材所用绳索、绳套要满足安全要求。吊车起吊前，要检查绳索、吊钩是否牢固；检查设备器材受力情况，切勿挤压易损物件；检查基础是否下沉；仔细观察，一切正常后方可指挥吊装。吊装必须严格执行安全操作规程。

ⅱ.易燃、易爆、怕挤压的物品，要放在房子内并加以固定。

ⅲ.无论吊装何种物品，棱角处都要垫东西以免直接接触。

ⅳ.吊装管材时，不准斜吊，起落转动要平稳。

**（4）运输**

对于超高、超宽、超长的大设备，要办理运输手续，并在相应部位悬挂标志，同时由责任心强的人跟车；拉运易滚动和重心超过车厢板的物体，要四面拉紧、绷牢。

**（5）卸车及设备就位**

ⅰ.确定好卸车和设备就位位置。

ⅱ.按标准摆放设备。

ⅲ.注意安全，起重臂下及其旋转范围内不准站人，任何人不准随重物升降等。

# 单元习题

1.简述钻井的施工工序。

2.简述起钻前的准备。

3.简述钻井搬家的准备工作。

# 单元3
## 钻井设备、工具

一部常用石油钻机主要由动力机、传动机、工作机及辅助设备组成。一般有八大系统，要具备起下钻能力、旋转钻进能力、循环洗井能力。其主要设备有：井架、天车、绞车、游动滑车、大钩、转盘、水龙头（动力水龙头）及钻井泵（现场习惯上叫钻机八大件）、动力机（柴油机、电动机、燃气轮机）、联动机、固相控制设备、井控设备等。

## 3.1 钻机的主要系统

**(1) 起升系统**

起升系统是由绞车、井架、天车、游动滑车、大钩及钢丝绳等组成。其中天车、游动滑车、钢丝绳组成的系统称为游动系统。起升系统的主要作用是起下钻具、控制钻压、下套管以及处理井下复杂情况和辅助起升重物。

**(2) 旋转系统**

旋转系统是由转盘、水龙头、井内钻具（井下动力钻具）等组成。其主要作用是带动井内钻具、钻头等旋转，连接起升系统和钻井液循环系统。

**(3) 钻井液循环系统**

钻井液循环系统是由钻井泵、地面管汇、立管、水龙带、钻井液配制净化处理设备、井下钻具及钻头喷嘴等组成。其主要作用是冲洗净化井底、携带岩屑、传递动力。

**(4) 传动系统**

传动系统是由动力机与工作机之间的各种传动设备（联动机组）和部件组成。其主要作用是将动力传递并合理分配给工作机组。

**(5) 控制系统**

控制系统由各种控制设备组成。通常是机械、电、气、液联合控制。机械控制设备有手柄、踏板、操纵杆等；电动控制设备有基本元件、变阻器、电阻器、继电器、微型控制等；气动（液动）控制设备有气（液）元件、工作缸等。

## 3.2 钻井主要设备的基本组成及功用

**(1) 井架**

井架的基本组成是主体、天车台、人字架、二层台、立管平台和工作梯等。其主要功用是安放天车，悬吊游动滑车、大钩、吊环、吊卡、吊钳等起升设备与工具，存放钻具。

**(2) 天车**

天车的基本组成是天车架、滑轮、滑轮轴、轴承及轴承座等。其主要功用是与游动滑车组成游动系统。

**(3) 绞车**

绞车是钻机的核心设备。主要由支撑系统（焊接的框架式支架或密闭箱壳式座架）、传动系统（由 2～5 根绞车轴轴承、链轮、齿轮、链条等组成，一般绞车都有传动轴、猫头轴和滚筒轴，JC45 型绞车还有输入轴和中间轴）、控制系统（包括牙嵌、齿式、气动离合器，司钻控制台，控制阀等）、制动系统（也叫刹车系统，包括刹把、刹车带、主刹车、辅助刹车及气刹车装置等）、卷扬系统（包括主滚筒、副滚筒、各种猫头等卷绳装置）、润滑及冷却系统等组成。其功用是起下钻具和下套管，控制钻压，上卸钻具螺纹，起吊重物和进行其他辅助工作。

**(4) 游动滑车**

游动滑车的基本组成包括上横梁、滑轮、滑轮轴、侧板组、轴承、下提环及侧护罩等。其主要功用是与天车组成游动系统。

**(5) 大钩**

DG-350 大钩的基本组成有吊环、吊环销、吊环座、定位盘、弹簧、筒体、钩身、轴承及制动锁紧装置等。其主要功用是悬挂水龙头和钻具；悬挂吊环、吊卡等辅助工具，可起下钻具和下套管；起吊重物，安装设备或起放井架等。

同游动滑车合在一起的大钩习惯上叫游车大钩。

**(6) 转盘**

转盘是一个能把动力机传来的水平旋转运动转化为垂直旋转运动的减速增扭装置。不同型号的转盘结构组成差别较大。大型转盘的组成一般包括底座（壳体）、转台、负荷轴承、防跳轴承、水平轴（主动轴或快速轴）、大小锥齿轮等。其功用是在转盘钻井中，传递扭矩、带动钻具旋转；在井下动力钻井中，承受反扭矩；在起下钻过程中，悬挂钻具及辅助上卸钻具螺纹；在固井井中协助下套管；协助处理井下事故，如倒螺纹、套铣、造螺纹等。

**(7) 水龙头**

水龙头是钻机旋转系统的主要设备，是旋转系统与循环系统连接的纽带。水龙头类型不同，结构不同，但都由固定部分、旋转部分、密封部分组成。其基本组成有壳体、中心管、轴承（主轴承、防跳轴承、扶正轴承）、冲管、盘根及盘根盒等。其主要功用是悬挂钻具，承受井内钻具的重量；改变运动形式；循环钻井液。

动力水龙头由动力装置、水龙头、导轨小车和钻杆操纵装置组成。可省去转盘、方钻杆及旋螺纹器。

**(8) 钻井泵**

钻井泵是循环系统的心脏。钻井泵类型很多，结构相差很大，主要有单缸单作用立式柱塞泵、双缸双作用卧式活塞泵、三缸单作用卧式活塞泵。其基本组成有缸体、活塞（柱塞）、固定阀（吸入阀）、游动阀（排出阀）、阀室、吸入管、排出管、曲柄、连杆、活塞杆（柱塞杆）等。其主要功用是给钻井液加压，提供必要的能量。

**(9) 动力机**

**柴油机**　是将柴油燃烧产生的热能转化为机械能的动力设备。ZI2V190B 是我国自行设计的大功率柴油机，目前使用较多。主要由两个机构（曲柄连杆机构、配气机构）和五大系统（进排气系统、润滑系统、冷却系统、燃料系统、启动系统）组成。

**电动机** 是将电能转化为机械能的动力设备，分直流电动机、交流电动机。石油钻井中使用较多的是三相异步交流电动机。

**燃气轮机** 是将天然气转化为机械能的动力设备。

**(10) 联动机**

联动机是指连接动力机和工作机的传动装置。其基本组成有井车、倒车、减速增矩、变速变矩及方向转换装置等。联动机的主要功用是将动力机发出的动力分配给各工作机。

# 3.3 钻 具

钻具是指方钻杆以下（含方钻杆）钻头以上（含钻头）各部分工具的总称。其基本组成部分是方钻杆、钻杆、钻铤、各种接头及钻头。在钻井中通常把方钻杆、钻杆、钻铤等用各种接头连接起来入井管串称为钻柱。

## 3.3.1 方钻杆

### 3.3.1.1 方钻杆的结构及作用

方钻杆位于钻柱的最上端，上端与水龙头相连，下端与钻杆相接。方钻杆断面呈正方形或六方形，大型石油钻机都用正方形的，其目的是便于传递扭矩。方钻杆两端均为粗螺纹，上端是左旋螺纹，下端是右旋螺纹，其目的是防止钻进过程中自动卸螺纹。为了接单根后方钻杆的方部能进入方补心，要求它比单根长 2~3m，故方钻杆的长度为13~14.5m。

方钻杆的主要作用是传递扭矩和承受井内钻具的重量。要求方钻杆具有较高的抗扭强度和抗拉强度，所以用优质合金钢制成，其壁厚为钻杆的 2~3 倍。

### 3.3.1.2 方钻杆的规范

根据方钻杆两端接头连接的不同，分为有细螺纹方钻杆和无细螺纹方钻杆。目前我国都采用无细螺纹方钻杆，它是将上下接头与本体对焊连接或将接头和方钻杆制成一体。

方钻杆的公称尺寸是指方形边的边宽。通常在其两端分别加入保护接头。

## 3.3.2 钻杆

钻杆是钻柱的基本组成部分，工作时位于方钻杆与钻铤之间。钻杆由无缝合金钢管制成，壁厚一般为 9~11mm。按其两端与钻杆接头的连接方式分为细螺纹钻杆和无细螺纹钻杆（对焊钻杆），目前国内外钻井普遍使用对焊钻杆。两端分别接有内外粗螺纹钻杆接头的一根钻杆，现场习惯称单根。我国常用的单根长 9m 左右，本体壁厚 9~11mm。

为了加强钻杆与接头部分的连接强度，分别在钻杆本体两端进行加厚。钻杆加厚形式有内加厚、外加厚、内外加厚。

钻杆的公称尺寸为钻杆本体外径。国产钻杆采用公制，API 规定标准采用英制。正常钻进时所用钻杆都是右旋螺纹，但处理事故时也会用到左旋螺纹钻杆。

### 3.3.3 钻铤

#### 3.3.3.1 钻铤的结构及作用

钻铤是用高合金钢制成的，其壁厚一般是 $38 \sim 52mm$，相当于钻杆的 $4 \sim 6$ 倍，所以单位长度重量大，且具有较高的强度。钻铤的主要作用是给钻头施加压力和防止井斜。

#### 3.3.3.2 钻铤的规范

钻铤两端都是粗螺纹。由于其受力复杂，受交变弯曲载荷，特别是外螺纹台肩和内螺纹基部螺纹根处都是应力集中的地方，所以两端都有应力减轻槽，以提高钻铤的使用寿命。

### 3.3.4 接头

钻井所用接头有多种，可分为连接接头（钻杆接头）、配合接头、保护接头、普通接头（直接头）、特殊接头（弯接头）等。

#### 3.3.4.1 钻杆接头

**(1) 钻杆接头的结构及作用**

钻杆接头是钻杆的组成部分，用以连接钻杆。现在常用的是对焊钻杆接头，它一端为粗螺纹（外螺纹或内螺纹），另一端无螺纹并与钻杆对焊在一起。

对焊钻杆接头外径大于钻杆本体外径，螺纹要经常上卸，要求其具有较高的耐磨性和强度，因此接头要用比钻杆高级的合金钢制造（如35铬钼钢、40铬钼钢、36铬钼镍等）。其作用是连接钻柱，便于上卸螺纹。

**(2) 钻杆接头的类型**

根据钻杆接头内径和钻杆本体内径的关系，钻杆接头可分为内平式、贯眼式和正规式三类。

**内平式接头**　适用于外加厚及内外加厚钻杆，钻井液通过时阻力小，有利于水力功率的利用，但因接头外径大，易于磨损，强度较低。

**贯眼式接头**　适用于内外加厚钻杆及内加厚钻杆，钻井液流过时阻力较内平式大，但磨损较内平式小。

**正规式接头**　适用于内加厚钻杆，钻井液流过时阻力最大，但磨损小，强度较高。

我国通常用三位数字表示接头类型。第一位数字表示钻杆本体外径，如2，3，4，5，6分别表示 $2\frac{7}{8}in$、$3\frac{1}{2}in$、$4\frac{1}{2}in$、$5in$、$5\frac{1}{2}in$、$5\frac{9}{16}in$、$6\frac{5}{8}in$ 的钻杆；第二位数字表示接头类型，1、2、3分别表示内平式、贯眼式、正规式；第三位数字表示内外螺纹，1、0分别表示外螺纹、内螺纹。例如420接头代表 $4\frac{1}{2}in$ 贯眼式内螺纹钻杆接头。

还可用字母表示接头类型。国产接头用 NP、GY、ZG 分别表示内平式、贯眼式、正规式。API制接头用 IF、FH、REG 分别表示内平式、贯眼式、正规式。

#### 3.3.4.2 配合接头

配合接头是用于连接不同尺寸或不同螺纹型号钻具的，如连接不同尺寸或不同螺纹的钻具。其螺纹型号表示方法同钻杆接头一样。

#### 3.3.4.3 保护接头

保护接头是一种对钻具起保护作用的特殊配合接头。它同钻具连接后，其某一端螺纹一般不卸开，从而保护了所连接钻具的螺纹。保护接头通常用在较重要的位置，如方钻杆两端、钻杆与钻铤之间等。

要正确地连接钻柱，必须首先准确地识别接头的类型，然后按照尺寸相等、螺纹型号相同、内外螺纹相配的原则进行连接。

如何识别接头类型呢？一般先看接头体上的标记槽，槽宽 10mm、槽深 1～1.5mm，右旋螺纹接头有一道槽，左旋螺纹接头有两道槽。在标记槽内用钢字码打有具体的尺寸和类型代号，如 421、520、631 等。当无钢字码或看不清时，可用卡尺量接头有关尺寸，然后查表确定。现场也常用接头尺确定。

### 3.3.5 钻头

钻头是破碎岩石的主要工具，位于钻柱的最下端，其主要作用是破碎岩石形成井眼。为了满足不同钻进工艺、不同岩性地层以及提高钻井速度和降低钻井成本的需要，研制出了多种类型的钻头。按结构可分为刮刀钻头、牙轮钻头、金刚石钻头、PDC 钻头等；按功用可分为全面钻进用钻头（全径钻头）、环形破岩用钻头（取心钻头）；按破岩作用可分为切削型、冲击型、冲击切削型（复合型）等。除上述分类外，还有其他分类。

目前使用最广泛的是牙轮钻头，PDC 钻头在多数油田也得到了广泛使用。

#### 3.3.5.1 刮刀钻头

刮刀钻头是旋转钻井早期普遍使用的钻头，它具有结构简单、制造方便、成本低廉等特点，在低硬度、高塑性地层中使用时，能够取得很高的钻速及进尺。胜利油田钻井工艺研究院 1979 年研制出一只人造聚晶金刚石刮刀钻头，创造了 3135.87m 的最高钻进记录。

刮刀钻头在较硬和含硬质结核、硬夹层的地层钻进时效率大大降低，因转动不均会对钻具和地面设备造成不良影响，而且易发生井斜，井身质量差。

刮刀钻头可分为双翼、三翼、四翼刮刀钻头，全径刮刀钻头，取心刮刀钻头等。其基本组成是上钻头体、下钻头体、水眼（喷嘴）、刀翼。

#### 3.3.5.2 牙轮钻头

牙轮钻头是使用最广泛的钻头，适用于从软到硬的各种地层。牙轮钻头破岩时扭矩小，转动平稳，对钻具及地面设备的危害小；工作刃较刮刀钻头长，减少了磨损，延长了使用寿命。但其结构较复杂，制造较刮刀钻头困难，成本较高。牙轮钻头的基本组成是钻头体、巴掌（牙爪）、牙轮、轴承、水眼（喷嘴）、储油密封润滑系统。

牙轮钻头分为单牙轮钻头、双牙轮钻头、三牙轮钻头、多牙轮钻头等。其中使用最多的是三牙轮钻头，它的三个牙轮锥体按 120°夹角对称分布。牙轮钻头还可分为全面钻进牙轮钻头、取心牙轮钻头、铣齿牙轮钻头、镶齿牙轮钻头、滚动轴承牙轮钻头、滑动轴承牙轮钻头等。

#### 3.3.5.3 金刚石钻头

金刚石钻头是指用金刚石颗粒作切削元件的钻头。起初它仅在坚硬、高研磨性地层中使用，经改进后，在中硬及软地层中也取得了良好的工作效果。金刚石钻头的基本组成是钻头体（钢体）、胎体、金刚石切削刃。

#### 3.3.5.4 PDC 钻头

PDC 钻头是采用聚晶人造金刚石与碳化钨的复合块作切削元件的钻头的简称。它出现于 20 世纪 70 年代，由于优点很多，所以得到了迅速推广。它适用于软到中硬地层，在较低的钻压、较高的转速下工作可获得较高的钻头进尺和较低的单位进尺成本。PDC钻头分为钢体PDC钻头与碳化钨胎体PDC钻头。PDC钻头的基本组成是钻头体和切削齿。

# 3.4 实训项目

## 3.4.1 检查保养游车大钩、天车、转盘

### 3.4.1.1 学习目标

熟悉游车大钩、天车、转盘的基本组成及作用；掌握游车大钩、天车、转盘的检查保养方法；能够检查保养游车大钩、天车、转盘。

### 3.4.1.2 准备要求

活动扳手、黄油枪、润滑脂、螺丝刀、撬杠、机油。

### 3.4.1.3 操作步骤

**(1) 检查保养游车大钩**

ⅰ.检查滑轮轴承、大钩止推轴承、中心轴销及各摆动部件。要求转动灵活无阻卡。

ⅱ.检查钩身制动装置、钩口安全锁紧装置。要求灵活可靠，侧钩闭锁装置可靠。

ⅲ.检查游车大钩各紧固螺栓齐全无松动，各开口销要齐全完好。

ⅳ.观察游车各滑轮转动情况。要灵活无阻卡，无偏磨现象。

ⅴ.检查游车大钩各轴承的润滑通道。要求畅通，并定期注入润滑脂。

**(2) 检查保养天车**

ⅰ.检查天车护罩齐全完好、固定牢靠；固定底座的U形卡要齐全，螺母应紧固无松动。

ⅱ.观察天车各滑轮转动情况，要灵活无阻卡、无噪声及抖动现象。

ⅲ.观察天车滑轮槽，若严重磨损或偏磨时，要换位使用或更换滑轮。

ⅳ.检查各轴润滑通道，要求畅通，并按要求定期注入润滑脂。

ⅴ.检查防止钢丝绳跳槽用的护架与滑轮之间的间隙是否合适。要求不得磨碰滑轮而影响转动。特别是当出现顿钻及提断钻具等重大事故后，必须仔细检查天车护罩的好坏和钢丝绳是否跳槽。

**(3) 检查保养转盘**

ⅰ.检查转盘固定情况。四角挡块要齐全，左右旋螺丝要拉紧或丝杠顶紧转盘无位移。

ⅱ.打开护罩检查链轮。要求无轴向位移，轴头固定螺丝无松动，万向轴及连接螺丝无松旷。

ⅲ.用扳手检查固定转台与方瓦以及与方补心所用的制动块和销子，要灵活好用。

ⅳ.检查油尺标记，查看机油数量及清洁程度。如不足或太脏，要加足或更换新油。

ⅴ.转盘在使用过程中，壳体温度不应过高，转台转动应平稳，无上下跳动和杂音。

### 3.4.1.4 技术要求

**(1) 检查保养游车大钩**

ⅰ.钩口锁销及钩身制动销必须灵活可靠。

ⅱ.大钩吊环要拴好保险绳。

ⅲ.各润滑部位要定时定量注润滑剂。

ⅳ.侧钩挂吊环处和主钩挂水龙头处要不定期涂润滑脂。

**(2) 检查保养天车**

ⅰ.检查保养人员上井架时要蹬牢抓紧，在天车台工作时要系好保险带。

ⅱ.各种检查保养用的手工具及黄油枪必须拴好保险绳，钻台人员要站在安全位置。

ⅲ.拆装天车护罩的过程中，也要防止各种手工具及螺栓、螺母从高空坠落。

**(3) 检查保养转盘**

ⅰ.必须在转盘不工作的情况下进行检查保养，防止手工具掉入井内。

ⅱ.检查保养万向轴时，必须关闭转盘气开关旋塞，防止转动伤人。

ⅲ.正常使用中，机油量以油标尺刻度为标准且清洁无杂质，每1000h更换机油一次。滚子补心、锁紧装置、防跳轴承每500h注润滑脂一次。万向轴每100h注润滑蜡一次。保养完填写好记录，不得超保、漏保。

## 3.4.2 使用维护常用工具

### 3.4.2.1 学习目标

掌握常用工具的使用方法；能使用常用手工具；能使用钻头装卸器。

### 3.4.2.2 准备工作

**(1) 使用液压千斤顶**

ⅰ.根据所顶工件的质量选择适当的千斤顶。

ⅱ.检查活塞杆的升降情况，要求其无阻卡。

ⅲ.垫木两块。

**(2) 使用钢锯**

ⅰ.准备好台钳、锯弓、锯条、工件。

ⅱ.准备好钢卷尺或钢板尺。

**(3) 使用液压拔缸器**

ⅰ.组装好液压拔缸器。

ⅱ.检查定位圈和爪子，要求定位圈转动灵活，爪子开合方便。

ⅲ.根据所取物体选用相应规格的拉马。

### 3.4.2.3 操作步骤

**(1) 使用液压千斤顶**

ⅰ.把手柄的开槽端套入回油阀，顺时针方向旋紧（回油阀关闭），再取下手柄。

ⅱ.底座坐牢，顶头向上对正所顶部位。

ⅲ.举升重物。将手柄插入掀手孔内，上下掀动，活塞杆即平稳上升举起重物。

ⅳ.落下千斤顶。落千斤顶时，用手柄开槽端将回油阀按逆时针方向微微旋松，活塞杆即渐渐退回，千斤顶锑压，顶头复位。

**(2) 使用钢锯**

ⅰ.夹紧工件。用台钳把所锯工件夹紧、夹正。

ⅱ.起锯。用右手提住锯柄，左手扶住锯弓的前方，短距离推拉。

ⅲ.锯割。待锯入1mm左右，身体上部略向前倾，推锯时适当下压，拉锯时稍微抬起，右手施力往复运动，左手协助扶住锯弓，完成锯割。

**(3) 使用液压拔缸器**

ⅰ.将液压拔缸器各部件组装好，在各润滑处加入 20 号机油，使定位圈转动灵活，爪子开合方便。

ⅱ.按钻井泵的阀座规格选用相应的拉马，按阀座与机体外端面的距离调节拉杆长度。

ⅲ.拉马插入阀座后，将拉杆顺时针方向旋转，通过超越式离合定位圈作用打开爪子。然后，慢速逆时针方向回转10°～15°，以便超越式离合定位圈滚柱和阀座或缸套内壁分离。

ⅳ.将液压泵上快速接头与主体进油孔接通，打开卸载螺钉，旋紧手柄螺母，把爪子压紧在阀座的端面上，同时将主体活塞压到油缸底部，使存油全部回到液压泵内。

ⅴ.关闭卸载螺钉，给手动液压泵加油，即可拔出阀座或缸套。

ⅵ.待拉出机件后，要及时打开卸载螺钉，使部分高压油先回到液压泵内，剩余的油可在下次使用时采用步骤ⅳ.的方法压回液压泵。

### 3.4.2.4 技术要求

**(1) 使用液压千斤顶**

ⅰ.液压千斤顶要使用专用液压油，严禁超载荷使用。多台千斤顶联合使用时，起落要平稳同步。

ⅱ.顶升高度不得超过千斤顶的有效顶程。

ⅲ.液压千斤顶只能直立使用，不能侧置或倒置。

**(2) 使用钢锯**

ⅰ.装锯条时锯齿要朝前，不能装反。

ⅱ.在锯割过程中，锯缝要保持正而直。

ⅲ.操作中锯条压力要适当，左右摆动幅度要小。

ⅳ.锯割的往复速度以 30～40 次/min 为宜，锯条往复工作长度一般不小于锯条长度的2/3，用力要均匀。

ⅴ.起锯时锯条与工件的角度以 15°左右为宜。

**(3) 使用液压拔缸器**

ⅰ.按阀座规格选用相应尺寸的拉马。

ⅱ.拉马插入阀座后，方可顺时针方向旋转拉杆。

ⅲ.机件拉出后，要及时打开卸载螺钉。

# 单元习题

1.简述钻井的主要设备。

2.简述钻井的八大系统。

3.简述钻头的分类。

# 单元4
## 井口准备

井口准备包括挖圆井（或不用）、下导管并封固、冲大鼠洞及小鼠洞等，还包括井口工具的使用。鼠洞是钻井工程的钻台上用于起钻时放置方钻杆（带水龙头）和单根、钻铤的小洞眼，由向井架中心倾斜并插入地下的套管（称鼠洞管）所构成。其又分为大鼠洞和小鼠洞。大鼠洞是当不使用方钻杆而从大钩上卸下时，用于放置方钻杆和水龙头的洞，位于钻台左前方井架大腿与井口的连线上。小鼠洞位于井口的正前方，是用于预先放置钻杆单根的洞，以加快接单根操作。

## 4.1 打 导 管

### 4.1.1 人工打导管要求

ⅰ.人工挖一上端直径不小于1.5m，下端直径不小于1m，深度2m的圆台形坑。

ⅱ.下入 $\phi$520mm×2m 的螺纹管，要求螺纹管居中，垂直度不大于0.5°，导管中心与转盘中心偏差不大于30mm。

ⅲ.用搅拌好的混凝土将坑填满候凝。候凝48h后安装井口（加氯化钙可在24h后安装）。

### 4.1.2 机械打导管要求

ⅰ.打导管前，必须先用人工挖一圆形坑，坑中心与设计井位中心不大于30mm。

ⅱ.打桩机就位必须校正，保证砸下导管在坑内居中，垂直度不大于0.5°。

ⅲ.砸完导管，必须保证导管头不变形，螺纹不损坏。

ⅳ.导管的规格与下入深度按钻井工程设计。

ⅴ.导管采用 $\phi$339.7mm 套管下砸时，每两根连接处必须上满螺纹，并用电焊连续焊一周。

ⅵ.井口人工填水泥固定，导管头顶面距地面不大于0.2m。

## 4.2 下表层套管

按设计尺寸、深度下入导管；居中并固定导管。固导管的注意事项有以下两个方面。

　ⅰ.提前完成表层套管及附件的准备和现场检查，编排套管串；制定下表层套管的措施。

　ⅱ.上扣扭矩达到规定标准；下部3～5根套管丝扣连接使用专用的套管螺纹锁固脂；其余套管丝扣连接使用套管螺纹密封脂；下完套管后使套管居中并固定。

## 4.3　安装井口作业

　ⅰ.表层候凝到设计规定时间后，按设计安装防喷器组合，防喷器安装达到设计规定标准。

　ⅱ.按要求进行试压，并做好记录。试压应采用专用试压泵或水泥车试压，禁止使用钻井泵试压。

　ⅲ.井场条件不具备按标准安装放喷管线时，应提前制定相应的预案，经建设方和施工方领导审批后才能施工。

## 4.4　冲鼠洞方法

　冲鼠洞的方法有两种：一种是用方钻杆冲鼠洞，另一种是用鼠洞管冲鼠洞。现场常用的是用方钻杆冲鼠洞：在方钻杆下端接钻头，开泵后用大钳旋转方钻杆下冲，冲完后提出下入鼠洞管。

　鼠洞管用套管制成。$\phi133mm$ 方钻杆用 $\phi245mm$ 套管，$\phi127mm$ 钻杆用 $\phi219mm$ 套管，长度比方钻杆或钻杆长 $1\sim2m$，鼠洞管顶面高出转盘面 $0.3m$。

## 4.5　井口工具的使用及维护

　钻井的正常进行离不开井口工具和手工具，利用它们可以上卸钻具螺纹，维护保养设备。正确使用井口工具和手工具将有利于安全、优质、快速地完成钻井任务。井口工具一般包括提升短节、吊卡、吊钳、吊环、卡瓦、安全卡瓦、滚子方补心等，配备较先进的井队还有动力大钳、动力卡瓦、方钻杆旋螺纹器（方钻杆旋扣器）等。手工具一般包括榔头、压杆式黄油枪、管钳、链钳、液压千斤顶等。

### 4.5.1　吊卡

　吊卡按结构可分为侧开式、对开式、闭锁环式；按功用可分为钻杆吊卡、套管吊卡等。其主要作用是提升和下放钻具以及套管、油管等，并使钻具坐于井口。现场普遍使用侧开双保险式吊卡，其主要优点是体积小、重量轻、使用安全、结构简单、操作和维护保养方便。闭锁环式常用于起下油管。

　井场使用的吊卡其基本组成是主体、活页、开口销、锁销手柄、平衡紧定螺钉和上锁销等。以现场常用的国产 CSD 型群革吊卡为例，如 $CSD_5$-2000-$\phi144$，其中 C 表示侧开式（D 表示对开式，B 表示闭锁环式），S 表示双保险（D 表示单保险），D 表示吊，脚标 5 表示第 5 次改进，2000 表示额定载荷为 2000kN，$\phi144$ 表示其通径为 144mm。

　要正确使用吊卡，首先必须正确选用吊卡，所选吊卡规格要与下井钻具（或套管）规格、质量相符合，然后检查吊卡是否满足工作需要。负荷台阶要平整无严重磨损，台阶面磨损深度不大于 8mm。最后在吊卡上下保险销，在活门销轴处注润滑脂，保证其扣合灵活，不晃动。在起下钻或下套管时，必须使用保险插销和小方补心。

### 4.5.2　吊钳

**(1) 结构及作用**

吊钳按位置分为外钳和内钳，离司钻近的为外钳、远的为内钳。工作时要相互配合，协调一致。其主要作用是在起下钻、下套管操作时，上卸钻具螺纹和紧螺纹。目前钻井普遍使用的是 B 型吊钳。其中 88.9～298.45mm 直径的 B 型吊钳用于上卸钻具螺纹，338.5～508mm 直径的 B 型吊钳用于上卸套管螺纹。

B 型吊钳主要由吊钳销子、钳柄、吊杆、吊环、平衡螺丝、扣合器、活动钳头以及长短钳等组成。吊钳通过定滑轮吊在井架上，钢丝绳的另一端加有配重，可使吊钳上下升降，便于使用。

吊钳在使用操作前，必须按要求检查、维护，使它符合技术要求。

**(2) 吊钳的检查、维护**

ⅰ.钳牙。观察钳牙的磨损情况，磨损严重时应及时更换；检查钳牙是否松动，上、下挡销是否齐全，不符合要求时应及时处理；钳牙上应无油污、杂物。

ⅱ.吊钳销子及扣合器。检查各扣合器连接铰链安装是否正确，挡销、背帽是否齐全；各扣合器扣合尺寸与钻具尺寸要相符，工作时要灵活好用；吊钳的扣合弹簧要完好且必须就位；连接铰链要及时注入润滑脂。

ⅲ.尾桩销及钳尾绳。尾桩销及方头螺钉要齐全完好；钳尾绳尺寸要符合标准，且无打结或严重断丝，两端紧固牢靠。

ⅳ.吊钳的水平度。吊钳悬空时要保持水平，否则必须调整。调节吊杆下部的调节螺钉使吊钳前后水平；调节吊杆上部的平衡梁（转轴）使其左右水平。上、下活动吊钳要灵活无阻卡。

**(3) 吊钳的操作**

紧螺纹时，外钳在上，内钳在下；卸螺纹时，外钳在下，内钳在上。吊钳打好后，钳口面离内、外螺纹接头的焊缝 3～5cm 为宜。上卸螺纹时，内外钳的夹角要在 45°～90°范围内。

### 4.5.3　吊环

**(1) 吊环类型及作用**

吊环按结构可分为单臂吊环和双臂吊环。其主要作用是在起下钻具时，悬挂吊卡以悬持钻具。吊环代号由字母和数字组成，如 DH150、SH250，其中 D 代表单臂，S 代表双臂，H 代表环，150、250 表示吊环的额定载荷，单位是 $9.8 \times 10^3$ N。

**(2) 使用注意事项**

ⅰ.按照载荷要求选用合适的吊环，禁止超载使用。

ⅱ.吊环不得有任何裂缝和焊缝。

ⅲ.钻进时要将两只吊环捆在一起，防止其摆动碰击水龙头。

ⅳ.处理事故或强力上提后，要进行探伤检查。

ⅴ.吊环在大钩耳环内要有一定的摆动自由度，无阻卡现象。

ⅵ.吊环在大钩上要系好保险钢丝绳。

### 4.5.4 卡瓦

**(1) 卡瓦的类型及作用**

按作用卡瓦可分为钻杆卡瓦、钻铤卡瓦、套管卡瓦；按结构可分为三片式卡瓦、四片式卡瓦、长型卡瓦、短型卡瓦；按操作方式可分为手动卡瓦和动力卡瓦。现场多采用手动三片式卡瓦，其主要组成是卡瓦体、卡瓦牙、衬套、压板、手把螺栓、铰链销钉、卡瓦手把和衬板。

**(2) 卡瓦的检查、维护**

ⅰ.检查卡瓦规格，所用卡瓦要与所卡管体直径相符。

ⅱ.检查卡瓦牙，要装正，不松动，其锋利程度要符合标准。

ⅲ.检查铰链销钉、开口销、垫圈，要求它们完好无损。

ⅳ.检查手把，要求其固定不松动。

ⅴ.检查卡瓦背面，卡瓦背面要涂油防卡。

**(3) 卡瓦的使用操作**

ⅰ.卡瓦的开口对准钻具，内外钳工密切配合将卡瓦抱住管体并坐在转盘方瓦上，悬持钻具。

ⅱ.打开时，内外钳工紧密协作，随钻具上提出转盘面，内钳工向后拉卡瓦中间手把，外钳工分开卡瓦并顺势外推，立在转盘上。

**(4) 注意事项**

ⅰ.禁止钻具坐卡瓦时猛顿、猛砸。

ⅱ.禁止用卡瓦绷螺纹。

ⅲ.卡瓦卡持钻铤时，一定要与安全卡瓦配合使用，卡瓦距内螺纹端面50cm，距安全卡瓦5cm。

ⅳ.两片式卡瓦的手把要拴保险绳，以防落井。

ⅴ.井口操作人员要站在卡瓦旋转范围以外，以防止伤腿脚等意外事故发生。

### 4.5.5 安全卡瓦

**(1) 结构及类型**

安全卡瓦是由若干节卡瓦体通过销孔穿销连成一体的，其两端通过销孔的销柱与丝杠连接成一个可调性卡瓦。一定节数的安全卡瓦只适用于一定尺寸范围的钻铤及管柱，要适应不同尺寸的钻铤及管柱，就要改变安全卡瓦的节数。被卡物体外径越大，安全卡瓦的节数越多。安全卡瓦的规格见表 4-1。

表 4-1 安全卡瓦规格

| 被卡物外径/mm | 节数 | 被卡物外径/mm | 节数 |
| --- | --- | --- | --- |
| 95～117.5 | 7 | 190～219 | 11 |
| 114.3～142.9 | 8 | 215.9～244.5 | 12 |
| 139.7～168 | 9 | 241.3～269.9 | 13 |
| 165～194 | 10 | | |

**(2) 作用及特点**

安全卡瓦的主要作用是在起下钻铤、取心筒和大直径管子时配合卡瓦使用以保证上述作业的安全。其作用特点是因安全卡瓦的卡瓦牙多，几乎将钻具外径包合一圈，再通过丝杠的旋紧，包咬效果更佳，故保证钻具不会溜滑入井。对于外径无台肩的钻具，为防止普通卡瓦因卡瓦牙磨损或其他原因造成卡瓦失灵，通常在卡瓦的上部再卡一安全卡瓦（安全卡瓦距卡瓦 50mm），以确保安全。

### 4.5.6　滚子方补心

**(1) 结构及作用**

滚子方补心的主要组成是上盖、下座、滚轮、轴、紧固螺栓和加油杯。滚子方补心内装有四只滚轮，滚轮内装有滚针轴承。滚轮由轴紧固在上盖和下座之间。滚轮两端有密封体，防止钻井液渗入。其作用是传递扭矩，带动方钻杆旋转。主要优点是因其为整体式，不会飞出伤人；进入大方瓦容易；可以边旋转边上提、下放钻具；方钻杆与滚轮是滚动接触，摩擦阻力小，钻压准确，且二者磨损小，提高了使用寿命。

**(2) 使用操作**

ⅰ.慢提方钻杆让其加厚端接触滚轮，但要避免撞击滚轮。

ⅱ.下入时要对准井眼，慢慢转动转盘，使滚子方补心的方体进入转盘大方瓦，底座锥体和大方瓦锥孔接触。

**(3) 检查、维护及保养**

ⅰ.经常检查方补心下端面的间隙，方补心或大方瓦的锥体磨损严重时，要及时更换。

ⅱ.每班检查上盖大螺母是否松动，并给滚轮轴承加润滑脂。

ⅲ.转动滚轮测量磨损深度，要求其不大于 3.2mm。

ⅳ.用压软金属法检查滚轮与方钻杆的间隙，要求其小于 3mm。

ⅴ.用棒撬动滚轮判断轴和滚针轴承的磨损情况，检查移动量，要求其小于 0.8mm。

### 4.5.7　动力大钳

目前，现场普遍使用 B 型大钳来卡住钻具接头、上卸钻具螺纹，不仅费时费力，而且很不安全。故研制出了动力大钳，经多次改进后，在现场得到了推广使用，并收到了良好效益。动力大钳在起下钻中能起到安全省力、上卸螺纹扭矩可控、提高上卸螺纹速度，可代替人工繁重而危险的手工操作。动力大钳因标准不同而有多种形式。

ⅰ.根据工作对象不同分为：钻杆钳、套管钳、油管钳等。

ⅱ.根据采用动力不同分为：气动大钳、电动大钳、液动大钳（液压大钳）。

ⅲ.根据安装方式不同分为：固定安装大钳和悬吊安装大钳。

ⅳ.根据钳口形式不同分为：开口钳和闭口钳。

以现场采用较多的国产 Q10Y-M 型液压大钳为例。Q10Y-M 型液压大钳的主要组成是行程变速箱、减速装置、钳头、气控系统和液压系统。液压系统的额定流量为 114L/min，最高工作压力为 16.3MPa，电驱动时的电机功率为 40kW，气压系统工作压力 0.5～1.0MPa。

其主要作用是正常钻进时上卸方钻杆及接头；起下钻时在扭矩不超过 100kN·m 范围内上卸钻杆接头；上卸直径为 203mm 的钻铤；甩钻杆时调节吊杆的螺旋杆，使钳头和小鼠洞倾斜方向基本一致，可用棕绳或钢丝绳牵至井架大腿，使钳央对准小鼠洞后即进行甩钻杆操作；钻机传动系统发生故障，绞车、转盘不能工作时，用以活动钻具。在悬重较轻的情况下，为了防止因钻具长时间静止而导致卡钻，可把下钳腭板取出，将钳子送到井口咬住方钻杆或钻杆接头，就可转动坐在转盘上的井下钻具。用低挡（2.7r/min）活动井下钻具的时间不超过 0.5h。

### 4.5.8 动力卡瓦

#### (1) 动力卡瓦的类型及作用

动力卡瓦同普通卡瓦一样是用来把钻杆或套管卡紧在转盘上的工具。它减轻了钻井工人的劳动强度，加快了起下钻速度，提高了工作效率。一般利用压缩空气操作。有安装在转盘外的和安装在转盘内的两种基本类型。

#### (2) 动力卡瓦的结构

安装在转盘外的动力卡瓦的结构。该类型卡瓦适用于普通转盘上，应用较广泛。它是利用气缸提放卡瓦在某一位置上。气缸用支架安装在转盘体侧面，在气缸顶端装有可转动的臂及卡瓦提环，三片卡瓦体用铰链与提环相连接。当提出方补心后，三片卡瓦在自重作用下自行张开，可允许管柱从卡瓦中心自由通过。卡瓦下放时，卡瓦体沿装在转盘方补心上的锥形导轨下滑收拢而进入转盘内。

钻进时，卡瓦被提出转盘，打开活门，用人力推转而离开井口。提环通过锥形滚子与臂相连，故在卡瓦卡紧管子的状态下，允许转盘转动管柱。卡瓦由司钻台旁的脚踏控制阀进行控制。

安装在转盘内的动力卡瓦的结构。该类型卡瓦配有特制的卡瓦座以代替大方瓦放在转盘内。在卡瓦座的内壁上开出四个斜槽，四片卡瓦体可沿槽升降。卡瓦体沿槽上升的同时向外分开而允许钻柱从中自由通过，沿槽下降的同时向中心收拢而卡紧钻柱。卡瓦体的升降靠气缸经杠杆驱动。卡瓦体与卡瓦导杆的上端用提环来连接，卡瓦导杆上端则固定在圆环上。杠杆的一端装有滚轮井装在圆形槽的轨道里，杠杆可以带动圆环上下移动，圆环也可转动。气缸用支架固定在转盘体上，并用安装在司钻控制台下的脚踏气阀控制。

卡瓦尺寸可根据钻杆尺寸进行更换。但当转盘要通过直径大于卡瓦体内径的钻头等工具时，卡瓦座可从上面提出，卡瓦导杆及圆环可从下面拿掉。

动力卡瓦的缺点是只能用于起下钻操作，在钻进时要放入小方瓦，需要将动力卡瓦移离井口，使用起来比较麻烦。

### 4.5.9 方钻杆旋螺纹器

#### (1) 方钻杆旋螺纹器的类型及作用

方钻杆螺纹器又称动力接头、方钻杆旋转短节或接单根自动上螺纹装置。按所需动力可分为电动方钻杆旋螺纹器和气动方钻杆旋螺纹器。其主要是接单根时与小鼠洞卡紧装置配合使用，驱动方钻杆旋转，完成接单根操作。采用方钻杆旋螺纹器可代替打大钳、拉猫头等操作（可省去旋绳器），自动旋紧单根与方钻杆，使用非常方便、快捷。但 2000m 以上的深井还需要用大钳紧螺纹。

**（2）方钻杆旋螺纹器的组成**

其基本组成一般有动力部分、旋螺纹器和小鼠洞卡紧装置。以大港油田研制的气动旋螺纹器为例：动力部分由 FM 型气动机、QIU25-S₁ 油雾器、常闭继气器、主气管线、控制管线及附加气罐等组成。旋螺纹器由中心管、外壳、大齿圈、中间盘和两副 2007152 轴承等组成。旋螺纹器主要用以减速增扭、传递旋螺纹扭矩和反扭矩。小鼠洞卡紧装置又称鼠洞卡钳，它是一种借助偏心牙板，在小鼠洞上自动咬住单根的卡紧装置。采用它可不用吊钳就能把螺纹拧紧，其主要由外筒、托架支座、控制板、大弹簧、小鼠洞管及钳头咬紧部分等组成。

**（3）方钻杆旋螺纹器的维护保养**（以气动方钻杆旋螺纹器为例）

气动方钻杆旋螺纹器是靠油雾器喷出的油雾润滑，因此要用足量凝固点较低的轻机油、定子油等作为润滑剂。

旋螺纹器在首次使用时，要给上下轴承注入润滑脂，润滑周期为 120～150h；每次起钻后，要检查旋螺纹器各部分的连接螺栓和继气器支架，发现松动要及时紧固；每换一次钻头要检查一次中心管与方钻杆的连接情况，如有松动要用吊钳上紧；每钻完一口井要将气动机的叶片卸下，用干净的汽油或煤油清洗一次。装配时要在定子、转子及上下气盖表面浇注机油，并注意调节四个连接螺栓的松紧度。

FM 型气动机在每班使用前要检查启动齿轮伸出或缩回是否灵活；气动机输入压缩空气后转动是否灵活（输入压缩空气的时间要低于 1s 以防烧坏）。

使用过程中，气动机如出现突然停止，则先检查单向气开关是否有效，再检查控制管线是否畅通，继气器是否失灵，最后检查气动机是否发生故障。

## 4.5.10 动力小绞车

动力小绞车是利用电动机或气动机作动力带动小滚筒转动，将钻杆、钻铤、取心工具或其他重物拉上或放下钻台的钻井辅助性操作设备。它替代人工操作，降低了劳动强度，提高了工作效率，保证了安全生产。按所需动力可分为电动小绞车和气动小绞车。

# 4.6 实训项目

## 4.6.1 压杆式黄油枪

**（1）组成及作用**

压杆式黄油枪的主要组成是储油筒、拉杆、活塞、手柄前后端盖、排气丝堵及油枪头。主要用于向设备或工具所需润滑部位注润滑脂。

**（2）使用操作及要求**

ⅰ.将拉杆拉出，使活塞靠近后端盖，然后锁住拉杆。

ⅱ.卸下前端盖，将润滑脂装入润滑筒，然后上好前端盖，拉杆解锁。

ⅲ.卸松排气丝堵，往复掀动手柄排出空气至油枪头处出现润滑脂为止，上好丝堵。

ⅳ.将油枪头对正黄油嘴，倾斜度不大于 15°，然后往复掀动手柄将润滑脂缓慢压入润滑脂嘴。

ⅴ.注完润滑脂，拔出黄油枪将其擦净放好。

### 4.6.2 管钳

**(1) 组成及作用**

管钳主要组成是手柄、调节螺圈、牙板和钳头（活动板口）。其主要作用是用于外径较小或圆形厚壁金属管件的紧螺纹和卸螺纹。

**(2) 使用操作及要求**

ⅰ.旋转调节螺圈便牙板、活动板口之间的距离与金属管件的外径相吻合（大于1～2mm），开口向下将管钳扣合在管体上。

ⅱ.左手扶住钳头（活动板口），右手握住钳柄旋转管钳，其旋转指向钳头的开口方向。旋转力矩的作用点要放在钳柄直接相连的固定牙板上。

ⅲ.上提钳柄，使钳牙松开管体，选合适位置重新将管钳扣合在金属管体上。

ⅳ.卸螺纹时，若螺纹太紧，要先用大管钳，如果仍不能将螺纹卸松，则使用加力管，加力管的长度不能大于钳柄长度的一半。但60mm以下规格的管钳禁止使用加力管。

ⅴ.取下管钳将其擦净放好。

### 4.6.3 链钳

**(1) 组成及作用**

链钳的主要组成是手柄、夹板和链条。其主要用于外径较大金属管件的紧螺纹和松螺纹，尤其适用于薄壁管件。

**(2) 使用操作及要求**

ⅰ.将需上卸螺纹的管件平放并垫平，其下面以穿过链条为准。

ⅱ.先将钳头沿钳柄垂直管体轴线的方向放在管体上，咬合处要尽量靠近媒纹部位。然后将链条拉出，包紧管体，并将链条卡在二夹板的锁紧部位。

ⅲ.将钳柄向尾部稍拉，使夹板顶部顶住管体，然后双手掀动钳柄。

ⅳ.钳柄向上转过60°左右，下压钳柄，使咬合处放松，然后后拉钳柄，使它再次夹紧管体，如此往复操作。

ⅴ.上卸完螺纹后，下压钳柄，松动链条。然后左手托起钳柄根部，右手下压钳柄抬起钳头，取下链条。

ⅵ.把链钳平放在工作台上，钳柄朝下。将链条拉直，一端翻搭在支架上，另一端斜靠在架子上。

### 4.6.4 液压千斤顶

**(1) 组成及作用**

液压千斤顶主要由底座、手柄、回油阀、活塞杆和顶头组成。其主要作用是顶起重量较大的物体。

**(2) 使用操作及要求**

ⅰ.把手柄的开槽端套放在回油阀上，顺时针方向旋紧（回油阀关闭）再取下手柄。

ⅱ.顶头向上对正所顶部位，底座坐牢。被顶部位因光滑难接触时要垫木板。

ⅲ.将手柄插入手柄孔内上下掀动，活塞杆便缓慢上升顶起重物。

ⅳ.落下千斤顶，用手柄开槽端将回油阀按逆时针方向微微掀动，活塞杆渐渐退回，千斤顶卸压，顶头回归原位。注意回油阀打开不能太大，以防下降速度过快而发生危险。

# 4.7 安装井口工具

## 4.7.1 学习目标

掌握吊钳及液气大钳的结构和作用；能够安装吊钳及液气大钳，并能操作液气大钳。

## 4.7.2 准备要求

**(1) 安装吊钳**

ⅰ.吊钳吊绳，两根直径为 9.5mm 或 12.7mm，长度分别为 72m 和 64m 的钢丝绳以及与绳径相符的绳卡 8 只。

ⅱ.吊钳钳尾绳，两根直径为 22mm，长度适当的钢丝绳及与绳径相符的绳卡 8 只。

ⅲ.两个 30kN 的滑轮及固定滑轮的钢丝绳套。

ⅳ.手工具及保险带。

**(2) 安装液气大钳**

ⅰ.手工具及保险带。

ⅱ.液气大钳吊绳，直径为 15.9mm，长为 84m 的钢丝绳。

ⅲ.安全载荷不小于 50kN 的滑轮及固定悬挂滑轮的直径为 12.7mm、长度适当的钢丝绳套。

ⅳ.负荷为 30kN 的手拉小绞车。

ⅴ.直径为 139.7mm、长度适当的金属管材和两只 U 形卡子。

## 4.7.3 操作步骤

**(1) 安装吊钳**

ⅰ.用钢丝绳套将悬挂吊钳的滑轮分别固定在井架的第七层（挂内钳）和第八层（挂外钳）的横拉筋上，并封好滑轮口。

ⅱ.将吊绳穿过滑轮，绳的两端分别与吊钳吊杆及平衡锤相连接，并用绳卡卡牢。

ⅲ.钳尾绳的安装。将直径为 22mm 的钢丝绳一端固定在井架大腿上，另一端编织成绳环用钳尾销固定于吊钳尾部。

**(2) 安装液气大钳**

ⅰ.用钢丝绳套将 50kN 的滑轮固定在天车的大梁上，并封好滑轮口。

ⅱ.将吊绳穿过滑轮，绳头一端固定在液气大钳的吊杆螺旋杠上，另一端固定在 30kN 手拉小绞车的钩子上。

ⅲ.安装尾桩。把金属管材的下端插入固定在井架底座底部大梁的座套内，尾桩上部用 U 形卡子固定在井架底座上部的大梁上。

ⅳ.将液气大钳移送缸尾部与尾桩固定牢靠。

ⅴ.固定调整液气大钳高度的手拉小绞车，将液气大钳的高度调整到合适位置。

ⅵ.接通液气大钳的油、气路，并保证各处连接牢固没有渗漏。

### 4.7.4 技术要求

**(1) 安装吊钳**

ⅰ.安装后，内钳钳头的中心距转盘中心的水平距离为850mm，外钳钳头的中心与转盘中心的距离为500mm。

ⅱ.平衡锤要放在钻台下面，其质量要与吊钳质量相等。

ⅲ.钳绳的长度要合适。内钳：钳柄与尾绳成90°时，尾绳应拉紧；外钳：钳柄指向猫头时，尾绳应拉紧。无打扭、打结、断丝、锈蚀和硬伤等缺陷。

ⅳ.上井架固定滑轮的人员要系好保险带，所用手工具要拴好保险绳。

ⅴ.吊钳滑轮转动要灵活，固定要牢靠，吊绳不得有打结、断丝、锈蚀和硬伤等缺陷。

ⅵ.固定吊钳钳尾绳的井架大腿四周要加木板或弧形铁做保护。

**(2) 安装液气大钳**

ⅰ.上天车安装滑轮的人员要系好保险带，所用手工具要系好保险绳。

ⅱ.液气大钳的吊绳不得有打结、断丝、锈蚀和硬伤等缺陷。

ⅲ.安装时要认真检查各种管线是否畅通、清洁；各种管线（油管线、气管线）不得互相缠绕，并要有防磨措施。

ⅳ.安装时要使井口中心、大钳钳头中心和尾桩处于同一条直线上。

ⅴ.50kN滑轮、手拉小绞车及尾桩的固定要牢靠。

# 单元习题

1.井口准备的内容有哪些？

2.井口工具有哪些？

# 单元5
## 钻进工具的使用

## 5.1 岩石的机械性质

### 5.1.1 岩石的结构

地球上大多数岩石是由两种以上的矿物和胶结物组成的。胶结物是指把松散的碎屑物质胶结起来的化学物质，常见的胶结物有硅质、铁质、钙质和泥质胶结物。通常情况下，由于岩石中的矿物颗粒非常微小，它们对岩石性质的单独影响较小。岩石的基本性质主要决定于矿物颗粒间的连接情况。但是，若在岩石中含有极软或极硬等具有特殊性质的矿物时，便会对岩石产生明显影响。

在石油钻井中常遇到的岩石是沉积岩，常把沉积岩按其成因及结构特点分为碎屑岩和化学岩两类。碎屑岩是由地表母岩经长期风化形成的矿物和岩石碎屑及胶结物组成的。碎屑与胶结物的成岩结合形式，可分为基底胶结、孔隙胶结、接触胶结三种。基底胶结是碎屑颗粒孤立地分散于胶结物中。孔隙胶结是碎屑颗粒紧密接触，胶结物充填其中。接触胶结是指仅在碎屑颗粒接触处有胶结物，碎屑间存在孔穴。接触充填胶结是指碎屑颗粒接触处和孔隙间都有胶结物，它是孔隙胶结的特例。石油钻井中常遇到的碎屑岩有砾岩、砂岩、粉砂岩、泥质岩等。

化学岩是母岩风化后的溶解物质、生物遗体，经长期的化学反应，在特定环境条件下沉积所形成的岩石。化学岩具有较细的晶体颗粒，结构致密，因长期的地质作用普遍存在孔隙及十分发育的各种裂缝。石油钻井中常遇到的化学岩有石灰岩、白云岩、硅质岩等。在地表分布极为广泛的以黏土为主的黏土岩，多为化学或胶体化学沉积所形成。由于黏土矿物晶体多为片状、针状结晶，故黏土岩易在地质构造动力作用下形成钻井常遇到的泥板岩和页岩等。

### 5.1.2 岩石的机械性质

岩石的机械性质是指岩石在外力作用下，从变形到破碎过程中所表现出来的物理力学性质。与钻井破岩效率有关的机械性质有强度、硬度、塑性与脆性、研磨性、可钻性等。

**（1）岩石的强度**

材料的强度是指材料抵抗外力破坏的能力。其大小决定于材料的性质和外力作用的性质。根据外力作用性质不同有抗拉、抗压、抗剪、抗弯强度等。同其他固体树料一样，岩石的强度是指岩石抵抗外力破坏的能力。其强度与岩石的物质成分、内部结构和外力作用的性质密切相关。由不同矿物和胶结物组成的岩石其强度相差很大，由硬度较高的矿物组成的岩石其强度也较高。岩石的强度与岩石的孔隙度有关，孔隙度越大，其强度越低。就外力作用性质而言，岩石的抗强度最大，抗拉强度最小，抗剪强度大于抗弯强度。岩石的强度随围压的增大而增大。

**(2) 岩石的硬度**

岩石的硬度是指岩石抗压入的极限强度。在钻井过程中，钻头所接触的岩石处在多向压缩应力状态下，其岩石的硬度反映了多向应力下的抗压强度。钻井时各种破岩工具的作用过程是非常复杂的，但最基本、最重要的作用是钻头在轴向力作用下，其工作刃吃入岩石，使其形成坑穴并不断扩大加深以钻成井眼（压入破岩作用）。岩石在不同条件下抵抗钻头工作刃（或压模）压入的能力是钻井工作者最为关心的性质。岩石的硬度（即抗压入强度）可认为是当压模压入岩石时，在岩石发生破碎的瞬间，作用在单位面积上的压力。岩石的硬度与造岩矿物的成分、孔隙度、胶结物的性质有关，如砂岩的硬度随胶结物强度的增大而增大。对胶结物的强度来说，一般认为硅质大于铁质，铁质大于钙质，钙质大于泥质。

**(3) 岩石的塑性与脆性**

岩石的塑性是指沿石在外力作用下，其破碎前呈现永久变形的性质。岩石产生塑性变形是由于其内部矿物颗粒及矿物与胶结物颗粒间的接触面在外力作用下发生相对滑移。岩石的脆性是指岩石在外力作用下，其破碎前不呈现永久变形的性质。一般岩石塑性越大其强度越低，钻头吃入塑性岩石较容易，塑性岩石常采用切削破碎方式。

**(4) 岩石的研磨性**

钻头破碎岩石的同时，其本身也受到岩石磨损，这种岩石磨损钻头的能力称为岩石的研磨性。岩石的研磨性与造岩矿物的成分、硬度、粒度及胶结物的强度有关，它是一个相对的概念。钻井过程中常遇到的石灰岩、泥质页岩、板岩等属于研磨性小的岩石，各种石英砂岩、粗中粒花岗岩、燧石等都属于研磨性大的岩石。

**(5) 岩石的可钻性**

岩石的可钻性是指在一定条件下，钻进岩石的难易程度，也可理解为钻进过程中岩石抗破碎强度的大小。岩石的可钻性与岩石的组成、岩石的机械性质、破岩方式、钻井参数、钻井液性能、井底清洁程度等许多因素有关。在石油钻井中一般以初始的机械钻速来衡量岩石的可钻性，它是选择钻头类型、制定钻井生产定额、确定钻进参数、检测压力过渡带等的重要依据。

岩石的机械性质不仅受到其组成矿物、胶结物、内部结构等内在因素的影响，而且还受其所在地质条件如压力、温度、液体介质等外在因素的影响。

### 5.1.3 岩石性质对钻井的影响

岩石性质对钻井的影响主要表现在：钻进速度与钻头进尺；钻进过程中出现井漏、井喷、卡钻等复杂情况；钻井液污染、性能变坏；井眼不规则；影响测井、固井等。

**(1) 黏土岩层**

泥岩和页岩层一般较软，机械钻速高，但容易泥包钻头。黏土地层极易吸收钻井液中的自由水而膨胀，导致井径缩小。随浸泡时间的延长，井壁会产生垮塌，导致井眼局部扩大

（即大肚子）。

**（2）砂岩层**

砂岩层一般是较好的渗透层，滤失量较大，易形成较厚的滤饼，导致滤饼粘吸卡钻。此外，滤饼厚还影响测井工作。

**（3）砾岩层**

砾岩层渗透性好，硬度高。在砾岩层钻进易发生跳钻、蹩钻和井壁垮塌。

**（4）软硬交错地层**

在软硬交错地层钻进，转盘转动不平稳，易发生井斜。地层倾角较大时也易发生井斜。

**（5）可溶性盐类地层**

在含可溶性盐类地层如石膏层、盐岩层中钻进时，要密切注意钻井液性能的变化。

# 5.2　钻进工具

## 5.2.1　刮刀钻头

**（1）刮刀钻头的破岩机理**

刮刀钻头在井底钻进时，在钻压的作用下，刀翼吃入地层，在扭矩作用下，刀翼切削岩石，从而达到连续不断破碎岩石的目的。破岩时钻头向下的速度为机械钻速，刀翼上任一点的运动呈空间螺旋形轨迹。

刮刀钻头破碎岩石的规律因岩石的岩性不同而不同。在极软的高塑性地层钻进时，刀翼吃入岩石，旋转钻头便会使刃前岩石产生连续的塑性流动而呈片状、层状的切削，这与用犁犁田、用刨子刨木头的过程类似。刮刀钻头在较软的塑脆性地层中钻进破碎时，呈脆性破碎的特点，不能呈塑性流动，而是刀翼的碰撞、挤压、剪切三种破岩过程的反复进行。

**（2）刀翼的几何参数**

刮刀钻头的刀翼是切削破碎岩石的核心部分，为了提高钻头的工作效率及寿命，并能适应不同地层，钻头刀翼不仅要有足够的强度和耐磨性，而且要有合理的外形。决定刀翼外形的几何参数是刃尖角、切削角、底刃形状和厚度及刀翼的长度。

**刃尖角 $\beta$**　是刀翼前缘面与后缘面切线间的夹角。它反映了刀翼的尖锐程度。刃尖角小刀翼易吃入地层，但会造成刀翼强度降低而发生折断。为了确保安全快速钻井，刃尖角的大小应根据各地区的地层岩性和钻井工艺水平等特点全面考虑。在极软地层，由于旋转钻头破岩时扭矩小，刃尖角应小一些，有利于提高钻速；反之刃尖角应大一些以保证安全。一般在极软地层刃尖角在 $8°\sim12°$ 之间；较软及中等地层刃尖角在 $12°\sim15°$ 之间。

**切削角 $\alpha$**　是刀刃前缘面切线与水平面的夹角。当其他条件相同时，切削角越大，刀翼越易吃入地层，吃入深度也越大。但切削角过大，刃前岩石受压的面积大，发生剪切破碎越困难，并增大了旋转钻头的扭矩。切削角的大小要根据岩石的性质来确定，一般松软地层切削角在 $70°\sim80°$ 之间；软或含有硬夹层的地层切削角在 $80°\sim85°$ 之间。

**刀翼的底刃形状**　刀翼的底刃有平底式与阶梯式。阶梯式又分为内阶梯和外阶梯。我国目前钻井现场多用外二阶梯或外三阶梯刮刀钻头。阶梯式钻头所钻井底增加了自由面，改变了岩石多向受压的应力状态，在自由面上，水平方向的侧压力减少，受力不平衡而易于破碎。

**底刃厚度**（钝度） 钻头刀翼的底刃厚度要适当，底刃厚度小则有利于吃入地层，但刃尖易折断；底刃厚度大则承压面大不利于吃入地层。从等磨损的观点出发，底刃要内薄外厚。

**刀翼的长度** 刀翼长能增加钻头的工作时间，但太长则会使刀翼工作面上的加硬材料增多，消耗不完便造成浪费。同时，刀翼过长也不利于水力能量的充分利用，还易出现不安全因素。国内设计制造时，一般采用有效磨损长度为50～70mm。

**(3) 刮刀钻头的磨损分析**

刮刀钻头的磨损分析通常要分析磨损量和磨损情况。

**磨损量测量** 对使用过的刮刀钻头进行磨损量测量是指测量其外径和刀片高度的磨损。刮刀钻头的外径一般比同规范的牙轮钻头大3～7mm，即有3～7mm的允许磨损量。如果钻头外径等于或小于同规范的牙轮钻头，或刀片切削部分磨完，则钻头新度为零。

**磨损分析** 磨损分析主要分析合金或金刚石聚晶孕镶块有无脱落、碎裂等情况。画出所用钻头刀片的磨损曲线，分析刀片磨损规律，为改进刀片结构提供依据。

### 5.2.2 牙轮钻头

#### 5.2.2.1 牙轮钻头的结构

**(1) 钻头体与巴掌**

钻头体上部车有螺纹，与钻具相连，下部带有三个巴掌，与牙轮的轴颈相连，起支撑牙轮的作用。钻头体的底端中部镶焊水眼板或安装喷嘴。根据钻头体与巴掌的连接情况可将其分为有体式和无体式钻头。有体式钻头是钻头体与巴掌分别制造，然后将巴掌焊接在钻头体下侧的钻头。该种钻头直径一般在346mm以上，其上部螺纹绝大多数为内螺纹。无体式钻头是巴掌与三分之一钻头体做成一体，然后将加工好并装接上牙轮的三部分合焊起来。该钻头直径一般在311mm以下，其上部绝大多数为外螺纹。

牙轮在牙爪轴颈上的固定是在牙轮与轴颈组装好后，通过牙爪下侧背部的斜孔投入滚珠来完成的，最后插入销子并焊死。

**(2) 牙轮**

牙轮是一个外面带有牙齿，内腔加工成与轴颈相对应的滚动体跑道或滑动摩擦面的锥体。分单锥与多锥两种结构。单锥牙轮是指仅有主锥和背锥两个不同锥度的牙轮。该牙轮适用于硬及研磨性较高的地层。复锥牙轮是指除主、背锥外还有1～2个副锥的牙轮。该牙轮适用于软及中硬地层。

**(3) 牙齿**

牙齿是钻头破岩的主要元件，要求其破岩效率高、工作寿命长。为此，牙齿既要耐磨，又要有足够的强度，还要有合理的几何外形。

牙齿在轮壳上的排列布置方式是影响钻进效率的重要因素。布齿时首先保证钻头每转一圈牙齿全部破碎井底，不留下未被破碎的凸起部分。根据岩性不同牙轮上齿圈的排列有自洁式和非自洁式。非自洁式又称重叠式，其特点是各牙轮上可任意布置齿圈，不受相邻牙齿的影响，故可加密齿圈。重叠式牙轮钻头适应于硬及研磨性较高的地层。

钻进中，在钻头破碎岩石的同时牙齿逐渐被磨损，影响牙齿磨损的主要因素是地层岩石的研磨性、钻井技术参数、牙齿材料与齿形、加工工艺技术等。

牙轮钻头的牙齿有铣齿（钢齿）、镶齿（硬合金齿）两种。

① 铣齿 铣齿是由牙轮毛坯铣削加工而成的牙齿。这种钻头叫铣齿钻头。铣齿断面形状主要是楔形。铣齿的齿形参数主要有齿尖角、齿高、齿顶削平度（钝度）和外排齿形等。

齿尖角 是牙齿横断面上两边界的夹角。为了利于吃入地层，其值应小些，但太小则影响强度。一般软地层阻力小，强度要求不高，为了加快钻速，齿尖角应比硬地层小些。齿尖角的常用范围：软地层为 $38°\sim40°$，中硬地层为 $40°\sim42°$，硬地层为 $42°\sim45°$。

齿高 是齿根到齿顶的距离。一般齿越高，吃入地层越深，钻进效率越高，但太高易使牙齿整断。因此，不同岩性地层的破岩阻力不同，齿高不同，软地层要比硬地层高些。

齿顶削平度 即齿尖的宽度。软地层为加快钻速，宽度要小些；硬地层为保证强度，宽度要大些。同时，还要根据钻头大小而定，一般小钻头齿尖宽度为 $0.75\sim1$mm；大钻头齿尖宽度为 2mm。

为了提高铣齿钻头的工作寿命，通常要对铣齿进行加硬，即在钻头牙齿的工作面上加焊一层硬质合金粉。两侧堆焊抗磨力强，适用于研磨性较高的地层；一侧堆焊牙齿则能在不断磨损中保持自锐。

② 镶齿（硬合金齿）。镶齿钻头是将硬合金材料加工成一定形状的牙齿，镶嵌并固定在轮壳的钻头上。由于牙齿硬度高、耐磨性强，故能适应于坚硬及高研磨性地层。目前的镶齿钻头已适应于从坚硬地层到软地层的不同地层。镶齿的齿形是指牙齿出露在轮壳以外部分的形状与高度。镶齿齿形一般有楔形、锥形、球形、三棱形和抛射体形等。

**(4) 牙轮钻头的轴承**

决定钻头工作寿命最关键的因素是轴承。通常轴承先于钻头牙齿及其他部分报损，称为轴承的先期损坏。密封润滑的滑动轴承钻头大大提高了牙轮钻头的使用寿命。目前普遍使用的是硬质合金齿喷射式密封滑动轴承牙轮钻头。

普通轴承（滚动不密封轴承） 牙轮钻头的普通轴承由牙爪轴颈、牙轮内腔、滚动体组成。在牙轮内腔及轴颈上加工了相对应的三个不同尺寸的滚动体跑道，构成三副轴承。大轴承主要承受由钻压引起的径向载荷，小轴承起扶正及承受少量径向载荷的作用，中间的滚珠轴承主要起锁紧定位作用，它将牙轮及牙爪轴颈锁在一起并承受部分轴向载荷。此外，还有两道承受牙轮轴向载荷的止推轴承，即小轴端部为第一道止推轴承，小轴端部堆焊耐磨合金，并在牙轮内腔相对应部位镶装耐磨合金；小轴颈底端的台肩面为第二道止推轴承，在小轴颈底端的台肩面堆焊耐磨合金，同时也在牙轮内腔相对应部位镶装耐磨合金。

常用的轴承结构有：滚柱轴承-滚珠轴承-滑动轴承和滚柱轴承-滚珠轴承-滚柱轴承两种。前种结构多用在直径 $152\sim244$mm 的小尺寸钻头中，后一种结构多用在直径 244mm 以上的大尺寸钻头中。普通轴承由于没有密封装置，当钻头在井内工作时，洗井液与泥砂极易进入牙轮内腔，很快将轴承腔内的润滑脂冲蚀掉，加剧了轴承磨损，导致普通牙轮钻头工作寿命减短。

轴承的储油密封润滑。牙轮钻头轴承的储油密封润滑结构是在一牙轮巴掌的组合体上增加一套储油密封系统。它由轴承腔的压力补偿系统和密封元件等组成。其作用是将牙轮内腔与外界的洗井液分开，并在钻头工作时，随时向轴承腔补充润滑脂，从而改善轴承的工作条件。

滑动轴承 滑动轴承钻头主要是指滑动轴承取代大轴滚柱轴承的牙轮钻头。其结构为滑动轴承-滚珠轴承-揩动轴承。滑动轴承把牙轮轴颈与滚柱的线接触改变成滑动摩擦面间的面接触，承压面积大大增加，比压大大减小。同时，不存在滚柱对轴颈的冲击作用。由于去掉了滚柱，就可以把轴颈尺寸加大，牙轮壳体增厚，这样提高了整个轴承的强度，从而有利于增大钻压，大大提高了钻头的工作寿命。

常用的滑动轴承有轴颈轴承、带固定衬套的滑动轴承和带浮动式衬套的滑动轴承以及简易滑动轴承。

**(5) 牙轮钻头的水眼**

非喷射式钻头的水眼只起洗井液循环通道的作用，而喷嘴不仅循环洗井液，还能把洗井液转化为高速射流。普通钻头在软地层钻进时，为了防止钻头泥包，从水眼流出的洗井液均直接冲在牙轮上。喷射式钻头的水眼方向是使洗井液直射两牙轮间的井底。

### 5.2.2.2 牙轮钻头的工作原理

钻进中牙轮钻头在井底的运动及破岩机理取决于钻头的结构、钻进参数配合、井底状态等多方面的因素。为了能够根据不同地层岩性，合理选择与使用钻头，就必须了解牙轮钻头在井底的运动及破岩机理。

**(1) 牙轮钻头在井底的运动**

牙轮钻头在井底的运动，决定着牙轮与牙齿的运动，从而直接决定了牙齿对地层岩石的破岩作用。钻头在井底的运动有公转、自转、纵振、滑动。钻头在井底运动的同时牙轮在井底的运动也有公转、自转、纵振和滑动。

① 公转　钻头绕井眼轴线的旋转运动叫钻头的公转。其转速等于转盘或井下动力钻具的旋转速度；钻头公转时，牙轮绕钻头轴线所做的旋转运动称为牙轮的公转。牙轮上各外排牙齿绕钻头轴线旋转的线速度不同，轮壳上最外排牙齿的线速度最大。

② 自转　钻头绕其自身轴线所做的旋转运动叫钻头的自转。其转速取决于钻具的转速；钻头旋转时，牙轮绕巴掌轴所做的与钻头旋转方向相反的旋转运动称为牙轮的自转。其转速取决于公转速度，并与牙齿对井底的作用有关，牙轮的自转速度要比公转速度快得多。牙轮的转动是岩石对牙齿产生阻力作用的结果。

③ 纵振（轴向振动）　钻进中旋转钻头时，轮齿与井底的接触是单双齿交替进行的，单齿着地时，牙轮的轮心处于高位置，双齿着地时则处于低位置。这样就导致轮心不停地上升、下降，即牙轮的纵振。牙轮的纵振使整个钻头沿轴向做上下往复运动，其振幅就是轮心的垂直位移。振幅的大小与齿高、齿距等钻头结构及岩性有关。在硬地层振幅较大，振动严重，危害较大。除牙轮的单双齿交替与井底接触导致的纵振外，还会因井底不平造成振幅较大的振动。

④ 滑动　为了适应破碎不同岩石的需要，在钻头工作时，使其产生一定的滑动。钻头的滑动就是牙轮的滑动。通常情况下，软地层钻进时钻头具有较大的滑动量；在硬地层及高研磨性地层钻进时，所用钻头其滑动量要尽量减小，以避免牙齿的迅速磨损。

钻头在井底工作时，上述四种运动同时产生，钻头的运动是上述四种运动的复合运动。

**(2) 破岩的两种作用**

牙轮钻头在钻压作用下破碎岩石是靠冲击压碎作用和滑动剪切作用来完成的。

① 冲击压碎作用　牙轮钻头在井底工作时，由钻头纵振所产生的轮齿对岩石的冲击压碎作用是牙轮钻头破碎岩石的主要方式。旋转钻头时，牙齿以一定的速度冲击压入岩石，牙齿压入岩石需要足够的比压与接触时间。牙齿作用在岩石上的轴向载荷包括静压及冲击载荷。

牙轮钻头破岩时，牙齿对岩石的冲击载荷越大，冲击次数越多，钻头破岩效率越高。但转速太快必然大大缩短牙齿与岩石的接触时间，要保证接触时间大于岩石破碎所需的时间，才能有效破碎岩石。

② 滑动剪切作用　牙轮钻头工作时，由于摩擦阻力的影响使其在井底产生滑动，而且转速越快，滑动量越大，对岩石的剪切破碎作用越大。此外，牙齿在轴向压力作用下吃入地层，转动钻头时随着牙齿的移动而使已破碎的岩石剔出，这一压入破碎其实质是剪切破碎。

软及中硬地层中钻进，要求牙轮钻头具有更大的滑动量以提高破岩效率。在设计制造牙轮钻头时，通常采用具有超顶、复锥、移轴结构的牙轮钻头以增大钻头在井底工作时的滑动量。

**超顶**　所谓牙轮钻头的超顶是指牙轮的锥顶超过钻头中心的现象。锥顶超过钻头中心的距离叫作超顶距。牙轮的超顶距越大，钻头的滑动剪切作用也越大。

**复锥**　复锥牙轮的副锥顶（延伸线）是超顶的，主副锥顶间的距离叫锥顶距。锥顶距越大或两个锥顶角的差值越大，钻头工作时牙轮在井底产生的滑动量也越大。复锥牙轮产生滑动的原因是复锥牙轮绕轴线转动时线速度呈折线分布，其与钻头公转时的合成速度不为零，从而产生滑动。

**移轴**　移轴是牙轮轴线沿水平方向移动一个距离，三个牙轮的轴线不交于钻头中心，而交成一个三角形，即为牙轮的移轴结构。所交三角形的内切圆半径就是牙轮轴线的平移距离，称为移轴距。移轴距越大，钻头的滑动剪切作用也越大。

### 5.2.2.3　牙轮钻头的产品系列

牙轮钻头是国内外钻井使用最多的钻头，为满足不同深度、不同地层岩性、不同井身结构等方面的要求，制定了牙轮钻头的系列标准，即牙轮钻头的直径系列和结构系列标准。

**(1) 牙轮钻头的直径系列**

牙轮钻头的直径要与相应的套管尺寸相配合。下套管固井时，要保证套管外径与井眼间有合适的间隙，以提高固井质量；固井后继续钻进时所用钻头直径又要与套管内径配合好。直径系列的确定必须根据各国的具体条件而定。

**(2) 牙轮钻头的结构系列**

国产牙轮钻头分两大类，即钢齿牙轮钻头和镶齿钻头，共八个系列，系列代号用专用汉语拼音字母表示，见表 5-1。钢齿钻头的类型及适用地层见表 5-2。

**表 5-1　牙轮钻头的结构系列**

| 类别 | 全称 | 简称 | 代号 |
|---|---|---|---|
| 钢齿牙轮钻头 | 普通三牙轮钻头 | 普通钻头 | Y |
| | 喷射式三牙轮钻头 | 喷射式钻头 | P |
| | 滚动密封轴承喷射式三牙轮钻头 | 密封喷射式钻头 | MP |
| | 滚动密封轴承保径喷射式三牙轮钻头 | 密封喷射式保径钻头 | MPB |
| | 滑动密封轴承喷射式三牙轮钻头 | 滑动喷射式钻头 | HP |
| | 滑动密封轴承保径喷射式三牙轮钻头 | 滑动喷射式保径钻头 | HPB |
| 镶齿钻头 | 镶硬合金齿滚动密封轴喷射式三牙轮钻头 | 镶齿密封喷射式钻头 | XMP |
| | 镶硬合金齿滑动密封轴承喷射式三牙轮钻头 | 镶齿滑动喷射式钻头 | XHP |

**表 5-2　钢齿钻头类型及适用地层**

| 代号(简化) | 1 | 2 | 3 | 4 | 5 | 6 | 7 |
|---|---|---|---|---|---|---|---|
| 类型 | JR | R | ZR | Z | ZY | Y | JY |

续表

| 代号(简化) | 1 | 2 | 3 | 4 | 5 | 6 | 7 |
|---|---|---|---|---|---|---|---|
| 钻头体颜色 | 乳白 | 黄 | 浅蓝 | 灰 | 墨绿 | 红 | 褐 |
| 适用地层 | 极软 | 软 | 中软 | 中 | 中硬 | 硬 | 极硬 |
| 适用岩性（举例） | 泥岩<br>石膏<br>岩盐<br>软页岩<br>软石灰岩<br>白垩 | | 中软页岩<br>中硬石膏<br>中软石灰岩<br>中软砂岩 | 中硬页岩<br>硬石膏<br>中硬石灰岩<br>中硬白云岩 | 硬页岩<br>硬石灰岩<br>梗白云岩<br>砂岩<br>石英岩 | | 石英砂岩<br>石英岩<br>燧石<br>花岗岩 |

国产三牙轮钻头产品型号表示方法如下。

例如：若钻头代号为 241XHP5（9½inXHP5），则说明该钻头是用于中硬地层直径为 241.3mm（9½in）的镶齿密封滑动喷射式三牙轮钻头。

国外钻头系列多采用 IADC（国际钻井承包商协会）的钻头编码。IADC 钻头分类法是根据钻头适用的地层条件，将铣齿与镶齿同时分为软、中、硬、极硬四类，用代号的第一位数字表示。例如铣齿用 1、2、3、4 来表示，镶齿用 5、6、7、8 来表示。每类地层又分成四个等级，列为代号的第二位数字。第三位数字表示钻头特征，1 表示普通，2 表示 T 形保径齿，3 表示保径齿，4 表示滚动密封轴承，5 表示滚动密封保径，6 表示滑动密封轴承，7 表示滑动密封保径，8、9 表示其他特殊结构。例如 IADC 牙轮钻头代号为 537，则相当于国产牙轮钻 XHP3。

### 5.2.3 金刚石钻头

#### 5.2.3.1 金刚石的基本特性

金刚石是密度为 $3.52g/cm^3$ 的结晶碳，是迄今人类在地球上发现的最硬的矿物，在莫氏硬度标准中列为第十级。金刚石的优点是具有最高的硬度和极高的抗磨能力，其抗磨能力为钢材的 9000 倍。金刚石的主要弱点是脆性大、热稳定性差。金刚石因脆性大，所以受冲击载荷后易破碎。因金刚石的热稳定性差，在高温下易氧化燃烧，在空气中 455～860℃间出现晶体结构的转化，由坚硬的金刚石转化为很软的石墨（该过程称为石墨化）；当温度上升到 1000℃时，则转化为一氧化碳、二氧化碳与灰渣。在惰性气体中不会燃烧，但温度达到 1430℃时，其结晶会突然爆裂变成石墨。

天然金刚石是地壳深部岩浆凝固时在高温高压下形成的，并通过火山爆发带到地面。金刚石的计量单位是"克拉"，1 克拉等于 0.2g 钻头上的金刚石颗粒大小（粒度），用"粒/克拉"或"克拉/粒"表示，一般在 0.5～400 粒/克拉之间。

现在，国内外使用较多的是人造金刚石。其基本方法是将石墨放在有催化剂的密封容器内，在 5000～10000MPa 压力和 1000～2000℃的温度下，使其转化为金刚石。人造金刚石的强度、耐磨性及热稳定性都比天然金刚石差，但成本却低得多，而且成形性好。故可根据需要制成各种形状和不同大小的颗粒，以满足钻头的需要。

#### 5.2.3.2　金刚石钻头的破岩机理

金刚石钻头的破岩作用是由金刚石颗粒完成的。要知道钻头的破岩作用，就须了解单粒金刚石的破岩作用。在坚硬地层中，单粒金刚石在钻压作用下使岩石处于极高的应力状态下（约 4200～5700MPa，有的资料认为可达 6300MPa），使岩石发生岩性转变，由脆性变为塑性。单粒金刚石吃入地层，在扭矩作用下切削破岩，切削深度基本上等于金刚石颗粒的吃入深度。这一过程如同"犁地"，故称为金刚石钻头的犁式切削作用。

在一些脆性较大的岩石里（如砂岩、石灰岩等），钻头上的金刚石颗粒在钻压扭矩的同时作用下，破碎岩石的体积远大于金刚石颗粒的吃入与旋转体积。当压力不大时，只能沿金刚石的运动方向形成小沟槽，加大压力则会使小沟槽深部与两侧的岩石破碎，超过金刚石颗粒的断面尺寸。

金刚石钻头的破岩效果，除与岩性以及影响岩性的外界因素（如压力、温度、地层流体性质等）有关外，钻压大小是重要的影响因素。它和牙轮钻头一样，破岩时都具有表层破碎、疲劳破碎、体积破碎三种方式。只有当金刚石颗粒具有足够的比压吃入地层岩石，使岩石发生体积破碎时，才能取得理想的破岩效果。

#### 5.2.3.3　金刚石钻头的结构

**(1) 金刚石钻头的组成**

石油钻机钻井常用的金刚石钻头主要由钻头体（钢体）、胎体、金刚石切削刃等组成。

① 钻头体（钢体）　钻头体的上部车有螺纹以连接钻具，下部与胎体相连。钻头体有整体的，也有两部分构成的，即上部为合金钢车有螺纹，下部为低碳钢连接胎体，两部分用螺纹连接在一起，然后焊死。要求钻头体具有足够的强度，并要与胎体的连接牢固可靠。

② 胎体　钻头的胎体是镶嵌金刚石颗粒的基体，由不同粒度的碳化钨颗粒、碳化钨粉末加入易熔金属（如铜、镍、锌等）作黏合材料烧结压制而成。要求其具有足够高的强度、硬度、耐磨性、导热性和一定的冲击韧性，还要能与金刚石颗粒牢固的黏结在一起，并使胎体工作层的磨损与金刚石的磨损保持适当比例，以保证金刚石工作刃在钻进过程中不断自锐。

③ 金刚石切削刃　根据不同岩性，金刚石颗粒在钻头胎体上的镶装方式有表镶式、孕镶式、表孕镶式三种。

**表镶式**（外镶式）　是把金刚石颗粒镶装在钻头胎体的表面上。金刚石颗粒较大，一般 0.5～15 粒/克拉，出刃高度为颗粒直径的 1/3。较大颗粒的金刚石，一般要做椭圆处理，以免尖锐的棱角在钻进中发生崩裂。表镶式金刚石钻头多用于相对较软的地层。

**孕镶式**（潜铸式）　是把金刚石颗粒分布在钻头胎体的一定厚度内，钻进时随着胎体的磨损金刚石颗粒不断露出，直到所包金刚石颗粒的孕镶层磨完为止。孕镶用金刚石颗粒粒度一般为 20～400 粒/克拉，其棱角越尖越好，孕镶层厚度为 12mm。孕镶式金刚石钻头多用于坚硬地层，颗粒较大时也可用于相对较软的地层。

**表孕镶式**　表孕镶式金刚石钻头是在钻头工作面上同时采用表镶、孕镶两种镶装方式。通常是在孕镶式钻头的薄弱处表镶一层金刚石颗粒。采用表孕镶式可以延长钻头的使用寿命，提高钻头的破岩效率。

**(2) 钻头工作剖面的几何形状**

金刚石钻头工作剖面的几何形状主要是指胎体的剖面形状与工作面积的大小。工作面积按钻头镶装金刚石颗粒部分的水平投影面积计算。常用的剖面类型有以下几种。

**双锥阶梯形剖面** 具有两个锥面,锥面上带有阶梯,如图5-1(a)所示。其特点是顶部锋利,受力比其他部分大。当顶部吃入地层后,阶梯上的金刚石也相应地吃入地层,由于阶梯增加了自由面,可提高钻头的破岩效率。该型剖面适用于较软到中硬地层,如石膏、泥岩、砂岩等。

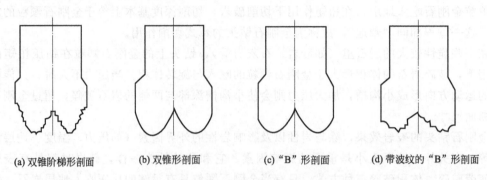

(a) 双锥阶梯形剖面　　(b) 双锥形剖面　　(c) "B" 形剖面　　(d) 带波纹的 "B" 形剖面

图 5-1　金刚石钻头胎体剖面形状

**双锥形剖面** 有内外锥与顶部圆弧三部分,如图5-1(b)所示,它克服了双锥阶梯形剖面在钻遇较硬地层时,顶部与台肩处金刚石易于碰碎的弱点,多用于较硬及致密砂岩、石灰岩、白云岩等中等硬度地层及硬地层。

**"B" 形剖面** 由内锥与圆弧面两部分组成,如图5-1(c)所示,它克服了前两种剖面顶部金刚石颗粒早期损坏的弱点,多用于硬质砂岩、致密的白云岩等硬地层。

**带波纹的 "B" 形剖面** 与B形剖面相同,如图5-1(d)所示,仅在内锥与圆弧面上带有螺旋波纹槽,金刚石颗粒镶嵌在波纹的波峰上。它适用于石英岩、火山岩、燧石岩等坚硬地层。

金刚石钻头的中心圆窝部分,起扶正钻头与破碎中心形成的小圆柱岩心的作用。

**(3) 金刚石钻头的水眼与水槽**

金刚石钻头的水眼与水槽的作用是循环钻井液和冷却金刚石颗粒。

### 5.2.4　PDC 钻头

使用PDC钻头应注意三个关键因素:选择适当的使用条件;依据使用条件选择合适的钻头;正确使用钻头。

PDC钻头在软至中硬地层效果明显,一般不太适宜钻硬地层和软硬交错地层,如高研磨性地层、砾石层、燧石及含硬质夹层的地层等。一般适用于较低的钻压、较高的转速,最适合于井下动力钻井。

胜利石油管理局钻井工艺研究院金刚石钻头厂1998年以来研制生产的新型TP-8F复合PDC钻头克服了常规PDC钻头的弱点,能够适应胜利油田东营组至沙河街组软硬交错的多夹层地层。复合PDC钻头没有活动部件,适应高转速、低钻压,钻头寿命长等特点,因此更适合井下动力钻井。能够提高钻井速度,降低钻井成本,减少起下钻次数和意外井下事故,降低工人的劳动强度,且延长了钻井设备的使用寿命,具有非常显著的经济效益和社会效益。

PDC钻的使用步骤分为以下几点。

**（1）下钻前的准备**

ⅰ.上一个钻头起出后，立即盖好井口，防止物体落井。

ⅱ.了解上一个钻头的损坏情况，即直径磨损；切削齿的磨损及断、碎、裂；对损坏比较严重或因严重损坏而导致直径减少的钻头，要用磨鞋和打捞篮处理井眼。

ⅲ.搬运钻头要小心。最好从包装箱取出后放在胶合板或胶垫上，严禁在钻台钢板上滚动。

ⅳ.查看钻头直径、螺纹牙型是否正确，喷嘴是否畅通。

ⅴ.装卸钻头要用合适的钻头装卸器。

**（2）下钻**

下钻要细心。在通过封井器或缩径井段时要放慢速度，防止保径部分的金刚石复合片损坏。如果需要在缩径井段扩眼，须向上稍提方钻杆，并尽可能加大排量，以约 60r/min 的转速，使钻头缓慢地穿过缩径井段，钻压不大于 10kN。

当钻头下到井底时，要注意观察悬重表和钻柱扭矩。扭矩突然增大，说明钻头到达井底。然后将钻头上提 0.2～0.3m，同时循环钻井液，并缓慢转动 5min，以确保井底干净。

**（3）钻进**

开始钻进前，将转速提高到 60r/min，使钻头接触井底，用 10kN 的钻压在井底造型，一般钻进 0.5～1m。

在软地层钻进，即使钻压在 10～20kN，钻速也很高，此时不必加大钻压和提高转速。一般转速在 100～150r/min 之间，效果最好。

在硬地层中，井底造型要耐心，钻进第 1m，可能用时较长。在完成井底造塑前，只有少数切削齿接触井底，急于加压会导致 PDC 钻头切削齿过载而损坏。井底造型完成后，可提高转速，一般为 80～100r/min，然后逐渐增加钻压，直到获得满意的机械钻速为止。如果钻压增大后，发现扭矩不增加、钻速不提高，说明 PDC 钻头不适应该地层。

接单根后，要以最大排量洗井，把钻头缓慢地放到井底，以防止钻头撞击井底而损坏。

随着井深的增加和 PDC 钻头复合片的磨损，机械钻速一般要下降。磨平的 PDC 钻头复合片能承受更大的钻压，PDC 钻头切削齿吃入地层的深度减少，此时应增加钻压，以保持机械钻速的增加。

**（4）钻头清洗**

在钻进软而黏的地层时，有时会出现泥包。其现象一般是钻速突然下降，泵压上升。当钻头提离井底时上述现象消失。此时需要把钻头提离井底，然后在大排量和正常转速下，把钻头恰好送到井底并停留 10～15min，让钻井液充分清洗钻头。也可以在高转速下，较频繁地将钻头反复提离井底，将泥包物带起，从钻头表面甩掉。

**（5）起钻**

PDC 钻头复合片最后会被磨损变钝，磨损的信号是钻速和扭矩突然下降。机械钻速下降，每米钻井成本上升，则要起钻。

## 5.2.5　钻柱

### 5.2.5.1　钻柱的受力分析

钻柱在不同的工作状态下承受不同的载荷，概括起来有轴向拉力和压力、弯曲力矩、离心力、扭矩、纵向振动、扭转振动和动载荷等。

① 轴向拉力和压力　钻柱在井下受到的轴向拉力主要由钻柱自重所产生，井口处拉力最大，向下逐渐减小。此外，还受到钻井液的浮力，从而减轻了钻柱的重力。起下钻中还会因钻柱与井壁的摩擦而增加或减小上部钻柱的轴向载荷。

钻进时，大部分钻铤用于给钻头加压，因而在钻柱轴线上必然存在着一个既不受拉也不受压的一点，这就是所谓的"中和点"。"中和点"以上的钻柱承受拉力，以下的钻柱承受压力。

② 弯曲力矩　正常钻进时，下部钻柱受压弯曲而受到弯曲力矩的作用。此外，井眼偏斜时钻柱也要受到弯曲力矩的作用。弯曲钻柱自转时，便会产生交变弯曲力矩。

③ 离心力　钻柱公转时产生离心力，促使钻柱发生弯曲。

④ 扭矩　转盘钻井时，通过转盘带动钻柱与钻头旋转破碎岩石，因此钻柱承受扭矩。使钻柱旋转时的扭矩井口处最大。

⑤ 纵向振动　由于牙轮钻头结构及岩石性质等因素，钻进中会使钻柱产生纵振。当纵振频率与钻柱的固有频率相等或成倍数关系时，便会产生共振现象，即跳钻。严重时，跳钻会加速钻柱的疲劳破坏、降低钻头的使用寿命。

⑥ 扭转振动（周向振动）　钻进中，由于地层岩性变化造成钻头破岩时阻力的变化，而引起钻柱的周向振动。周向振动与钻头结构、岩性变化及钻进技术等因素有关。例如刮刀钻头在软硬交错频繁的地层破岩时，将使钻柱受到剧烈的周向振动，导致钻柱损坏。

⑦ 动载荷　起下钻中，由于钻柱加速度的变化，便会产生轴向的动载荷。起钻上提过猛，下钻刹车过猛都会使钻柱产生很大的轴向动载荷。

通过上述分析可以看出，钻柱工作时其严重的受力部位是：

ⅰ.钻进时下部钻柱同时受到压力、扭矩和弯矩的作用。此外，钻头突然遇阻、遇卡都会使钻柱受到的扭矩大大增加。

ⅱ.钻进及起下钻时，井口处钻柱所受拉力最大，特别是猛提、猛刹还会使井口钻柱受到很大的动载荷。钻进时井口钻柱所受扭矩也是最大的。

ⅲ.由于岩性变化和钻头的冲击及纵振、送钻不均匀等因素的影响，使轮心的位置频繁的上下移动，所以轮心附近的钻柱要受到交变载荷的作用，这也是钻柱受力严重的部位。

### 5.2.5.2　钻柱的损坏

钻进时，钻柱在钻井液介质中长期受到交变载荷的作用，便会发生破裂或折断。钻具损坏主要有以下几种状况。

ⅰ.多数钻杆的损坏发生在钻进旋转中或从井底上提时，即使是发生在遇卡后提断，也是在疲劳裂纹已发展到相当程度后才造成的。

ⅱ.大多数钻杆的破坏发生在距接头 1.2m 以内的部位。

ⅲ.钻杆的破坏往往与钻杆内表面存在严重的腐蚀斑痕有关。

ⅳ.从钻杆外表面开始发生的破坏，一般与钻杆表面原有的伤痕有关。

ⅴ.由于钻铤本体的厚度大，因而钻铤的破坏通常发生在螺纹连接处。

从受力分析中知道，钻柱在井内长期承受拉伸、压缩、扭转和弯曲应力循环，因而疲劳破坏是不可避免的。钻柱的损坏有疲劳破坏和氢脆破坏。而疲劳破坏又有纯疲劳、伤痕疲劳和腐蚀疲劳三种形式。

**(1) 钻柱的疲劳破坏**

① 纯疲劳　纯疲劳是指构件在长期的交变应力作用下发生的疲劳。钻杆上的最大应力

常发生在加厚部位的末端，这是因为接头与加厚部位的刚度大于本体部分，在截面变化的部位形成了交变应力作用的薄弱环节。这就是多数钻杆的破坏发生在距接头 1.2m 以内的部位的原因。

此外，还有一些因素引起钻杆纯疲劳破坏。例如把弯曲了的钻杆下井使用，或者方钻杆本身弯曲，旋转钻柱时必然造成较大的交变应力而导致疲劳破坏。还有，若天车、转盘和井口三者不对正，也会在方钻杆及钻杆上造成弯曲应力，使之发生疲劳破坏。海洋钻进中，由于钻井船随波浪起伏摇摆也会造成钻柱弯曲，导致疲劳破坏等。

② 伤痕疲劳　钻杆的伤痕疲劳破坏是由于微裂纹处应力集中，裂纹逐步发展的结果，所以钻杆表面的各种伤痕将会加速钻杆的疲劳破坏。钻柱表面的伤痕有：

ⅰ.卡瓦的咬痕和擦伤。

ⅱ.大钳的咬痕。

ⅲ.旋扣链钳的咬痕和擦伤。

ⅳ.印模记号。

ⅴ.橡胶保护器造成的沟槽。

ⅵ.电弧的灼伤。

ⅶ.地层和井下金属碎屑造成的刻痕。

在井很深时，整个钻柱的重力很大，卡瓦卡在钻杆上的沟槽特别具有危险性，即使很小心地使用卡瓦，也难以避免。所以在井深时不使用卡瓦而用吊卡代替。

③ 腐蚀疲劳　腐蚀疲劳是金属在腐蚀环境中的疲劳，也是钻柱损坏的常见原因。腐蚀一般分为化学腐蚀和电化学腐蚀。化学腐蚀就是指金属表面与腐蚀介质发生化学反应而引起的腐蚀。电化学腐蚀是指金属与电解质溶液接触，发生电化学反应而引起的腐蚀，其特点是在整个腐蚀反应中有电流产生。

**(2) 钻柱的氢脆破坏**

金属管材在含硫化氢的液体介质中工作一段时间后会突然出现裂缝，发生严重的脆性破坏。钻井过程中，硫化氢会因各种原因侵入钻井液，与水形成弱酸，同其他酸类介质一样，能与钻杆发生化学反应而腐蚀钻柱材料，导致钻杆横截面积变小、强度降低，也可能形成小坑或裂缝造成应力集中。但其主要的作用是由于腐蚀不断产生氢，钻井液中的硫化氢将会减慢氢原子形成分子的速度，使氢原子渗入到金属晶格内部再结合成分子（分子氢的体积是原子氢的 20 倍），产生很大的内应力，使晶体间的键断裂，这一现象即为氢脆。此外，氢原子渗入金属后，大多聚集在材料最大应力处，进而产生各种微裂纹，最后出现突然的脆性断裂。

## 5.2.6　合理使用钻具

用好、管好钻具，防止发生钻具事故，对优质、快速、安全钻井有着十分重要的意义，所以必须十分重视钻具的合理使用。

ⅰ.钻具螺纹不清洁，水眼不通，螺纹损坏和接头磨薄，本体有伤，磨损及弯曲超过使用标准时，一律不得下井使用。

ⅱ.钻具上下钻台必须戴好护丝，上螺纹前必须清洗螺纹，检查台阶（因为钻具是依靠接头台阶端面密封的，所以台阶面必须完好无损），然后涂满清洁的标准螺纹脂。

ⅲ.上卸钻具螺纹时不得将钳牙咬在钻杆本体上，严禁磨螺纹、跳螺纹和用转盘绷螺纹。

入井钻具必须用双钳按规定的上紧力矩扭紧。

ⅳ.新车螺纹的钻铤、接头螺纹,要坚持磨合到光滑无毛刺才能下井(螺纹表面光滑及磷化处理的则不需磨合)

ⅴ.入井钻具必须丈量好长度、内外径(钻铤、接头及打捞工具等要准确测量,并画草图),做好详细记录。

ⅵ.严格执行钻具探伤、试压规定。

ⅶ.深井按要求定期倒换钻具。倒换钻杆时要成组倒换,目的是改变钻具的受力情况,使每个立柱轮流在不同的井深承受大小不同的载荷,以延长钻具的使用寿命。起钻时钻杆应错扣检查,以防粘螺纹。钻铤立柱按规定时间将所有的螺纹卸开,清洗检查。

ⅷ.起钻时要做到"四检查",即井架工检查钻具是否弯曲;内钳工检查钻具内螺纹;外钳工检查钻具外螺纹;内、外钳工共同检查钻具有无损伤和刺漏等情况。

ⅸ.甩钻杆时必须卸成单根。拉下钻台的打捞工具、配合接头、钻铤提升短节和其他工具均应卸开。

ⅹ.井场钻具必须放在专用管架台上,钻杆两端悬空长度不得超过2m,钻铤、方钻杆的悬空长度不得超过1m。井场钻具与其他各种管材必须分类摆放,最多不能超过三层。全部内螺纹接头对齐,接头密封面和螺纹要清洗干净并涂油防腐。

ⅺ.钻具(包括其他管材)上面不得堆放重物及酸、碱等化学药品,并不得在上面进行电、气焊工作。

ⅻ.在转运、回收、装卸及运输钻具过程中,不得在地面上拖拉和碰撞。在转运方钻杆时,短途使用专用架;长途运输则必须把方钻杆装在套管内,两端固定牢靠。

# 5.3 实训项目

## 5.3.1 维护管理钻具

### 5.3.1.1 学习目标
掌握钻具的使用标准能够正确检查和准确丈量钻具。

### 5.3.1.2 准备要求
撬杠、钢丝刷、棉纱、梳齿规、螺纹规。

### 5.3.1.3 操作步骤
ⅰ.滚动钻具,平视钻具,仔细观察其是否弯曲,并同时认真观察检查其本体是否有明显伤痕。

ⅱ.清洗钻具两端螺纹,并仔细观察检查。

ⅲ.观察钻具水眼是否清洁、畅通。

### 5.3.1.4 技术要求
ⅰ.要求管体无明显的弯曲和伤痕。

ⅱ.检查螺纹时,必须使用钢丝刷和棉纱擦洗干净。

ⅲ.钻具螺纹严重锈蚀;螺纹偏磨超出钻具使用标准;密封面不平(如刺痕、粘痕、碰伤等);螺纹磨圆、变形或有刺伤等情况时严禁下井。

ⅳ.钻具水眼要畅通无异物。

ⅴ.若查出不符合使用标准的钻具，要做明显标记并向技术员汇报。

### 5.3.1.5 钻具的使用标准

**(1) 方钻杆的使用标准**

ⅰ.方钻杆弯曲度规定：每米的校直标准小于 1mm，使用标准小于 1.5mm；方钻杆全长校直标准要小于 3mm，使用标准要小于 8mm。

ⅱ.扭曲角规定：方钻杆的扭曲角不大于 15°，并能通过标准方补心。

ⅲ.螺纹台肩的检查标准与钻杆接头相同，见表 5-3。

**(2) 钻杆的使用标准**

ⅰ.钻杆弯曲度标准见表 5-4。

ⅱ.钻杆接头允许磨损标准见表 5-3。

**表 5-3 钻杆接头磨损标准**

| 钻杆尺寸与接头规范 | | 加厚形式 | 新接头外径/mm | 新接头螺纹台肩/mm | 磨损后/mm | | |
|---|---|---|---|---|---|---|---|
| | | | | | 外径 | 外螺纹台肩厚 | 吊卡承受厚度 |
| 2⅜in 内平 | | 外加厚 | 86 | 5.6 | 30 | 3 | 5.5 |
| 2⅞in 内平 | | 外加厚 | 105 | 8.5 | 95 | 3.5 | 6.5 |
| 3½in 内平 | E75 | 外加厚 | 121 | 3.5 | 112 | 4.4 | 7 |
| | X95 | 外加厚 | 121 | 8.5 | 112 | 5.5 | 7 |
| | G105 | 外加厚 | 121 | 8.5 | 116 | 6 | 7 |
| | S135 | 外加厚 | 121 | 8.5 | 118 | 1.5 | 7 |
| 4½in 内平贯眼 | | 外加厚 | 156 | 10.3 | 143 | 5.6 | 7 |
| | | 内加厚 | 146 | 11.1 | 134 | 5 | 7 |
| 5in 内平对焊 | E75 | 内加厚 | 161.93 | 12.93 | 146.05 | 5.56 | 7 |
| | X95 | 内加厚 | 161.93 | 12.98 | 149.23 | 7.14 | 7 |
| | G105 | 内加厚 | 165.90 | 14.6 | 151 | 8 | 9 |
| | S135 | 内加厚 | 168.28 | 16 | 153 | 9.13 | 8.5 |
| 5½in 贯眼 | | 内(外)加厚 | 178 | 13.7 | 163 | 6 | 7 |

**表 5-4 钻杆弯曲度标准**

| 长度 | 全长允许弯曲度/mm | | 两端 3m 内允许弯曲度/mm | |
|---|---|---|---|---|
| | 校直标准 | 使用标准 | 校直标准 | 使用标准 |
| 6~8m | 3 | 4.5 | 1.5 | 2 |
| 8~12m | 4 | 6 | 2 | 3 |
| 12m 以上 | 5 | 7.5 | 3 | 5 |
| 每米 | 1.5 | 2 | | |

ⅲ.钻杆粗螺纹使用标准如下。

① 接头台肩面因粘螺纹或碰撞而凹凸不平，密封面在内螺纹台肩靠内圆处不得窄于 3mm，外螺纹接头不得窄于 4mm，专用工具修磨时磨削量要小于 0.8mm，修后要平整光滑。

ⅱ 螺纹正常磨损后尺寸不能超出表 5-5 的标准。

ⅲ 螺纹严重锈蚀不能使用。

ⅳ 螺纹畸形磨损或有钻井液刺痕不能使用。

ⅴ 内螺纹镗孔处有撞击变形时不能使用，但经维修后用螺纹规校对，不影响密封者则可以使用。

ⅵ 因处理井下事故进行过强力拉扭的钻杆，要用梳齿规进行检查，当不能全部啮合时要修螺纹。

**表 5-5　螺纹正常磨损尺寸表**

| 螺纹牙/in | 螺纹型号 | 种类 | 标准牙顶部宽度/mm | 磨尖牙数 | 残留牙高度/mm | 残留牙宽度/mm | 锥度 |
|---|---|---|---|---|---|---|---|
| 5 | V-0.040 | 甲 | 1.016 | 5牙以下 | 2 | 0.51 | 1∶4 |
| 4 | V-0.050 | 乙 | 1.270 | 5牙以下 | 2.5 | 0.63 | 1∶4 |
| 4 | V-0.050 | 内 | 1.270 | 5牙以下 | 2.5 | 0.63 | 1∶6 |
| 4 | V-0.065 | 丁 | 1.651 | 5牙以下 | 2 | 0.83 | 1∶6 |

ⅳ. 钻杆接头最小不小于表 5-6 中的尺寸。

ⅴ. 钻杆加厚部分长度要超过螺纹部分长度 15mm 以上。

ⅵ. 对焊钻杆钢圈不平度大于 1.5mm，管体有咬伤、凹槽现象不能使用。

ⅶ. 钻杆本体有明显磨损不能使用。具体分级及标准可参见钻井测试手册。

**表 5-6　钻杆接头长度表**

| 钻具规范 | | $2\frac{3}{8}$in | $2\frac{7}{8}$in | $3\frac{1}{8}$in | $4\frac{1}{2}$in | 5in | $5\frac{1}{2}$in | $5\frac{9}{16}$in |
|---|---|---|---|---|---|---|---|---|
| 内螺纹接头长度/mm | 有细扣 | 210 | 210 | 220 | 275 | 275 | 300 | 300 |
| | 对焊 | >160 | | | | >180 | | |
| 外螺纹接头长度/mm | 有细扣 | 150 | 150 | 150 | 165 | 165 | 175 | 175 |
| | 对焊 | >150 | | | | | | |

**(3) 钻铤的使用标准**

ⅰ. 钻铤的弯曲度不超过表 5-7 中的标准。

ⅱ. 钻铤螺纹台肩最薄处不小于表 5-8 中的标准。

**表 5-7　钻铤弯曲度标准**

| 长度 | 全长允许弯曲度/mm | | | 两端允许弯曲度/mm | | |
|---|---|---|---|---|---|---|
| | 校直标准 | 送井标准 | 使用标准 | 校直标准 | 送井标准 | 使用标准 |
| 8～9m | <3 | <4 | <5 | <1.5 | <1 | <2.5 |
| 12m | <4 | <6 | <6 | <2.5 | <3 | <3.5 |
| 每米弯曲度 | <1.5 | <1.5 | <1.5 | <1.5 | <1.5 | <1.5 |

**表 5-8　钻铤螺纹台肩标准**

| 尺寸 | $4\frac{3}{4}$in | $5\frac{3}{4}$in | $6\frac{1}{4}$in | 7in | 8in |
|---|---|---|---|---|---|
| 外螺纹台肩厚/mm | >8 | >10 | >10.5 | >11 | >11 |
| 内螺纹台肩厚/mm | >6 | >8 | >8 | >8.5 | >8.5(630 螺纹为 16) |

注：小于上述尺寸后要进行改螺纹，或对焊新接头后才能继续使用。

ⅲ. 钻铤本体伤痕深度规定：$4\frac{3}{4}$in、$5\frac{3}{4}$in 钻铤不超过 5mm，$6\frac{1}{4}$in 不超过 6mm，7in 不超过 6.5mm，8in 钻铤不超过 7mm。伤痕的长度不得超过钻铤周长。

ⅳ.钻铤螺纹正常磨损后,要用梳齿规检查,其余牙宽度不低于原牙宽度的 1/3,牙数不超过 3.5 牙。

### 5.3.2  检查套管

#### 5.3.2.1  学习目标
掌握套管的规范和使用标准;能够正确检查套管。

#### 5.3.2.2  准备要求
撬杠、钢丝刷、棉纱、标准内径规、标准螺纹规等。

#### 5.3.2.3  操作步骤
套管的井场检查有以下几步。

ⅰ.用钢丝刷、棉纱清洗螺纹并检查螺纹情况。

ⅱ.清除套管表面污物,检查钢级及外部缺陷。

ⅲ.滚动套管,检查其弯曲度和伤痕。

ⅳ.用测厚仪测量套管壁厚。

ⅴ.反复检查编号顺序。

ⅵ.用内径规通内径。

ⅶ.将复查不合格的套管打上明显标记,并与下井套管分开。

#### 5.3.2.4  技术要求
ⅰ.送到井场的套管其生产厂家、钢级、壁厚要符合要求。

ⅱ.通内径时要用直径小于套管内径 3mm、长度为 300~500mm 的标准内径规逐根通过,通不过者为不合格。

ⅲ.检查套管表面斑痕、裂缝、伤痕、缺陷时,必须清除表面污物、油漆等。

ⅳ.检查螺纹时,必须使用钢丝刷和棉纱把螺纹擦洗干净,内外螺纹的椭圆度超过 0.5mm 者为不合格。

ⅴ.要正确选择和使用内径规、测壁厚仪等检查工具。

ⅵ.不合格套管要做明显标记,并与下井套管分开。

#### 5.3.2.5  相关知识

**(1) 套管性能规范**
套管是由钢材轧制面成的无缝钢管。其性能规范主要是指套管钢材的机械性能、尺寸、螺纹类型和强度。

1) 套管钢材

根据套管在不同受力情况下的强度要求,套管由不同钢级的钢材轧制面成。按标准 YB 690—70 规定,国产套管由 D40、D55 和 D75 三种不同钢级的钢材轧制而成。API 套管由 H-40、J-55、K-55、C-75、N-80、C-95 和 P-110 七种不同钢级的钢材轧制而成。其中 C-75 和 C-95 两种钢级的套管经过特殊热处理,具有较高的抗硫化氢腐蚀性能,可用于含硫化氢的油气井中,但成本较高。

2) 套管尺寸

套管尺寸是指套管管体外径和壁厚。为了满足不同井身结构和不同受力情况下的强度要求,套管制成了不同的外径和壁厚。

国产套管尺寸系列:外径为 114mm、127mm、146mm、168mm、178mm、194mm、

219mm、245mm、273mm、299mm 及 340mm11 种尺寸，而每一种套管又分别制成 6～12mm 的各种壁厚。

API 套管尺寸系列：$4\frac{1}{2}$in、5in、$5\frac{1}{2}$in、$6\frac{5}{8}$in、7in、$7\frac{5}{8}$in、$8\frac{5}{8}$in、$9\frac{5}{8}$in、$10\frac{3}{4}$in、$11\frac{3}{4}$in、$13\frac{3}{8}$in、16in、$18\frac{5}{8}$in、20in 14 种尺寸，每种又制成不同壁厚。

3）套管螺纹

入井的套管串（柱）是由一根根套管连接而成的。一般用车有螺纹的接箍连接。套管螺纹有圆形螺纹和梯形螺纹两种型号。圆形螺纹的套管接箍分长、短两种，故套管的螺纹有长圆螺纹和短圆螺纹。它们的连接强度是梯形螺纹大于圆形螺纹，长螺纹大于短螺纹。

4）套管强度

套管强度主要包括三种强度。一是套管抗拉强度，它是指套管柱的抗拉强度，而不是套管本体的抗拉强度。由于套管柱的螺纹连接处是薄弱环节，故套管抗拉强度是指套管螺纹的连接强度。二是套管抗挤强度，它是指套管抵抗外挤压力破坏的能力。三是套管抗内压强度，它是指套管的切应力达到钢材平均屈服极限时的内压力。

**(2) 套管的使用标准**

目前，套管是一次性使用的。故其使用标准一般是检查标准，即下面检查中的要求。

器材供应站（或管子站）根据固井设计要求，将经过 13 道工序检查的合格套管分钢级，壁厚按编号顺序送到井场，排列整齐，并有 3％的备用量。13 道工序如下。

ⅰ.通内径。用直径小于套管内径 3mm、长度为 300～500mm 的标准内径规，逐根通过，通不过者为不合格。

ⅱ.查外表缺陷。清除沥青及保护漆后，查斑痕、裂纹、伤痕，其深度超过壁厚的 12.5％者为不合格。

ⅲ.查弯曲度。用肉眼观察滚动的套管是否弯曲，弯曲者为不合格。

ⅳ.查椭圆度。内外螺纹的椭圆度超过 0.5mm 为不合格。

ⅴ.查管体钢级。钢级不对者，不能送到井场。

ⅵ.查管体商标。其中包括标号、壁厚、厂家、出厂日期等。

ⅶ.测壁厚。用测厚仪测量套管壁厚，壁厚薄于标准壁厚的 12.5％者为不合格。

ⅷ.接触探伤。有伤者为不合格。

ⅸ.试压。5in 和 7in 套管试泵压力为 20～30MPa，$9\frac{5}{8}$in 套管试泵压力为 20MPa，$13\frac{3}{8}$in 以上套管试泵压力为 8～10MPa。

ⅹ.查螺纹配合间隙。用手把标准螺纹规旋紧套管螺纹后，测量螺纹最后完整牙到螺纹规端面的距离，对于 $8\frac{5}{8}$in 以下的套管，该距离为（11±3)mm；$8\frac{5}{8}$in 以上的套管为（13±3)mm。超出范围者为不合格。

ⅺ.丈量长度。

ⅻ.光谱查钢级（一般井不用）。

ⅹⅲ.水浸聚焦探伤。有伤痕者不能用。

对套管柱下部结构也要仔细检查，检查螺纹是否完好，连接后要保持一条直线，以免固井后再钻进时磨套管；检查壁厚和内径，防止内径过小，以防再钻进时钻头不能通过；检查水眼是否畅通；检查各个部件是否有裂缝伤痕等；位置和入井顺序要由工程、地质、固井三方面核对无误才能入井。

### 5.3.3　丈量钻具、套管

#### 5.3.3.1　学习目标

能够准确丈量钻具、套管。

#### 5.3.3.2　准备工作

20m 钢卷尺、钢笔与钻具（或套管）记录本、白漆与毛笔。

#### 5.3.3.3　操作步骤

ⅰ.一人将钢卷尺的零端线与钻具（或套管）内螺纹接头台阶端面对齐。

ⅱ.另一人拉紧尺带对准外螺纹接头台阶端面（或套管外螺纹的根部）并读出长度。

ⅲ.仔细查对钢印号。

ⅳ.用白漆在钻杆（或套管）上编写序号。

ⅴ.填入钻具（或套管）记录本。

#### 5.3.3.4　技术要求

ⅰ.必须使用钢卷尺，并将尺带拉直紧贴于钻具或套管上。

ⅱ.钻具或套管上不准有垫杠或其他物体支撑尺带。

ⅲ.长度精确到 0.01m（毫米位四舍五入）。

ⅳ.每根钻具或套管丈量次数不少于两次。若两次丈量长度不一致，必须丈量第三次以核准。

ⅴ.丈量时要注意接头端面的倒角长度。

ⅵ.注意防止钻具或套管压伤尺带。

ⅶ.编写下井序号并要与记录本上的记录相符。

# 单元习题

1.简述岩石的机械性质。

2.简述使用 PDC 钻头的注意因素。

# 单元6
## 钻井液准备

钻井液是旋转钻井中用作洗井流体的统称。使用最多的是液体钻井液，气体或泡沫钻井液使用较少。钻井液在钻井作业中具有极为重要的作用，被钻井工作者称为"钻井的血液"。

## 6.1 钻井液的类型及组成

钻井液按分散介质（连续相）可分为水基钻井液、油基钻井液、气体型钻井流体等。

钻井液主要由液相、固相和化学处理剂组成。液相可以是水（淡水、盐水）、油（原油、柴油）或乳状液（混油乳化液和反相乳化液）。固相包括有用固相（膨润土、加重材料）和无用固相（岩屑）。化学处理剂包括无机、有机及高分子化合物。

### 6.1.1 水基钻井液

水基钻井液是一种以水为分散介质，以黏土（膨润土）、加重剂及各种化学处理剂为分散相的溶胶悬浮体混合体系。其主要组成是水、黏土（膨润土）、加重剂和各种化学处理剂等。水基钻井液基本经历了五个阶段，即天然钻井液（1904～1921 年）、细分散钻井液（1921～1946 年）、粗分散钻井液（1946～1973 年）、不分散低固相钻井液（1966 年至今）、无固相钻井液（1968 年至今）、聚合物钻井液（1978 年至今）阶段等。

水基钻井液还可分为以下几种。

**淡水钻井液**　氯化钠含量低于 $10mg/cm^3$，钙离子含量低于 $0.12mg/cm^3$。

**盐水钻井液**（包括海水及咸水钻井液）　氯化钠含量高于 $10mg/cm^3$。

**钙处理钻井液**　钙离子含量低于 $0.12mg/cm^3$。

**饱和盐水钻井液**　含有一种或多种可溶性盐的饱和溶液。

**不分散低固相聚合物钻井液**　固相含量低于 $4\%$，含有适量聚合物。

**混油乳化（水包油）钻井液**　含有 $3\%\sim40\%$ 乳化油类的水基钻井液。

**钾基钻井液**　氯化钾含量高于 $3\%$，1978 年以来开始在我国钻井现场使用。

**聚合物钻井液**　它是以聚合物为主体，配以降黏剂、降滤失剂、防塌剂和润滑剂等多种化学处理剂所组成的钻井液，是在 20 世纪 80 年代发展起来的一种新型钻井液体系。聚合物钻井液包括阳离子聚合物钻井液、两性离子聚合物钻井液、全阳离子聚合物钻井液、深井聚合物钻井液和正电胶钻井液等。阳离子聚合物钻井液是以大小阳离子聚合物为主体，配以阴离子的降黏剂、降滤失剂、防塌剂和润滑剂等多种化学处理剂所组成的。

## 6.1.2 油基钻井液

**油基钻井液**（油连续相钻井液） 是一种以油（主要是柴油或原油）为分散介质，以加重剂、各种化学处理剂及水等为分散相的溶胶悬浮体混合体系。其主要组成是原油、柴油、加重剂、化学处理剂和水等。它基本经历了原油钻井液（1930 年初）、油基钻井液、油包水（反相乳化）钻井液（1960 年至今）等三个阶段。

**原油钻井液** 主要成分是原油。

**油基钻井液** 以柴油（或原油）为连续相，以氧化沥青为分散相，再配以加重剂和各种化学处理剂配制而成。

**油包水**（反相乳化）**钻井液** 以柴油（或原油）为连续相，以水为分散相，呈小水滴状分散在水中（水可占 60％的体积），以有机膨润土（亲油膨润土）和氧化沥青等为稳定剂，再配以加重剂和各种化学处理剂等配制而成。

## 6.1.3 气体型钻井流体

气体型钻井流体是以空气或天然气作为钻井循环流体的钻井液。

泡沫钻井液是以泡沫作为钻井循环流体的钻井液。主要组成是液体、气体及泡沫稳定剂等。

20 世纪 80 年代，我国标准化委员会钻井液体系分委会把钻井液分为不分散低固相聚合物钻井液、淡水钻井液、盐水钻井液、饱和盐水钻井液、钙处理钻井液、钾基钻井液、油基钻井液、气体钻井液等八大体系。

API（美国石油学会）及 IADC（国际钻井承包商协会）认可的钻井液体系如下。

ⅰ.不分散钻井液体系。该类钻井液是用膨润土（钠土或钙土）及清水配成，或利用清水在易造浆地层钻进而自然形成，故又称为天然钻井液。它基本不加药剂或用极少量药剂处理。通常用于表层或浅层钻进。

ⅱ.分散性钻井液体系。该类钻井液是指以水、膨润土以及各类分散剂（如木质素磺酸盐）为主剂配制而成的水基钻井液。其中的药剂属于解絮凝剂及降滤失剂。多用于深井或较复杂的地层钻井。

ⅲ.钙处理钻井液体系。该类钻井液是一种含有游离钙离子而且具有抑制性的水基钻井液。其主要组分是石灰、石膏和氯化钙。它具有一定的抑制黏土膨胀的特性，能用来控制页岩坍塌、井径扩大和避免地层损害。

ⅳ.聚合物钻井液体系。该类钻井液是一种经过具有絮凝和包被作用的长链高聚物处理以增加黏度、降低滤失量及稳定地层的水基钻井液。高聚物包括膨润土增黏剂、生物聚合物和交联聚合物，它们具有较高的分子量（相对分子质量）和酸溶性。该类钻井液在聚合物浓度较低时，具有较高的黏度及良好的剪切稀释特性。可用来絮凝劣质土、增加黏度、降低滤失量及稳定地层。

ⅴ.低固相钻井液体系。该类钻井液是一种低密度、固相总含量在 6％～10％（体积比）范围内的水基钻井液。其中膨润土含量应控制在 3％（体积比）或更低的范围内。其主要优点是可以明显提高机械钻速。

ⅵ.饱和盐水钻井液体系。氯化钠达到饱和（即氯离子质量浓度为 189g/L）为饱和盐水钻井液，氯离子含量为 6~189g/L 为盐水钻井液，氯离子质量浓度低于 6g/L 的钻井液通常称为含盐或海水钻井液。

vii. 修井完井液体系。它是一种为减少对油气层损害而设计的特种体系。具有抑制黏土膨胀及微粒运移的作用，可减轻对产层渗透性的损害。主要用于钻进油气层、酸化压裂及修井等作业。

viii. 油基钻井液体系。包括油包水乳化钻井液和油基钻井液。

ix. 空气、雾、泡沫和气体体系。

# 6.2　钻井液的作用

旋转钻井初期，钻井液的主要作用是把岩屑从井底携带至地面。目前，钻井液被公认为至少有以下十种作用。

i. 清洁井底，携带岩屑。保持井底清洁，避免钻头重复切削，减少磨损，提高效率。

ii. 冷却和润滑钻头及钻柱。降低钻头温度，减少钻具磨损，提高钻具的使用寿命。

iii. 平衡井壁岩石侧压力，在井壁形成滤饼，封闭和稳定井壁。防止对油气层的污染和井壁坍塌。

iv. 平衡（控制）地层压力。防止井喷、井漏，防止地层流体对钻井液的污染。

v. 悬浮岩屑和加重剂。降低岩屑沉降速度，避免沉砂卡钻。

vi. 在地面能沉除砂子和岩屑。

vii. 有效传递水力功率。传递井下动力钻具所需动力和钻头水力功率。

viii. 承受钻杆和套管的部分重力。钻井液对钻具和套管的浮力，可减小起下钻时起升系统的载荷。

ix. 提供所钻地层的大量资料。利用钻井液可进行电法测井、岩屑录井等获取井下资料。

x. 水力破碎岩石。钻井液通过喷嘴所形成的高速射流能够直接破碎或辅助破碎岩石。

## 6.2.1　钻井液性能对钻速的影响

当固相含量小于 4%~5% 时，每降低 1% 的固相含量，机械钻速将提高 20%~40%，而 1% 固相含量对钻井液的影响仅为 $0.01~0.015g/cm^3$。固相含量一定时，钻井液中固相颗粒粒度分布的影响也是巨大的。试验证明，一般情况下，铁铬盐分散体系钻井液中小于 $1\mu m$ 的固相颗粒约占 80% 以上，聚丙烯酰胺钻井液中小于 $1\mu m$ 的固相颗粒仅占 6% 以下，当它们的固相含量均为 4%，而其他条件相同时，后者钻速是前者的 12 倍。所以，在降低钻井液中固相含量的同时，还必须使其不分散，即使用絮凝剂（禁止使用分散剂），才能有效地提高机械钻速。

## 6.2.2　钻井液的剪切稀释特性

钻井液流动时，在与流动方向垂直的截而上，速度分布极不均匀，靠近固体边界处速度低，远离固体边界处速度高。这种速度分布的不均匀性，还有程度的差别，相邻质点间的速度差越大，则说明不均匀程度越高。这种速度分布不均匀的程度用速度梯度（或称剪切速率，简称剪切率）表示。单位是 $s^{-1}$。

钻头喷嘴处剪切率极高（约为 $10^5~10^6 s^{-1}$），钻井液的网状结构几乎完全被破坏，结构黏度接近于零，减少了射流通过喷嘴时的压能损耗，并有利于清洗井底；环空中，剪切率大大降低（约为 $15\sim150s^{-1}$），钻井液的网状结构得以重新形成，钻井液的结构黏度大大增加，表观黏度随之上升，从而有利于携带岩屑。

### 6.2.3 钻井液低返速携带岩屑的原理

钻井液环空低返速不仅有利于携带岩屑，而且降低了钻井液通过时的水力损耗，提高了能量利用率，并且有利于井壁稳定。钻井液携带岩屑的能力一方面与钻井液的性能密切相关，另一方面取决于钻井液在环空的上返速度。把满足环空携带岩屑所需最小排量时的钻井液环空返速称为钻井液的最低上返速度。

# 6.3 钻井液常规性能的概念

钻井液的常规性能主要包括钻井液的密度、黏度、切力、滤失量、滤饼厚度、含砂量、pH 值等。

**(1) 钻井液密度**

钻井液密度是指单位体积钻井液的质量（钻井液的相对密度是指钻井液的质量与同体积 4℃水的质量的比值）。单位是 $g/cm^3$ 常用符号"$\rho$"表示。一般用钻井液密度计测定。

**(2) 钻井液黏度**

钻井液黏度是指钻井液流动时，钻井液中固体颗粒之间、固体颗粒与液体分子之间以及液体分子之间内摩擦力的总和。它是钻井液内在的、阻碍其相对流动的一种特性。其包括漏斗黏度、表观黏度（视黏度）、塑性黏度。通常用漏斗（马氏漏斗）黏度计或旋转黏度计测量。

**漏斗黏度** 是用一定体积的钻井液流过规定尺寸的小孔所需时间来表示的黏度，单位是 s。

**表观黏度**（视黏度、有效黏度） 是表示牛顿流体黏滞性大小的物理量，反映了单位流速梯度下的剪切应力。其值等于某速度梯度时的剪切应力与该速度梯度的比值，单位是 Pa·s（通常用 mPa·s 或 cP 表示）。钻井现场常用漏斗黏度来表示表观黏度，其单位是 s。

**塑性黏度** 表示了钻井液流动时内部质点间的内摩擦力。它主要受固体含量的影响，而与剪切速率无关。单位是 Pa·s。

**(3) 钻井液切力**

钻井液中的黏土颗粒，由于其形状的不规则，表面带电性和亲水性的不均匀，常易形成网状结构，破坏钻井液中单位面积上的网状结构所需的最小切应力，称为钻井液的极限静切力，简称钻井液切力。反映钻井液结构力的参数有静切力、触变性、动切力。钻井液在静止条件下所形成网状结构的强度，称静切力（简称切力）。

钻井液触变性是指搅拌后变稀（切力降低），静止变稠（切力升高）的特性。用动切力（即屈服值）表示，它是终切力与初切力的差值。差值越大，触变性越强；差值越小，触变性越差。初切力是钻井液充分搅拌后静止 1min 所测定的切力。终切力是钻井液充分搅拌后静止 10min 所测定的切力。

**(4) 钻井液滤失量及滤饼厚度**

钻井液滤失是指钻井液在其液柱压力与地层压力的压差作用下，钻井液中的液体（水基钻井液是水分）从井壁的孔隙、裂缝渗透到地层的现象。钻井液滤液进入地层的多少称为钻井液的滤失量（由于过去所使用的钻井液都是水基钻井液，滤液主要是水，故曾叫失水量），用符号"$B$"表示。

通常钻井现场测定的滤失量（API 滤失量）是指在 0.686MPa 压力作用下，30min 内通过直径 75mm 圆的过滤面积的液体体积，单位是 ml。

在钻井液滤失的同时，钻井液中的固相颗粒及有机高分子被阻挡沉积在井壁上形成一层堆积物（多为胶结物），因其薄如饼，因此叫滤饼（钻井初期所用钻井液中多含黏土，故从前称泥饼），用符号"$K$"表示，滤饼厚度的单位是 mm。钻井液的滤失量和滤饼厚度在现场可用气压滤失仪进行测定。

**（5）钻井液含砂量**

钻井液含砂量是指钻井液中不能通过 200 目筛孔（即直径大于 0.074mm）的砂子体积占钻井液体积的百分数（%），通常用符号"$N$"表示。现场测定含砂量常用筛析法含砂仪来测定。

**（6）钻井液的 pH 值**

钻井液的 pH 值表示钻井液的酸碱度（即酸碱性的强弱）。pH 值等于钻井液中氢离子浓度的负对数值。pH 值小于 7，钻井液呈酸性；pH 值等于 7，钻井液呈中性；pH 值大于 7，钻井液呈碱性。现场常用比色法测定钻井液的 pH 值。

# 6.4  钻井对钻井液性能的基本要求

随着钻井的不断发展，井眼越钻越深，所钻遇的地层也更加复杂，对井身质量的要求越来越高，对油气层的保护意识不断增强，这些都对钻井液性能提出了越来越高的要求。旋转钻井初期阶段，对钻井液性能没有具体要求，只要求具有一定的性能，即一定的密度、黏度、切力和滤失量，具有一定的悬浮能力，能够携带岩屑，把岩屑从井底带到地面。

目前，钻井方式不同、井的类型不同、井深不同、所钻地层不同、井身质量要求不同，对所用钻井液性能要求也就不同。但最基本的要求是具有一定的悬浮岩屑性能（主要取决于黏度和切力），钻井液循环时能够把岩屑从井底携带至地面；具有一定的密度，能够平衡地层压力。防止地层流体（油、气、水）侵入钻井液，对其造成污染，降低钻井液的性能。防止溢流、井涌、井喷的发生，同时防止因钻井液压力过高压漏地层。

**（1）喷射钻井对钻井液性能的基本要求**

ⅰ.钻井液具有低黏度、低滤失、低密度、低固相，适当的（静）切力和 pH 值。

ⅱ.钻井液在使用时其性能能保持相对稳定。

ⅲ.钻井液具有良好的剪切稀释特性。

ⅳ.钻井液具有在环空低返速下有效地携带岩屑的性能。

**（2）钻开油气层对钻井液的要求**

完井即钻开油气层所用钻井液叫完井钻井液，简称完井液。对完井液的基本要求一方面必须具有正常钻井液的功用，另一方面又要满足保护油气层的要求。

钻开油气层对钻井液的基本要求是：

ⅰ.稳定井壁。钻井液的密度、抑制性、造壁性、封堵性能要满足所钻地层的要求。

ⅱ.平衡及控制地层压力。钻井液的密度可根据井下情况和钻井工艺要求进行调整。

ⅲ.性能稳定。在深井井段要考虑钻井液对温度的稳定性。

ⅳ.与地层相容。钻井液及滤液要与地层水相配伍,并对地层中的敏感性矿物有抑制性。

ⅴ.固相含量低及颗粒级配。尽量减轻固相颗粒对油气层的损害。

ⅵ.良好的流变性能。要满足井下需要。

ⅶ.腐蚀性小。钻井液对设备、钻具、套管等腐蚀性小。

ⅷ.损害和污染小。要求对环境无损害和污染,或虽造成污染但能清除。

# 6.5 钻井液固相控制的基本知识

钻井液中加重剂、岩屑及黏土等固体颗粒所组成的相系称为固相。按其作用可分为有用固相和无用固相(也叫有害固相)。有用固相是指有助于改善钻井液性能的固相,如膨润土、加重剂(青石粉、重晶石及钛铁矿)等;无用固相(有害固相)是指不能改善钻井液性能,甚至影响钻井液性能、危害钻井正常进行的固相,如岩屑、砂粒及劣质膨润土等。

钻井液固相控制就是采用一定措施清除无用固相,保留有用固相,以满足钻井工艺对钻井液性能要求的工艺,通常简称为固控。

## 6.5.1 固相控制的意义

钻井液固相含量高的危害有以下几个方面。

ⅰ.导致钻井液密度升高,降低机械钻速,缩短钻头寿命。

ⅱ.进入地层,堵塞油气通道,不利于保护油气层。

ⅲ.所形成滤饼厚、质量差、质地松散、摩擦系数高,导致钻具扭矩大、磨损严重。因滤饼疏松、滤失量大,易造成地层膨胀、缩径,降低井壁的稳定性,导致起下钻遇阻遇卡。

ⅳ.含砂量高,会严重磨损钻头、钻具和机械设备等,导致使用寿命缩短,钻井成本增加。

ⅴ.使钻井液性能不稳定,黏度、切力高,流动性不好,增加流动阻力,降低能量的利用率。

ⅵ.易造成固相颗粒侵入和化学污染。

ⅶ.形成的滤饼厚,导致下套管困难,影响固井质量。

ⅷ.导致砂样混杂、电测不利等,影响地质资料和电测资料的录取,使资料不准确。

## 6.5.2 钻井液固相控制的方法

常用的固相控制方法有清水稀释法、替换部分钻井液法、大池子沉淀法、化学絮凝法、机械设备清除法。

**(1) 清水稀释法**

清水稀释法是在钻井液中加入大量清水,增加钻井液总体积,使钻井液中固相含量相对减少的方法。清水稀释法仅使用于水基钻井液。此方法是最早使用的简便方法,但要增加钻井液储备设备或放掉大量钻井液,既浪费大量清水和处理剂,使钻井液成本升高,又容易导致钻井液性能波动,造成井下事故。

**(2) 替换部分钻井液法**

替换部分钻井液法是用清水(在水基钻井液中)或符合要求的低固相钻井液替换掉一定

体积高固相含量的钻井液，从而达到降低钻井液固相含量的方法。

**(3) 大池子沉淀法**

大池子沉淀法是钻井液由井口返出流入大循环池，因流动速度变得很慢，固相颗粒密度大于液体密度，岩屑、砂粒在重力作用下从钻井液中沉降分离出来的方法。该法在现场使用较普遍。

**(4) 化学絮凝法**

化学絮凝法是利用不分散体系钻井液，使固相颗粒尽量不分散或絮凝，有利于机械设备清除和化学沉淀的方法。目前，化学絮凝法沉除岩屑、砂粒的形式有以下三种。

ⅰ.在浅井段（井深 2000m 以内），当地质及钻井条件等允许时，在钻井液中加入絮凝剂（如聚丙烯酰胺），使无用固相颗粒聚集沉淀在地面大沉砂池中。该方式需要在地面挖一至两个容积约为 $200 \sim 400 m^3$ 的大沉砂池，要有专人维护钻井液性能，保持钻井液能有足够的絮凝作用。

ⅱ.在地面安装一个絮凝剂罐，将井口流出的钻井液通过该罐加入絮凝剂后，再通过清除固相的设备。

ⅲ.采用不分散体系钻井液。

**(5) 机械设备清除法**

机械设备清除法是通过振动筛、旋流分离器、离心分离机等机械设备，利用筛分、离心分离等原理，将钻井液中的固相按粒度和密度的不同进行分离，以达到控制钻井液中固相含量的方法。常用机械分离设备有振动筛、旋流分离器、离心分离机。其中旋流分离器按所分离的粒度不同，可分为除砂器、除泥器、超级旋流器。各种设备的分离能力和分离粒度不同，用途也不同。根据实际需要可合理选择使用，以便既满足钻井液的要求，又降低成本。按设备的处理能力可分为四级。

一级设备即振动筛，分离 $250 \mu m$ 以上的固相颗粒。

二级设备即除砂器，分离 $32 \sim 80 \mu m$ 之间的固相颗粒。

三级设备即除泥器，分离 $10 \sim 52 \mu m$（大部分在 $20 \sim 40 \mu m$）之间的固相颗粒。

四级设备即离心分离机，分离 $2 \sim 7 \mu m$ 之间的固相颗粒。

对于 $2 \mu m$ 以下的固相颗粒难于清除和控制，需要配合化学絮凝沉淀法，使它絮凝达到 $2 \mu m$ 以上，才能有利于固相控制设备的清除。

### 6.5.3 固相控制设备

**(1) 振动筛**

振动筛是进行钻井液固相控制的一级设备，也是唯一能适用于加重钻井液的常规分离设备。它是固相控制的首要设备，不仅担负着清除大量岩屑的任务，还为下一级固相控制设备的正常工作创造了必要的条件。若振动筛工作不正常，将直接影响下一级设备的工作。故要根据所钻井的具体条件，合理选择振动筛，使用好振动筛。

**(2) 除砂器**

除砂器是锥体直径为 $152.4 \sim 304.8 mm$ 的旋流分离器。在进口压力为 0.2MPa 时，其处理能力不低于 $20 \sim 120 m^3/h$。正常工作时，除砂器能除掉约 95% 大于 $74 \mu m$ 的岩屑和约 50% 大于 $40 \mu m$ 的岩屑。为了提高使用效果，选用除砂器时，其允许处理量必须为钻进时钻井泵最大排量的 125%。

**(3) 除泥器**

除泥器是锥体直径为 101.6mm 和 152.4mm 的旋流分离器。在进口压力为 0.2MPa 时，其处理能力不低于 $10m^3/h$ 和 $15m^3/h$。正常工作时，除泥器能除掉约 95% 大于 $40\mu m$ 的岩屑和约 50% 大于 $15\mu m$ 的岩屑。除泥器能除去 $12\sim13\mu m$ 的重晶石颗粒，同样也能除去颗粒较大的钛铁矿等大密度加重剂颗粒。因此，不能用除泥器处理采用较大密度的固体颗粒进行加重的钻井液。为了提高使用效果，所选用除泥器的允许处理能力应为钻进时钻井泵最大排量的 125%～150%。

超级旋流器（微型旋流器）是锥体直径为 50.8mm 的旋流器。它用于分离钻井液中的膨润土，可将 95% 的膨润土分离出来，以便回收重复使用。

**(4) 清洁器**

清洁器是旋流器与超细振动筛的组合。其上部是旋流器，下部是超细振动筛，其筛布为 150～200 目。它是二次处理设备。工作时，首先是旋流器把钻井液分离成低密度的溢流和高密度的底流。然后是超细振动筛将高密度的底流再分离成两部分，一部分是重晶石和其他小于网孔的颗粒透过筛网，另一部分是大于网孔的颗粒从筛网尾部排出。

**(5) 离心分离机**

离心分离机是由一个以 1500～3500r/min 高速旋转的外筒和一个带有螺旋推进器、以 80：1 的差速与外筒同向旋转的内筒组成。它有沉淀式、筛筒式、水力涡轮式、叠片式等多种类型，在石油钻井中处理钻井液多使用前三种。

离心分离机主要用在从加重钻井液中回收重晶石和清除细小固相及胶体，从非加重钻井液清除岩屑。也可用它对旋流器排出的底流进行二次分离，排除岩屑，回收液相。

离心分离器的处理能力和分离粒度与其转速和容量有关。

# 6.6  实训项目

## 6.6.1  校正密度计

### 6.6.1.1  学习目标
掌握密度计的校正，了解密度计的结构原理。

### 6.6.1.2  准备工作
密度计一套、液杯（1000mL）一个、铅粒、干净的淡水。

### 6.6.1.3  操作步骤
ⅰ.将密度计杯装满干净的淡水，盖好杯盖，并擦干外部的水。

ⅱ.把刀口放在支架的刀垫上，移动游码对准刻度线 $1.00g/cm^3$ 处。

ⅲ.检查秤杆是否平衡（水平泡居中）。若不平衡，可增减尾端圆筒中铅粒使之平衡。

### 6.6.1.4  技术要求
ⅰ.必须将杯盖及周围的水擦净。刀口对准刀垫，游码左边对准刻度线 $1.00g/cm^3$。

ⅱ.水平泡必须居中，使之水平。注意保护水平泡和刀口。

### 6.6.1.5  相关知识
**(1) 密度计的构造**

测量钻井液密度的仪器是钻井液密度计，如图 6-1 所示。钻井液密度计包括钻井液密度计和支架两部分。密度计由秤杆、主刀口、钻井液杯、杯盖、游码、校正筒、水平泡等组成。支架上有支撑密度计刀口的主刀垫。钻井液杯容量为 140mL。钻井液密度计的测量范围为 $0.95\sim2.00\text{g/cm}^3$，精确度为 $\pm0.01\text{g/cm}^3$。秤杆上的刻度每小格表示 $0.01\text{g/cm}^3$，秤杆上带有水平泡，保证测量时秤杆水平。

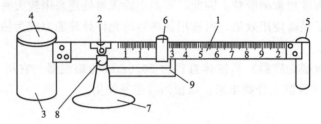

图 6-1　钻井液密度计

1—秤杆；2—主刀口；3—钻井液杯；4—杯盖；5—校正筒；
6—游码；7—支架；8—主刀垫；9—挡臂

**(2) 密度计的使用方法**

ⅰ. 放好密度计的支架，使之尽可能保持水平。

ⅱ. 将待测钻井液注满密度计一端的清洁钻井液杯中。

ⅲ. 把钻井液杯盖盖好，并缓慢拧动压紧，使多余的钻井液从杯盖的小孔中慢慢溢出。

ⅳ. 用大拇指压住杯盖孔，清洗杯盖及横梁上的钻井液并用棉纱擦净。

ⅴ. 将密度计刀口置于支架的主刀垫上，移动游码，使秤杆呈水平状态（即水平泡在两线之间）。

ⅵ. 在游码的左边边缘读出所示刻度，即是待测钻井液的密度值。

**(3) 密度计的校正**

在钻井液杯中注满清洁的淡水（严格来讲是 4℃时的纯水，一般可用 20℃以下的清洁淡水），盖上杯盖擦干，置于支架上。当游码内侧对准密度 $1.00\text{g/cm}^3$ 的刻度线时，秤杆呈水平状态（水平泡处于两线中央），说明密度计准确，否则应旋开校正筒上盖，增减其中铅粒，直至水平泡处于两线中间，称出淡水密度为 $1.00\text{g/cm}^3$ 时为止。

**(4) 使用注意事项**

ⅰ. 经常保持仪器清洁干净，特别是钻井液杯，每次用完后应冲洗干净，以免生锈或粘有固体物质，影响数据的准确性。

ⅱ. 要经常用规定的清水校正密度计，尤其是在钻进高压油、气、水层等复杂地层时，更应经常校正，保证所提供的数据有足够的准确性。

ⅲ. 使用后，密度计的刀口不能放在支架上，要保护好刀口，不得使其腐蚀磨损，以免影响数据准确性。

ⅳ. 注意保护水平泡，不能用力碰撞，以免损坏而影响使用。

### 6.6.2　校正马氏漏斗黏度计

#### 6.6.2.1　学习目标

掌握马氏漏斗黏度计的校正，了解其结构。

#### 6.6.2.2　准备工作

马氏漏斗黏度计一套，秒表一块，漏斗黏度计悬挂支架，洁净的淡水 2000mL，1000mL

量杯、量筒各一个。

### 6.6.2.3　操作步骤

ⅰ.用左手食指堵住漏斗管口，将1500mL淡水注入马氏漏斗黏度计中，打开秒表的同时松开食指。

ⅱ.待流出946mL淡水时，立即关停秒表，同时左手食指堵住管口。读出停表时间为26s，上下误差不超过0.5s。

### 6.6.2.4　技术要求

ⅰ.马氏漏斗黏度计盖上的筛网孔径为1.6mm（12目）。

ⅱ.马氏漏斗黏度计必须注入1500mL淡水，多或少都会影响结果的准确性。

### 6.6.2.5　相关知识

测量黏度的仪器很多，有范氏漏斗黏度计、马氏漏斗黏度计、毛细管黏度计、电动和手摇旋转黏度计、斯托姆黏度计等。这里主要介绍常用的两种。

**（1）范氏漏斗黏度计**

该黏度计是现场普遍使用的一种，虽然它只能测量出钻井液的有效黏度，是个相对数值，不能完全真实地反映钻井液内部的变化状态和井下情况，但它操作简单、使用方便、经济耐用。范氏漏斗黏度计由漏斗、筛网、钻井液杯和黄铜出口管组成，筛网孔眼为16目（即16孔/in），其规格如图6-2所示。

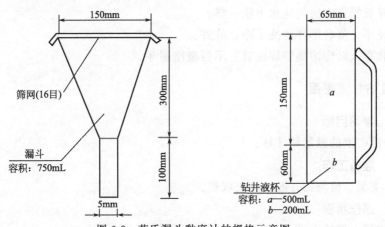

图6-2　范氏漏斗黏度计的规格示意图

测量前应首先检查漏斗、出口管以及钻井液杯是否完好，出口管内有无脏物堵塞。黏度计的校正是以水值为标准。其方法是：将漏斗挂在支架上，以左手食指堵住管口，注入700mL（钻井液杯两端容积之和恰为700mL）水，开秒表同时松开左手食指，待流出500mL（即钻井液杯500mL的一端流满）时，立即关闭秒表，同时左手食指迅速堵住管口，记下所消耗的时间（s），与水的标准视黏度［(15±0.2)s］相比较，差值太大即不准确。

测量钻井液黏度时，首先放好漏斗，然后盖上筛网（过滤出大的固体颗粒，以免堵住管口）。将欲测钻井液按校正的方法步骤进行测定，所测得的时间（s）即相当于被测钻井液的黏度。

测量注意事项如下：

ⅰ.测量钻井液前需用清水校正。

ⅱ.钻井液需充分搅拌均匀（井口测量可免于此项），保证数据的准确性。

ⅲ.钻井液应严格按规定注入700mL，多或少都会造成测量结果不准确。

ⅳ.测完后将仪器清洗干净，管口堵塞时不能用铁丝等硬物去通，以免使管嘴胀大（管嘴外径7mm，内径5mm）。若有堵塞，则可用嘴吹通或用细木条穿通。

**(2) 马氏漏斗黏度计**

马氏漏斗黏度计是用于日常测量钻井液黏度的仪器。采用美国API标准制造，以定量钻井液从漏斗中流出的时间来确定钻井液的黏度，该仪器广泛用于石油、地质勘探等行业。

马氏漏斗黏度计主要包括漏斗、筛网、置杯三个组成部分。主要技术指标如下：

ⅰ.筛网孔径：1.6mm（12目）。

ⅱ.漏斗网底以下容量：1500mL。

ⅲ.准确度：当向漏斗注入1500mL纯水时，流出946mL纯水的时间为（26±0.5）s。

操作步骤及使用注意事项如下：

ⅰ.使用温度为（20±2）℃，以s为单位记录钻井液流量。

ⅱ.用手指堵住漏斗流出口，将纯水经筛网注入直立漏斗中。

ⅲ.移动手指同时启动秒表，当秒表到达（26±0.5）s时堵住漏斗流出口，只读量筒内纯水的量值。

ⅳ.对钻井液操作方法与纯水方法一样。

ⅴ.测试完毕，将各部件清洗干净，放好。

ⅵ.操作和存入时应清洗好导流管，不得碰撞漏斗。

### 6.6.3 测量钻井液密度

#### 6.6.3.1 学习目标
掌握钻井液密度的测量和计算。

#### 6.6.3.2 准备工作
密度计、支架、待测钻井液、校正仪器。

#### 6.6.3.3 操作步骤
ⅰ.放好仪器，保持水平。

ⅱ.取下杯盖，装满预测钻井液试样（如钻井液中侵入气泡，则需轻轻敲钻井液杯，直至气泡溢出杯外），盖好杯盖，并缓慢拧动压紧，使多余的钻井液从杯盖的小孔中慢慢溢出。

ⅲ.用手指压住杯盖孔，清洗杯盖及横梁上的钻井液，并用棉纱擦干净。将密度计刀口放于支架的主刀垫上，移动游码，使秤杆呈水平状态——水平泡在两线之间。

ⅳ.注游码的左边缘读出所示刻度，就是所测钻井液的密度值。

#### 6.6.3.4 技术要求
ⅰ.仪器应保持清洁干净，特别是钻井液杯内，每次用完后应冲洗干净，以免生锈或粘有固体物质，影响数据的准确性。

ⅱ.密度计要经常校正，尤其是在钻进高压油、气、水等复杂地层时更应校正。

ⅲ.用完后要与支架分开摆放，减少刀口磨损，以提高测量精确度。

### 6.6.3.5 相关知识

钻井液密度影响因素有以下三点。

ⅰ.钻井液密度随钻井液中固相含量的增加而增大,随固相含量的减少而减小。

ⅱ.钻井液中液相体积减小或液相密度增大,都可使钻井液密度上升。

ⅲ.油、气侵入钻井液后,其密度显著下降。

在钻井过程中,钻井液在井内不断地循环,钻井液密度如果控制不好,就会发生井塌、井漏、井喷和卡钻等事故,所以,钻井液设计使用原则是"压而不死,活而不喷"。

因为

$$P_0 = \frac{H \times \rho_0}{10} \tag{6-1}$$

式中　$P_0$——原始地层压力,$kg/cm^2$;

　　　$H$——井深,m;

　　　$\rho_0$——理论计算钻井液密度,$g/cm^3$;

所以钻井液密度计算公式为

$$\rho_0 = \frac{10 \times P_0}{H} \tag{6-2}$$

实际使用钻井液密度 $\rho$ 应大于理论密度 $\rho_0$,故

$$\rho = \rho_0 + \beta = \frac{10 P_0}{H} + \beta \tag{6-3}$$

式中　$\rho$——实际使用钻井液密度,$g/cm^3$;

　　　$\beta$——密度附加系数,一般取 0.1~0.2。

## 6.6.4 测量钻井液马氏漏斗黏度

### 6.6.4.1 学习目标

能使用马氏漏斗黏度计准确测量钻井液漏斗黏度。

### 6.6.4.2 准备工作

马氏漏斗黏度计、过滤筛网、秒表、钻井液、946mL 量杯、1500mL 量杯。

### 6.6.4.3 操作步骤

ⅰ.将已校正的漏斗黏度计垂直悬挂在支架上。

ⅱ.将 946mL 的量杯放于漏斗下边。用左手食指堵住漏斗管口,将用 150mL 量杯所盛的钻井液搅拌后注入漏斗。

ⅲ.右手启动秒表,同时松开左手,待恰好流满量杯时,用左手堵住漏斗管口,同时关闭秒表。

ⅳ.读取秒表数值,以秒为单位记录下的数据即为所测钻井液黏度。将漏斗中剩余钻井液收回到液杯。

### 6.6.4.4 技术要求

ⅰ.测量前必须对仪器进行校正。

ⅱ.测量用的钻井液要充分搅拌,且必须通过筛网过滤。

ⅲ.注入漏斗的钻井液量必须是 1500mL,否则可能会影响测量结果的准确性。

# 单元习题

1.简述钻井液分类。

2.简述钻井液作用。

3.简述钻井液固相控制设备。

# 单元7
## 钻井现场钻井液性能调整

## 7.1 钻井液的密度

钻井液密度的设计原则是"压而不死，活而不喷"。在钻井过程中，钻井液在井内保持不断循环，如果钻井液密度控制不当，就会发生井塌、井漏或井喷等事故。钻井液的密度大小还直接影响着钻井速度的快慢，钻井液密度增加，机械钻速下降，特别是粒度为 $1\mu m$ 以下的小固体颗粒的影响更为严重。

**(1) 钻井液密度不当的危害**

ⅰ.损害油气层。

ⅱ.降低钻井速度。

ⅲ.易造成滤饼粘吸（压差）卡钻。

ⅳ.易憋漏地层。

ⅴ.易引起过高的黏切。

ⅵ.多消耗钻井液材料及动力。

ⅶ.抗污染能力下降。

钻井液密度过低的危害是容易发生井喷、井塌（尤其是负压钻井）、缩径（对塑性地层，如较纯的黏土、岩盐层等）及钻井液携岩能力下降等。

**(2) 影响钻井液密度的因素**

钻井液中主要含有水、黏土（惰性及活性）、处理剂（包括加重剂）、岩屑以及地层中的可溶性盐类等。

ⅰ.钻井液密度随钻井液中固相含量的增加而增大，随固相含量的减少而减小。

ⅱ.钻井液中液相体积减小或液相密度增大，都能使钻井液密度升高。

ⅲ.油、气侵入钻井液后，密度会很快下降。

**(3) 提高钻井液密度的方法**

一般可在钻井液体系中加入密度较大的惰性物质，如重晶石、碳酸钙等；也可加入可溶性盐，另外根据情况可选用除气、除泡等工艺方法。

**(4) 降低钻井液密度的方法**

ⅰ.机械法。把有害物质通过机械设备清除。例如使用振动筛、除砂器等。

ⅱ.稀释法。加入一定量的清水稀释钻井液，使其密度下降。

ⅲ.使用发泡剂或充气来增大体积而降低密度。

ⅳ.使用化学絮凝剂来降低密度。

**(5) 对钻井液密度的要求**

ⅰ.合理的钻井液密度必须根据所钻地层的孔隙压力、破裂压力及钻井液的流变参数加以确定。在正常的情况下，其密度的附加系数按压力值计算：气层为 3.0～5.0MPa，油层为 1.5～3.5MPa。

ⅱ.提高钻井液密度必须采用合格的加重材料，用自造浆方法来提高密度是不合适的。

ⅲ.对非酸敏性又需酸化的产层应使用酸溶性加重材料，例如石灰石粉、铁矿粉或钛铁矿粉。

**(6) 钻井液密度的调整**

钻井中如果钻通水层、高压地层或低压油层，钻井液密度会发生变化，必须加以调整。

ⅰ.在对其他性能影响不大时，加水降低密度是最有效且最经济的方法。

ⅱ.加量小的处理剂，可降低密度且能保持原有性能，但要考虑钻井液接受药剂的能力。

ⅲ.加优质轻钻井液也可降低密度，但降低幅度不大。

ⅳ.混油也可降低密度，但不够经济，且影响地质录井。

ⅴ.充气亦可大大降低钻井液密度，如钻低压油层可用充气钻井液。

ⅵ.提高密度可加入各种加重材料，其中以重晶石粉最为理想。

ⅶ.加重钻井液时不能过猛，应逐步提高，每次以增加 $0.10\text{g/cm}^3$ 较为适宜。

ⅷ.对加重前的钻井液固相含量必须加以控制。所需密度越高，加重前的固相含量应越低，黏度切力亦应越低，应根据钻井液的类型加以调控。

# 7.2 钻井液的黏度、切力

钻井液黏度对钻井的影响主要是钻井液从钻头水眼处喷射至井底时黏度对钻速的影响。钻井液黏度高，在井底易形成一个类似黏性垫子的液层，降低和减缓钻头对井底的冲击力和切削作用，使钻速降低。若清水钻进钻速提高，由于密度低，形成的液柱压力小，而且黏度小，液流对井底的冲击力强，使钻头冲击和切削岩石的阻力小。不分散低固相钻井液具有很好的剪切稀释效应，在环形空间的低速度梯度范围内，它的黏度比分散型钻井液黏度高，而在钻头水眼处的高速度梯度范围内，黏度可接近清水，表明有较好的钻井液流变参数范围，所以可大幅度地提高钻井速度，有效地提高岩屑携带效率，保证井下安全。钻井液切力越大，悬浮岩屑能力越强，反之越小。

**(1) 钻井液的黏度和切力对钻井工作的影响**

① 影响黏度、切力升高的因素　当黏度与切力发生变化时，会引起钻井液中固相与固相、液相与液相、液相与固相之间三种摩擦阻力影响因素的变化。一是增加了黏土含量（本身发生水化分散与吸附）；二是固体颗粒之间形成局部网状结构；三是加入水溶性高分子化合物，使长链高分子在钻井液中伸展或卷曲，增加了滤液黏度，并促使黏土颗粒形成网状结构；四是提高固相颗粒分散度，使颗粒之间间距变小，易互相碰撞接触形成网状结构等。黏度与切力升高，流动性变差。

② 影响黏度、切力降低的因素　当钻井液受油气侵、黏土侵、盐侵、钙侵等污染后变稠，需要采取降低黏度的措施。一是增加钻井液中自由水的含量，适当补充清水，以减少摩

擦阻力；二是加入稀释剂，增加水化性，减弱或拆散局部的网状结构，放出自由水；三是升高温度，使增稠剂性能减弱，在分子之间由于热运动而使距离增大，使内摩擦力降低。

钻井液的黏度和切力控制不当的危害分为以下两种。

ⅰ.黏度、切力过大的危害。流动阻力大，能量消耗多，功率低，钻速慢；净化不良（固控设备不易充分发挥效力），易引起井下复杂情况；易泥包钻头；压力波动大，易引起卡喷、漏和井塌等事故；脱气较难，影响气测并易造成气侵。

ⅱ.黏度和切力过低的危害。洗井不好，井眼净化效果差；冲刷井壁加剧，引起井塌等井下事故；岩屑过细影响录井。

**(2) 对钻井液黏度、切力的要求**

ⅰ.尽可能采用较低的黏度及切力，不同密度其数值的大小有不同的最佳范围。

ⅱ.低固相钻井液若使用宾汉模式，其动塑比值一般应保持在 0.48 左右（ISO 制为4.8）。

ⅲ.若使用幂律模式，其 $n$ 值（流型指数）一般可保持在 0.5～0.7 之间。

**(3) 黏度和切力的调整**

ⅰ.对原浆性能影响不大时可加清水稀释降低黏度、切力。

ⅱ.降低黏度和切力的最常用的方法是加降黏剂，降黏剂要依据钻井液体系来选用。

ⅲ.根据黏度、切力升高的原因而采用相应的措施降低黏度和切力。如钙污染引起的黏度、切力升高，应加入除钙剂，即加入有机磷酸盐类效果最佳。若是因造浆强的地层引起的，应加入强抑制剂效果较好。

ⅳ.提高黏度和切力可采用高聚物有机增黏剂，如高黏 CMC 或复合离子型聚丙烯酸盐类。

ⅴ.若携砂能力差，加改性石棉最理想。而在饱和盐水钻井液中可用抗盐膨润土来增加黏度和切力。

ⅵ.正电胶钻井液具有较高的悬浮能力和携岩能力。

# 7.3　钻井液的造壁性能

**(1) 滤失量**

钻井液在井内静止条件下的滤失称为静滤失。钻井液在井内循环条件下，即滤饼形成和破坏达到动态平衡时的滤失作用称为动滤失，在一定剪切速率下测定的滤失量，称为动滤失量（动失水）。在钻井过程中，地层被钻开，滤饼在未形成之前，钻井液中的大量水分在短时间内迅速渗入地层，这种情况下的滤失作用称为瞬时滤失。

钻井液的滤失量分为 API 滤失量和高温高压滤失量，API 滤失量是指在 686kPa、常温下测定的滤失量。高温高压滤失量是指在 1034.25kPa 及 150℃下测定的滤失量。

**(2) 滤饼**

滤饼（质量）的好坏用渗透性即致密程度、强度、摩阻性及厚度来表示。规定室内在一定的压差下，通过 $(45±0.6)cm^2$ 过滤面积的滤纸，经 30min 后滤液的数量为滤失量（mL）。同时，在滤纸上沉积的固相颗粒的厚度为滤饼厚度，它是室内评价钻井液造壁性能好坏的指标之一。

**（3）滤失量与滤饼的关系**

滤饼的厚度与钻井液的滤失量有密切的关系，同一钻井液其滤失量越大，滤饼越厚；但不同钻井液，滤失量相同，其滤饼厚度不一定相同。致密而坚韧的滤饼能够有效控制钻井液的进一步滤失。在其他条件相同的情况下，压差对滤失量也有影响。不同的钻井液存在三种不同的情况，有的随压差增加而增大；有的不随压差变化而变化；有的则随滤失量的增大而减小。

**（4）影响滤失量与滤饼质量的因素**

影响因素有：膨润土的含量；固相颗粒的水化分散性；滤液的黏度；地层岩石的孔隙度与渗透性；液柱压力与地层压力的差值；井下温度；滤失时间。

**（5）滤饼的摩擦系数**

滤饼表面有一定的黏滞性，当物体在其表面产生相对运动时，将受到一定的摩擦阻力。滤饼的摩擦系数越大，钻具靠近井壁时产生的摩擦阻力也越大，容易造成粘吸卡钻或起下钻遇阻、遇卡等现象。同时，对钻具的磨损也越严重，钻具容易产生早期疲劳。因此，钻井液中通常要加入润滑剂来降低滤饼的摩擦系数。

**（6）钻井工艺对滤失量和滤饼质量的要求**

滤饼质量高，摩擦系数低，有利于防止粘吸卡钻，有利于井壁稳定，能够防止井壁坍塌与剥蚀掉块。

钻井液滤失量过大，滤饼质量差（厚而松软）的危害有以下几点。

ⅰ.易造成地层孔隙堵塞而损害油气层。滤液大量进入油气层，会导致油气层渗透率等物性变化，损害油气层，降低产能。

ⅱ.滤饼在井壁堆积太厚，使环空间隙变小，导致泵压升高。

ⅲ.易使钻头泥包，造成下钻遇阻、遇卡或堵死水眼。

ⅳ.在高渗透地层易造成滤饼过厚而引起阻卡，甚至发生粘吸卡钻。

ⅴ.导致电测不顺利和电测结果失真。

ⅵ.易导致松软易垮塌地层的坍塌，形成不规则井眼，引起井漏等。

**（7）钻井液滤失量的确定规则**

ⅰ.井浅时可放宽，井深时要从严。

ⅱ.裸眼时间短可放宽，裸眼时间长要从严。

ⅲ.使用不分散处理剂时可放宽，使用分散性处理剂时要从严。

ⅳ.矿化度高者可放宽，矿化度低者要从严。

ⅴ.在油气层中钻进，滤失量越低越有利于减少损害，尤其是在高温高压时，滤失量应在 $10 \sim 15 \text{mL}$（钻井液管理条例规定一般地层为 $20 \text{mL}$）。

ⅵ.在易塌地层钻进，滤失量需严格控制，最好不大于 $5 \text{mL}$；一般地层可根据具体情况确定（如易造浆地层可以大些）。

ⅶ.要求滤饼薄而坚韧，以利于保护井壁，避免压差卡钻。

ⅷ.低滤失量可根据钻井液的类型及当时的具体情况而选用适当的降滤失剂。目前较常用的是低黏度 CMC。若降滤失量的同时又希望提高黏度，可采用中黏度 CMC。聚合物钻井液常用聚丙烯腈盐类（钠盐、钙盐或铵盐），在超深井段应选用抗温能力强的酚醛树脂（SMP-1），使用饱和盐水钻井液时可选用 SMP-2。

总之，要根据钻井实际情况，以井下情况正常为原则，正确制定并及时调整钻井液滤失量，既要快速节省，又要井下安全、不损害油气层。

# 7.4　固相含量

**(1) 基本概念**

固相含量一般是指钻井液中水不溶物的全部含量及可溶性盐类，常以质量分数或体积分数（%）来表示，其中包括加重材料、黏土及钻屑。前两者属于有用固相，后者为无用固相。

对各种化学剂基本不起化学反应的固相叫惰性固相（如加重材料及钻屑）；与处理剂起化学反应的固相叫活性固相，如黏土。黏土是一种具有可塑性的、软的、有各种颜色的泥土。一般是含水氧化铝的硅酸盐，由长石和其他硅酸盐分解而成，颗粒的直径约为 $0.1\sim100\mu m$。

**(2) 固相含量与钻井的关系**

钻井液中固相含量越低越好，般控制在 0.5% 以下。固相含量过大，有以下危害：

ⅰ.固相含量高，钻井液液柱压力大，钻速降低。

ⅱ.固相颗粒越细，对钻速影响越大，而且深入油层会造成永久性堵塞，油气层受损害严重。

ⅲ.固相含量高、滤失量大时，滤饼厚，摩阻系数增大，因而易引起井下复杂情况的发生。

ⅳ.固相含量高，钻井液的流变性难以控制，且流阻大，功耗多，钻井效率低。

ⅴ.含砂量大，易造成钻头、钻具及机械设备的磨损。

ⅵ.在固相含量高时，钻井液受外界影响大且敏感（如对温度、各种污染物等的影响变大）。

尽管如此，为了达到必需的钻井液性能，仍需要一定量的有用固相。如膨润土可提高钻井液黏度和切力，加重剂可提高钻井液的密度。

**(3) 降低固相含量的方法**

① 机械除砂　利用振动筛、除砂器、除泥器等设备降低固相含量。

② 化学除砂　加入化学絮凝剂，将细小的砂子变大而沉降。

③ 降低钻井液黏度　有利于降低固相含量。

降低固相含量时，应注意以下几点。

ⅰ.根据需要配备良好的净化设备，彻底清除无用固相。

ⅱ.必须严格控制膨润土的含量，所使用钻井液的密度越高、井越深、温度越高，膨润土的含置应越低，一般应控制在 $30\sim80kg/m^3$。

ⅲ.在低密度钻井液中，固相含量应不超过 10%（体积分数）或密度不大于 $1150kg/m^3$。

ⅳ.无用固相含量与膨润土含量的比值应控制在 2∶1～3∶1。

# 7.5　钻井液的酸碱度

**(1) pH 值的控制方法**

凡是能提高钻井液中 $H^+$ 质量浓度或降低 $OH^-$ 质量浓度的物质都能降低钻井液的 pH 值；反之，凡是能降低钻井液中 $H^+$ 质量浓度或提高 $OH^-$ 质量浓度的物质都能提高钻井液的 pH 值。在实际操作中，对钻井液的酸碱度有以下要求：

ⅰ.一般钻井液的 pH 值控制为 8.5~9.5，酚酞碱度 $P_f$ 1.3~1.5mL。

ⅱ.饱和盐水钻井液的 $P_f$ 在 1mL 以上，而海水钻井液的 $P_f$ 控制在 1.3~1.5mL。

ⅲ.深井耐高温钻井液应严格控制二氧化碳含量，一般应把的 $M_f/P_f$ 比值控制在 3 以内，最大不超过 5，其中 $M_f$ 为甲基橙碱度。

**(2) pH 值对钻井工艺的影响**

pH 值过高，$OH^-$ 在黏土表面吸附，会促进泥页岩的水化膨胀和分散，对巩固井壁、防止缩径和坍塌都不利，往往会引起井下复杂情况的发生。另外，高 pH 值的钻井液具有强腐蚀性，缩短了钻具及设备的使用寿命。pH 值过低时，有机处理剂易在井下发酵变质。

通过 pH 值的变化，可以预测井下情况。如盐水侵、石膏侵、水泥侵等都会引起 pH 值的变化。

# 7.6 可溶性盐类

在钻井液中含有多种水溶性盐类，它来源于地层、加入的化学剂及配浆用水。常用总矿化度、含盐量（指氯化钠含量）、含钙量及游离石灰含量表示。

总矿化度是指钻井液中所含水溶性无机盐的总质量浓度。含盐量单指其中的氯化钠的含量；而含钙量是指所含游离钙的质量浓度；游离石灰（或称自由石灰）的含量指的是在钻井液中未溶解的氢氧化钙含量。这些水溶性盐类含量均可采用一般化学分析方法加以测定。

可溶性盐对钻井液性能及地质作业的影响有以下几点。

ⅰ.含盐量高的钻井液电阻率必然低，若不符合地层水矿化度的要求，自然电位测井所得曲线即成为直线，给电测造成较大的困难，可能会误判地层性质。

ⅱ.配制较高含盐量的钻井液需消耗较多处理剂，费用较大，且会加剧钻具腐蚀，降低使用寿命。

ⅲ.无机盐类尤其是钾盐具有抑制黏土膨胀及分散的作用，可以减轻黏土含量高对油层的损害，并能控制地层造浆，有利于防塌。

ⅳ.饱和盐水的钻井液可抑制盐岩的溶解，获得规则井眼，有利于钻井。

因此，针对各种具体情况，对钻井液中的各种含盐量有不同的要求。例如淡水钻井液的含盐量不得超过 $10kg/m^3$，而钻岩盐层的钻井液中盐的含量应随时保持饱和状态，甚至可以为过饱和状态。对水敏性地层，含一定 $K^+$ 量的钻井液有利于防塌。

# 7.7 实训项目

## 7.7.1 测定钻井液固相含量

### 7.7.1.1 学习目标
掌握钻井液固相含量的测定方法和计算，了解仪器的类型、规格。

### 7.7.1.2 准备工作
蒸馏器、液杯盖、加热棒、电线插头、冷凝器、百分含量刻度量筒、刮刀、环架、天平、消泡剂、破乳剂、钻井液 1000mL、液杯（100mL）。

### 7.7.1.3　操作步骤

ⅰ.把搅拌好的钻井液注入拆开的蒸馏器液杯内,盖好计量盖,用棉纱擦掉计量盖小孔中溢出的钻井液,取下计量杯盖,将附着在杯盖底上的钻井液刮回到液杯中,这时液杯中的钻井液为 $(20\pm0.01)$ mL。

ⅱ.加入 2～3 滴消泡剂,取套筒拧紧于液杯上,然后将加热棒装入套筒内拧紧。

ⅲ.将蒸馏器导流管插入冷凝器的小孔中,再把玻璃量筒卡在冷凝器引流管下方,以便接收冷凝后的油和水。

ⅳ.将导线的母接头插在加热棒上端的插头上,接通电源,通电 3～5min 后,从蒸馏液流出的第一滴开始计时,直到全部蒸干,大约需要 20～30min,无液滴流出时切断电源。

ⅴ.用环架套住蒸馏器上端部分,手握电线拿下蒸馏器,可用水冷却,电线接头及加热棒与套筒的连接处应小心,不能沾上水。

ⅵ.待冷却后拔出电源接头,卸开蒸馏器,用刮刀刮净液杯内壁、加热棒和套筒内的固相成分,全部回收完后称取质量。将蒸馏器、加热棒洗净擦干。

ⅶ.取出百分含量刻度量筒,读出油和水的百分含量,如果液面油水分层不清,可加入 2～3 滴破乳剂以改善液面的清晰度。

ⅷ.计算。

计算公式为

$$\varphi_{油}=刻度量筒总读数-\varphi_{水} \tag{7-1}$$

$$\varphi_{固}=1-\varphi_{油}-\varphi_{水} \tag{7-2}$$

式中　$\varphi_{油}$——油的体积分数;

　　　$\varphi_{水}$——水的体积分数;

　　　$\varphi_{固}$——固相体积分数。

如果用普通刻度的量筒接收油、水,因钻井液取样体积一样,都是 20mL,所以可按下式计算

$$\varphi_{油}=\frac{V_{油}}{20} \tag{7-3}$$

$$\varphi_{水}=\frac{V_{水}}{20} \tag{7-4}$$

$$\varphi_{固}=1-\varphi_{油}-\varphi_{水} \tag{7-5}$$

式中　$V_{油}$——油实际体积,mL;

　　　$V_{水}$——水实际体积,mL。

### 7.7.1.4　技术要求

ⅰ.取样钻井液必须充分搅拌,若有气泡,需排除气泡后才能取样测定。

ⅱ.液杯内注入钻井液后,计量杯盖要慢慢放平,从杯盖小孔溢出的钻井液必须擦掉,再慢取杯盖,杯盖上附着的钻井液应刮回到液杯中,使杯中钻井液体积接近 20mL。

ⅲ.蒸馏器的冷却,平时测定可自然冷却,示范测定可采取水淋冷却。电线插头、电热棒与套筒连接处不能附着水,以免水进入套筒。

ⅳ.若通电后蒸馏器不热,可切断电源,检查加热棒与电线母接头是否接触牢固,电源供电是否正常等。

#### 7.7.1.5 相关知识

固相含量测定仪有坩埚（或蒸发皿）、固相含量测定仪（蒸馏器）。

**(1) 坩埚测固相含量**

在坩埚（或蒸发皿）中放入定量钻井液，加热蒸干，将剩下的所有固体放入盛有柴油而体积已知的量筒中，柴油增长的体积就是钻井液蒸发后的固相体积。因柴油不使黏土水化膨胀，所以该固相体积与所取钻井液样体积之比就是固相占该钻井液体积的百分数。公式为

$$\varphi_固 = \frac{V_2 - V_1}{V_液} \times 100\%  \tag{7-6}$$

式中  $V_1$——加入固体前量筒油的体积，mL；

  $V_2$——加入固体后量筒油的体积，mL；

  $V_液$——所取钻井液的体积，mL。

**(2) 固相含量测定仪**

它由加热棒、蒸馏器和量筒组成。加热棒有两只，一只用 220V 交流电，另一只用 12V 直流电，功率都是 100W。蒸馏器由蒸馏器本体和带有蒸馏器引流管的套筒组成，两者用丝扣连接起来，将蒸馏器的引流管插入冷凝器的孔中，使蒸馏器和冷凝器连接。冷凝器为一长方形铝锭，有一斜孔穿过整个冷凝器，上端与整个冷凝器引流管相连，下端为一弯曲的引流嘴。

工作时，由蒸馏器将钻井液中的液体（包括油和水）蒸发成气体，经引流管进入冷凝室，冷凝器将气态的油和水冷却成液体，经引流嘴流入量筒。量筒刻度若为百分刻度，可直接读取接收的油和水占钻井液样品的体积百分数。若用普通量筒，则需进行再计算。

### 7.7.2 测定钻井液含砂量

#### 7.7.2.1 学习目标

掌握钻井液含砂量的测定方法，了解仪器的规格、类型。

#### 7.7.2.2 准备工作

含砂仪量筒、小漏斗、过滤筛网、钻井液、1000mL 液杯。

#### 7.7.2.3 操作步骤

ⅰ.取搅拌均匀的钻井液样品，注入到含砂仪量筒至钻井液刻度线，然后加水至稀释刻度线处，用拇指堵住管口并用力摇匀。

ⅱ.取出过滤筒，将稀释好的钻井液倒入过滤筒进行过滤，同时用清水冲洗量筒中的所有物质，一起过滤。敲击筛筒边缘，以促使注入的钻井液通过筛网，如因残留砂粒而不洁净，则应用清水反复冲洗，直至冲洗干净。

ⅲ.将小漏斗套在过滤筒上端，慢慢倒置，将漏斗下端插入量筒内，再从筛网背面用清水将砂粒全部冲到量筒内，垂直放置静止。

ⅳ.待砂粒完全下沉后，读取量筒内砂粒所在刻度值即为该钻井液的含砂量。

#### 7.7.2.4 技术要求

ⅰ.测定之前应用清水把仪器部件清洗干净。

ⅱ.取样时要充分搅拌均匀。

ⅲ.用筛网过滤冲洗砂粒时，不能搅拌，以免损坏筛网及影响结果。所使用的筛网应为 200 目筛。

#### 7.7.2.5　相关知识

① 钻井对含砂量的基本要求　含砂量高时，钻井液密度升高，钻速降低，滤饼质量变差，滤失变大，滤饼摩擦系数变大，影响固井质量，电测遇阻，地质资料不准，对设备的磨损严重。所以，钻井要求钻井液含砂量越小越好，一般控制在 0.5％以下。

② 降低含砂量方法

ⅰ.机械除砂。利用振动筛、除砂器、除泥器等设备除砂。

ⅱ.化学除砂。通过加入化学絮凝剂，将细小砂粒由小变大，再配合机械设备除之。例如聚丙烯酰胺（PAM）或部分水解聚丙烯酰胺（PHP 水解度 30％），相对分子质量 500 万以上，就是常用的絮凝剂。

**（1）沉淀法含砂仪**（CM-1 型金属澄清仪）

① 沉淀法含砂仪的结构　沉淀法含砂仪是由沉淀瓶和量筒两部分组成，如图 7-1 所示。沉淀瓶的外壳是铁制的，下面细小部分是玻璃管，上有刻度，外面有铁壳保护，只露出刻度部分；量筒以中隔分开，上部容积为 450mL，下部容积为 50mL。

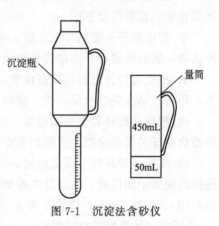

图 7-1　沉淀法含砂仪

② 沉淀法含砂仪的使用方法　在测量时，用量筒下部取钻井液 50mL 注入沉淀瓶中，然后用量筒上部取水 450mL 倒入沉淀瓶，用手指压住沉淀瓶的上盖，倒转轻轻摇晃，待混合均匀后立即反转，使沉淀瓶呈直立状态，静止 1min 后读出玻璃管内沉淀砂粒的体积刻度，其刻度值乘以 2 即是该钻井液含砂量，用百分数表示。沉淀瓶细玻璃管刻度为（10±0.1）格，即是 10mL。

图 7-2　筛洗法含砂仪

**（2）筛洗法含砂仪**

① 筛洗法含砂仪的结构　筛洗法含砂仪是由一个带刻度的刻度瓶和一个带漏斗的筛网筒组成的，其构造如图 7-2 所示。筛网为 200 目（即 200 孔/in）。

② 筛洗法含砂仪的使用方法　测量时将钻井液倒入玻璃刻度瓶至刻度 50mL 处，然后注入清水至刻线，用手堵住瓶口并用力振荡，然后倒入筛网筒过筛，筛完后将漏斗套在筛网筒上反转，漏斗嘴插入刻度瓶，将不能通过筛网的砂粒用清水冲洗进刻度瓶中，读出砂粒沉淀的体积刻度数再乘以 2 即为该钻井液的含砂量，以百分数表示。

这两种含砂仪所取的钻井液量是任意的，没有规定。若取钻井液 100mL，则所得结果不必乘以 2，但筛洗过滤及沉淀时较困难。若取钻井液 20mL，其结果要乘以 5。取量的多少，可视钻井液黏度的大小而确定。黏度大的，取量少一些；黏度小的，可适当取量多一些，这样有利于筛洗过滤。

### 7.7.3　测量钻井液流变参数

#### 7.7.3.1　学习目标

掌握各种流变参数的测量和计算，了解黏度计工作原理。

### 7.7.3.2 准备工作

流速仪主体、内筒、外筒、测试液杯、连接线插头、小螺丝刀、秒表、1000mL 量杯、钻井液。

### 7.7.3.3 操作步骤

ⅰ.将仪器平稳地放在工作台上，使仪器尽可能保持水平。

ⅱ.先将内筒装好，再装外筒，将连接线插头分别插在仪器及电源插座上，把变速拉杆放于最低位置。

ⅲ.将搅拌好的钻井液注入到测试液杯中刻度线处，注入量为 350mL。

ⅳ.将测试液杯放在托盘上，对正三个点角位置升起托盘，使外筒上的刻度线与钻井液液面相平，旋紧托盘手柄。

ⅴ.把电源开关拨到开的位置，再将电机启动开关拨到高速挡，读取刻度盘数值为 $\phi_{600}$ 的读数，然后将启动开关拨到低速挡，读取刻度盘数值为 $\phi_{300}$ 的读数。

ⅵ.把变速拉杆上提到最高位置，旋转启动开关至高速挡，读取刻度盘数值为 $\phi_{200}$ 的读数，再将启动开关拨至低速挡，读取刻度盘数值为 $\phi_{100}$ 的读数。

ⅶ.把变速拉杆置于中间位置，旋转启动开关至高速挡，读取刻度盘数值为 $\phi_6$ 的读数，转换启动开关至低速挡，读取刻度盘数值为 $\phi_3$ 的读数。

ⅷ.将变速拉杆放于最低位置，启动开关拨到高速挡，搅拌 1min 后停止，静止 10s 将变速拉杆提到中间位置，启动开关拨到低速挡，读取刻度盘最大数值为 $\phi_3$ 的读数（计算初切力时用）。搅拌 1min 后停止，静止 10min，再用同样的方法测量，读取刻度盘最大数值为 $\phi_3$ 的读数（计算终切力时用）。

ⅸ.数据处理。

① 表观黏度：$AV = \dfrac{1}{2}\phi_{600}$ （mPa·s）

ⅱ 塑性黏度：$PV = \phi_{600} - \phi_{300}$ （mPa·s）

ⅲ 动切力：$YP = 0.478\,(\phi_{300} - PV)$ （mPa·s）

ⅳ 流性指数：$n = 3.322\lg\dfrac{\phi_{600}}{\phi_{300}}$

ⅴ 稠度系数：$K = 0.478 \times \dfrac{\phi_{600}}{1022^n}$ （Pa·s$^n$）

ⅵ 卡森极限黏度：$\eta_\infty = 5.83\,(\sqrt{\phi_{600}} - \sqrt{\phi_{300}})^2$ （mPa·s）

ⅶ 卡森动切力：$\tau_e = 0.2465\,(2.45\sqrt{\phi_{100}} - \sqrt{\phi_{600}})^2$ （Pa）

ⅷ 初切力：$G_1 = 0.478\phi_3$ （Pa）

ⅸ 终切力：$G_2 = 0.478\phi_3$ （Pa）

# 单元习题

1.简述调整钻井液密度的方法。

2.简述钻井液黏度对钻井工作的影响。

# 单元8

## 下套管和固井工艺

## 8.1 套管基本知识

海洋油气田开发工程中常规的套管包括：隔水导管、表层套管、中间技术套管（1～3层，视井深和工程情况而定）和生产套管。生产套管（又称油层套管）是为地下储集层中的石油或天然气流至地面创造良好的流动通道，用以保护井壁、隔离各层流体，以利于油气井分层测试、分层开采和分层改造。

按照 API 标准划分有十个钢级，即 H-40、J-55、K-55、T-95、N-80、C-90、C-95、L-80、P-110、Q-125。API 规范中，钢级代号后面的数值乘以 6894.757kPa（1000psi），即为套管以 kPa（或 psi）为单位的最小屈服强度。这一规定除了极少数例外，也适应于非 API 标准的套管，非 API 标准套管是根据钻井和采油工程需要而超出 API 标准的进一步发展。

石油套管是石油钻探用重要器材，其主要器材还包括钻杆、岩心管和套管、钻铤及小口径钻进用钢管等。国产套管以地质钻探用钢经热轧或冷拔制成，钢号用"地质"（DZ）表示，常用的套管钢级有 DZ40、DZ55、DZ75 3 种。

**（1）用途**

用于石油井钻探。

**（2）种类**

按 SY/T 6194—2003 分为短螺纹套管及其接箍和长螺纹套管及其接箍两种。

**（3）规格及外观质量**

国产套管按 SY/T 6194—2003 规定，套管长度不定尺，其范围 8～13m。但不短于 6m 的套管可以提供，其数量不得超过 20%。

套管的内外表面不得有折叠、发纹、离层、裂纹、轧折和结疤。这些缺陷应完全清除掉，清除深度不得超过公称壁厚的 12.5%。接箍外表面不得有折叠、发纹、离层、裂纹、轧折、结疤等缺陷。套管及接箍螺纹表面应光滑，不允许有毛刺、撕破及足以使螺纹中断影响强度和紧密连接的其他缺陷。

**（4）化学成分检验**

ⅰ.按 SY/T 6194 规定。套管及其接箍采用同一钢级。含硫量＜0.045%，含磷量＜0.045%。

ⅱ.按 GB/T 222—2006 的规定取化学分析样。按 GB/T 223 中有关部分的规定进行化学分析。

ⅲ.按美国石油学会 ARISPEC5CT1988 第 1 版规定。化学分析按 ASTME59 最新版本制样，按 ASTME350 最新版本进行化学分析。

**(5) 物理性能检验**

ⅰ.按 SY/T 6194 规定，作压扁试验（GB/T 246）、拉力试验（GB/T 228）及水压试验。

ⅱ.按美国石油学会 APISPEC5CT1988 年第 1 版规定作静水压试验、压扁试验、硫化物应力腐蚀开裂试验、硬度试验（ASTME18 或 E10 最新版本规定进行）、拉伸试验、横向冲击试验（ASTMA370、ASTME23 和有关标准最新版本规定进行）、晶粒度测定（AST-ME112 最新版本或其他方法）。

**(6) 主要进出口情况**

石油套管主要进口国家有：德国、日本、罗马尼亚、捷克、意大利、英国、奥地利、瑞士、美国，阿根廷、新加坡也有进口。进口标准多参照美国石油学会标准 API5A、5AX、5AC。钢级是 H-40，J-55，N-80，P-110，C-75，C-95 等。部分进口货物标有 LTC 字样，即长丝扣套管。

从日本进口套管除采用 API 标准外，还有少部分执行日本厂方标准（如新日铁、住友、川崎等），钢号是 NC-55E，NC-80E，NC-L80，NC-80HE 等。

**(7) 包装**

按 SY/T 6194 规定，国产套管应以钢丝或钢带捆扎。每根套管及接箍螺纹的露出部分均应拧上保护环以保护螺纹。

**(8) 其他**

套管应带螺纹和接箍供货，或按下述任一管端形式供货：平端、圆螺纹不带接箍或带接箍，偏梯形螺纹带接箍或不带接箍，直连型螺纹、特殊端部加工、密封圈结构。

① 生产制造方法

ⅰ.一般锅炉管使用温度在 450℃以下，国产管主要用 10 号、20 号碳结钢热轧管或冷拔管制造。

ⅱ.高压锅炉管使用时经常处于高温和高压条件，管子在高温烟气和水蒸气的作用下，会发生氧化和腐蚀。要求钢管具有高的持久强度，高的抗氧化腐蚀性能，并有良好的组织稳定性。

② 用途

ⅰ.一般锅炉管主要用来制造水冷壁管、沸水管、过热蒸汽管、机车锅炉用的过热蒸汽管，大、小烟管及拱砖管等。

ⅱ.高压锅炉管主要用来制造高压和超高压锅炉的过热器管、再热器管、导气管、主蒸汽管等。

# 8.2　下套管作业

## 8.2.1　下套管准备

ⅰ.进入井场的套管按下井顺序进行卸车，卸车一律用抓管机或吊车进行，卸套管时作业人员要站在安全位置。用吊车进行卸套管作业时要办理三级作业许可，并组织召开相关作业人员交底分工会。将套管在管架上分层摆放（不超过三层），用管架挡销或铁丝捆绑固定好套管。

ⅱ.钻井队技术员与工程监督共同对到井套管进行验收，并清点到井套管的数量，逐根进行登记。

ⅲ.钻井队负责对到井的套管（包括短套管、联顶节）进行逐根通径。采取气驱通径规通套管时，严禁人员处于套管通径规出口前方，控制好气量大小；技术员负责对到井的套管（包括短套管）进行丈量和编号（丈量人员要选好站位，防坠落伤害）。

ⅳ.钻井队技术员负责对到井的下套管工具及附件进行验收；作业人员准备好套管密封脂。

ⅴ.接好灌钻井液装置，备好套管与方钻杆变扣接头。

ⅵ.装好井口装置，未安装环形防喷器的井应换装套管闸板芯子；检查地面所有的设备符合要求。

ⅶ.安装好专用套管液压大钳。

ⅷ.准备 $\phi$25.4mm、长 15m 的扶正棕绳一根；$\phi$15.9mm、长 10m 绳套 1 根；专用吊带 2 根。

ⅸ.在钻台大门处拴一根 $\phi$25.4mm、长度合适的防碰兜绳；装好猫道套管防滑装置。

ⅹ.钻井队长组织作业人员进行作业前安全分析，共同识别装、下套管作业过程中存在的风险，以及防范措施，办理三级作业许可，进行下套管作业安全、技术措施交底，并分工明确，尤其要明确在使用气动绞车提升套管入鼠洞过程中，防止钢丝绳、套管等刮碰吊卡活门的措施。

ⅺ.冬季下套管作业时，应对地面高压管线、立管、水龙带、泥浆泵、灌浆管线等采取防冻措施。距离套管母接头 1.5m 内除霜、除雪。

## 8.2.2　作业流程

① 双吊卡下套管作业流程　提套管入鼠洞（或坡道）→扣吊卡→上提套管对扣→紧扣→上提套管打开吊卡→下放套管入井。

② 单吊卡、卡瓦下套管作业流程　提套管入鼠洞（或坡道）→扣吊卡→上提套管对扣→紧扣→上提套管提出卡瓦→下放套管入井。

③ 单吊卡、下卡盘下套管作业流程　提套管入鼠洞（或坡道）→扣吊卡→上提套管对扣→紧扣→打开卡盘→下放套管入井。

## 8.2.3　下套管作业步骤

### (1) 双吊卡下套管作业

① 下 $\phi$244.5mm 及以上套管作业步骤

ⅰ.场地人员在套管母扣上均匀涂抹密封脂并戴好公扣护丝，将套管滚到猫道上，用专用吊带在距套管接箍 0.5m 处连续栓两扣，挂在气动绞车吊钩上，戴上套管帽子。

ⅱ.气动绞车操作人员听从场地人员指挥，启动气动绞车拉紧吊带，吊套管上大门坡道。场地人员严禁站在猫道两侧 5m 以内或套管可能滑落区域。场地人员固定好套管防滑装置，套管停稳后井口操作人员摘掉套管帽及吊带。钻台高度超过 6m 的钻机，要用吊车将套管单根吊上钻台坡道合适位置，吊车吊套管上钻台要使用加长牵引绳，吊臂旋转范围内严禁站人。

ⅲ.司钻待井口操作人员将吊环推进吊卡耳内，插上吊卡保险销后，将空吊卡提离转盘面1.5～2m刹车。

ⅳ.井口操作人员配合司钻，用气动绞车将吊卡绷起至套管上方适当位置后下放，将吊卡扣合在套管上，扣吊卡时防夹伤手。在确认吊卡销子到位后，摘掉气动绞车吊钩，指挥司钻缓慢上提套管，井口操作人员撤至套管两侧的安全位置。

ⅴ.司钻目视套管单根公扣端上钻台面时摘气门，利用惯性将单根从坡道提至高出钻台面0.5m时刹车。井口操作人员利用套管防碰兜绳扶稳套管，慢慢靠近小鼠洞，井口操作人员站在套管两侧，注意脚闪开套管下方，卸掉套管护丝。严禁人员把手放在套管下端卸护丝，禁止从钻台上向场地扔套管护丝及套管帽子，套管护丝及套管帽子用吊带穿好或用桶装入套管护丝及套管帽子后，送下钻台。

ⅵ.司钻上提套管至转盘面以上0.5m，安装引鞋并紧扣，由井口操作人员扶正套管，司钻下放游车将第一根套管入井。吊卡坐转盘上后刹车，井口操作人员将吊环从负荷吊卡吊耳内同时拉出，放入空吊卡吊耳内，插好保险销，上提游车。重复以上动作，将第二根套管公扣提起至高出井口套管接箍0.2m左右处刹车。

ⅶ.井口操作人员扶正套管，司钻下放游车对扣，使吊卡上端面距套管接箍下端面15～20cm刹车，将内钳扣合在套管接箍上，操作人员推进套管液压钳扣合在套管本体上并按标准扭矩上扣。

ⅷ.上好扣后，打开内钳、退回套管液压钳，司钻缓慢上提游车0.2～0.3m刹车，井口操作人员打开并移开井口吊卡，司钻目视指重表，慢抬刹把，下放套管，吊卡离转盘面2m左右时，控制下放速度，缓慢坐在转盘面，放松游车。

ⅸ.重复上述操作完成下套管作业。套管重量超过30t后要使用辅助刹车（伊顿刹车或电磁刹车等）。套管严禁错扣、修扣、电焊下井。

ⅹ.自然环境对下套管作业有影响时，应用扶正绳控制套管自由摆动，便于上扣。

ⅺ.下套管过程中，每下15～20根套管灌满钻井液一次，必要时要每下一根套管灌满一次钻井液。灌泥浆时，泥浆泵回水闸门应适度打开。

ⅻ.中途灌钻井液或因其他原因停止下套管时，要按规定上下活动套管。

ⅹⅲ.按要求安装套管扶正器，注意防止手工具落井。

ⅹⅳ.套管下完后，先往套管内灌满钻井液，防止杂物落入套管内，同时技术员清点剩余套管的数量，及时核对套管下入深度。确定套管下深无误后，接循环接头，建立循环，并调整好钻井液性能，做好固井准备。

ⅹⅴ.下套管作业时，按井控要求坐岗。

② 下 φ244.5mm 以下尺寸套管工作步骤

ⅰ.更换鼠洞，并在鼠洞内9m左右处用 φ15.9mm 钢丝绳套吊一个活塞定位，在钻台大门处拴兜绳。

ⅱ.场地人员在套管母扣均匀涂抹密封脂并戴好公扣护丝，将套管滚到猫道上，用专用吊带拴在距套管接箍0.5m处连续栓两扣，挂在气动绞车吊钩上，戴上套管帽子。

ⅲ.气动绞车操作人员，听从场地人员指挥，将气动绞车绳拉紧后，刹车，待场地人员撤至安全区域后（距所吊套管运移范围5m以外），继续缓慢上提套管接箍接触大门坡道，再加快上提速度。

ⅳ.气动绞车吊套管上钻台,井口操作人员使用套管防碰兜绳扶稳套管,慢慢靠近小鼠洞口。游车下行时避免与气动绞车起重绳挂碰,防止挂开吊卡和游车下行过快压套管。

ⅴ.井口操作人员扶稳套管至小鼠洞口,气动小绞车操作人员下放套管,待套管停稳后,摘掉吊带。

ⅵ.司钻上提空吊卡至合适高度刹车,井口操作人员将吊卡扣合在套管上,在确认吊卡销子到位后,司钻上提套管至转盘面以上 0.5m 刹车,严禁用高速将套管公扣提出小鼠洞,卸掉套管护丝,井口作业人员选侧站位,脚避开套管下方,禁止将手放在套管公扣下端卸护丝。带紧浮鞋,取出井口牙轮钻头装卸器,由井口操作人员扶正套管,下放游车至引鞋进入井口 10cm 处刹车,按标准扭矩紧扣。

ⅶ.下放游车将第一根套管入井。吊卡坐在转盘上刹车,井口操作人员将吊环从负荷吊卡吊耳内同时拉出,放入空吊卡吊耳内,插好保险销,上提游车;重复以上动作将第二根套管公扣提起至高出井口套管接箍 0.2m 左右处刹车。

ⅷ.井口操作人员扶正套管,司钻下放游车对扣,使吊卡上端面距套管接箍下端面 15～20cm 刹车,将内钳扣合在套管接箍上,操作人员推进套管液压钳扣合在套管本体上并按标准扭矩上扣。

ⅸ.上好扣后,打开内钳、退回套管液压钳,司钻缓慢上提游车 0.2～0.3m 刹车,井口操作人员打开并移开井口吊卡,司钻目视指重表,慢抬刹把,下放套管,吊卡离转盘面 2m 左右时,控制下放速度,缓慢坐在转盘面上,放松游车。

ⅹ.重复上述操作完成下套管作业。套管重量超过 30t 后要使用辅助刹车(伊顿刹车或电磁刹车等)。套管严禁错扣、修扣、电焊下井。

ⅺ.风大对下套管作业有影响时,应用扶正绳控制套管摆动,便于上扣。

ⅻ.下套管过程中,每下 15～20 根套管灌满钻井液一次,必要时要每下一根套管灌满一次钻井液。

ⅹⅲ.中途灌钻井液或因其他原因停止下套管时,要按规定上下活动套管。

ⅹⅳ.按要求安装套管扶正器,并防止手工具落井。

ⅹⅴ.套管下完后,先往套管内灌满钻井液,防止杂物落入套管内,同时技术员清点剩余套管的数量,及时核对套管下入深度。确定套管下深无误后,接循环接头,建立循环,并调整好钻井液性能,做好固井准备。

ⅹⅵ.下套管作业时,按井控要求坐岗。

**(2) 单吊卡、卡瓦下套管作业**

① 下 $\phi$244.5mm 及以上套管作业步骤

ⅰ.场地人员在套管母扣均匀涂抹密封脂并戴好公扣护丝,将套管滚到猫道上,用专用吊带在距套管母接箍 0.5m 处拴牢,挂在气动绞车钩上,戴上套管帽子。

ⅱ.气动绞车操作人员听从场地人员指挥,启动气动绞车拉紧吊带,待场地人员撤至安全区域后(距所吊套管运移范围 5m 以外),吊套管上大门坡道处,场地人员固定好套管防滑装置,套管停稳后井口操作人员摘掉套管帽及吊带。钻台高度超过 8m 的钻机,要用吊车将套管单根吊上钻台坡道合适位置,吊车吊套管上钻台要使用加长牵引绳。

ⅲ.司钻待井口操作人员将吊环推进吊卡耳内,插上吊卡保险销后,将空吊卡提离转盘面 1.5～2m 刹车。

ⅳ.井口操作人员配合司钻，用气动绞车将吊卡绷起至套管上方适当位置后下放，将吊卡扣合在套管上（扣吊卡防夹伤手）。在确认吊卡销子到位后，指挥司钻缓慢上提套管，井口操作人员撤至套管两侧的安全位置。

ⅴ.司钻目视套管单根公扣端上钻台面时摘气门，利用惯性将单根从坡道提至高出钻台面0.5m时刹车。井口操作人员利用套管防碰兜绳扶稳套管，慢慢靠近小鼠洞，井口操作人员选侧站位，注意脚闪开套管下方，卸掉套管护丝。严禁人员把手放在套管下端卸护丝，严禁从钻台上向场地扔套管护丝，套管护丝用吊带穿好后，用气动绞车送下钻台。

ⅵ.司钻上提套管至转盘面以上0.5m，安装引鞋并紧扣。由井口操作人员扶正套管，司钻下放游车，第一根套管入井至吊卡下端面距转盘面0.6m处刹车，井口操作人员将卡瓦放入转盘补心内，下放游车坐稳卡瓦，待吊卡上端面距套管接箍下端面5cm左右刹车。井口操作人员打开吊卡活门并推离套管，上提游车至合适高度刹车。重复以上动作，将第二根套管公扣提起至高出井口套管接箍0.2m左右处刹车。

ⅶ.井口操作人员扶正套管，司钻下放游车对扣，使吊卡上端面距套管接箍下端面15~20cm刹车，将内钳扣合在套管接箍上，操作人员推进套管液压钳，扣合在套管本体上并按标准扭矩上扣。

ⅷ.上好扣后，打开内钳、退回套管液压钳。司钻缓慢上提游车，同时井口操作人员顺势提出卡瓦并移离井口，刹车。司钻目视指重表，慢抬刹把，下放套管，吊卡离转盘面2m左右时，控制下放速度。

ⅸ.重复上述操作完成下套管作业。套管重量超过30t后要使用辅助刹车（伊顿刹车或电磁刹车等）。套管严禁错扣、修扣、电焊下井。

ⅹ.自然环境对下套管作业有影响时，应用扶正绳控制套管自由摆动，便于上扣。

ⅺ.下套管过程中，每下15~20根套管灌满钻井液一次，必要时要每下一根套管灌满一次钻井液。

ⅻ.中途灌钻井液或因其他原因停止下套管时，要按规定上下活动套管。

ⅹⅲ.按要求安装套管扶正器，注意防止手工具落井。

ⅹⅳ.套管下完后，先往套管内灌满钻井液（防止杂物落入套管内），同时技术员清点剩余套管的数量，及时核对套管下入深度。确定套管下深无误后，接循环接头，建立循环，并调整好钻井液性能，做好固井准备。

ⅹⅴ.下套管作业时，井队人员按井控要求坐岗。

② 下 φ244.5mm 以下尺寸套管工作步骤

ⅰ.更换鼠洞，并在鼠洞内9m左右处用φ15.9mm钢丝绳套吊一个活塞定位，在钻台大门处拴兜绳。

ⅱ.场地人员在套管母扣均匀涂抹密封脂并戴好公扣护丝，将套管滚到猫道上，用专用吊带拴在距套管母接箍0.5m处，挂在气动绞车吊钩上，戴上套管帽子。

ⅲ.气动绞车操作人员，听从场地人员指挥，将气动绞车绳拉紧后，停车，待场地人员撤至安全区域后（距所吊套管运移范围5m以外），继续缓慢上提套管母接箍接触大门坡道，再加快上提速度。

ⅳ.气动绞车吊套管上钻台，井口操作人员使用套管防碰兜绳扶稳套管，慢慢靠近小鼠洞，严禁卸掉套管护丝，井口作业人员选侧站位，脚避开套管下方，禁止将手放在套管公扣下端卸护丝。

ⅴ.井口操作人员扶稳套管至小鼠洞口,气动小绞车操作人员下放套管,待套管停稳后,摘掉吊带。

ⅵ.司钻上提空吊卡至合适高度刹车,井口操作人员将吊卡扣合在套管上,在确认吊卡销子到位后,司钻上提套管至转盘面以上0.5m刹车(严禁用高速将套管公扣提出小鼠洞),带紧浮鞋,取出井口牙轮钻头装卸器,由井口操作人员扶正套管,下放游车至引鞋进入井口10cm处刹车,按标准扭矩紧扣。

ⅶ.下放游车将第一根套管入井。由井口操作人员扶正套管,司钻下放游车,第一根套管入井至吊卡下端面距转盘面0.6m处刹车,井口操作人员将卡瓦放入转盘补心内,下放游车坐稳卡瓦,待吊卡上端面距套管接箍下端面5cm左右刹车。井口操作人员打开吊卡活门并推离套管,上提游车至合适高度刹车。重复以上动作,将第二根套管公扣提起至高出井口套管接箍0.2m左右处刹车。

ⅷ.井口操作人员扶正套管,司钻下放游车对扣,使吊卡上端面距套管接箍下端面15~20cm刹车,将内钳扣合在套管接箍上,操作人员推进套管液压钳扣合在套管本体上并按标准扭矩上扣。

ⅸ.上好扣后,打开内钳、退回套管液压钳。司钻缓慢上提游车,同时井口操作人员顺势提出卡瓦并移离井口,刹车。司钻目视指重表,慢抬刹把,下放套管,吊卡离转盘面2m左右时,控制下放速度。

ⅹ.重复上述操作完成下套管作业。套管重量超过30t后要使用辅助刹车(伊顿刹车或电磁刹车等)。套管严禁错扣、修扣、电焊下井。

ⅺ.自然环境对下套管作业有影响时,应用扶正绳控制套管自由摆动,便于上扣。

ⅻ.下套管过程中,每下15~20根套管灌满钻井液一次,必要时要每下一根套管灌满一次钻井液。

ⅹⅲ.中途灌钻井液或因其他原因停止下套管时,要按规定上下活动套管。

ⅹⅳ.按要求安装套管扶正器,注意防止手工具落井。

ⅹⅴ.套管下完后,先往套管内灌满钻井液(防止杂物落入套管内),同时技术员清点剩余套管的数量,及时核对套管下入深度。确定套管下深无误后,接循环接头,建立循环,并调整好钻井液性能,做好固井准备。

ⅹⅵ.下套管作业时,井队人员按井控要求坐岗。

**(3) 单吊卡、卡盘下套管作业**

① 下 $\phi$244.5mm 及以上套管作业步骤

ⅰ.场地人员在套管母扣均匀涂抹密封脂并戴好公扣护丝,将套管滚到猫道上,用专用吊带在距套管母接箍0.5m处拴牢,挂在气动绞车吊钩上,戴上套管帽子。

ⅱ.气动绞车操作人员听从场地人员指挥,启动气动绞车拉紧吊带,待场地人员撤至安全区域后(距所吊套管运移范围5m以外),吊套管上大门坡道处,场地人员固定好套管防滑装置,套管停稳后井口操作人员摘掉套管帽及吊带,钻台高度超过8m的钻机,要用吊车将套管单根吊上钻台坡道合适位置,吊车吊套管上钻台要使用加长牵引绳。

ⅲ.司钻待井口操作人员将吊环推进吊卡耳内,插上吊卡保险销后,将空吊卡提离转盘面1.5~2m刹车。

ⅳ.井口操作人员配合司钻,用气动绞车将吊卡绷起至套管上方适当位置后下放,将吊卡扣合在套管上(扣吊卡防夹伤手)。在确认吊卡销子到位后,指挥司钻缓慢上提套管,井口操作人员撤至套管两侧的安全位置。

ⅴ.司钻目视套管单根公扣端上钻台面时摘气门，利用惯性将单根从坡道提至高出钻台面 0.5m 时刹车。井口操作人员利用套管防碰兜绳扶稳套管，慢慢靠近小鼠洞，井口操作人员选侧站位，注意脚闪开套管下方，卸掉套管护丝，严禁人员把手放在套管下端卸护丝，严禁从钻台上向场地扔套管护丝，套管护丝用吊带穿好后，用气动绞车送下钻台。

ⅵ.司钻上提套管至转盘面以上 0.5m，安装引鞋并紧扣。由井口操作人员扶正套管，司钻下放游车，第一根套管入井至吊卡下端面距下卡盘面 0.6m 处刹车，操作人员将卡盘关闭，下放游车，待吊卡上端面距套管接箍下端面 5cm 左右刹车。井口操作人员打开吊卡活门并推离套管，上提游车至合适高度刹车。重复以上动作，将第二根套管公扣提起至高出井口套管接箍 0.2m 左右处刹车。

ⅶ.井口操作人员扶正套管，司钻下放游车对扣，使吊卡上端面距套管接箍下端面 15～20cm 刹车，将内钳扣合在套管接箍上，操作人员推进套管液压钳扣合在套管本体上并按标准扭矩上扣。

ⅷ.上好扣后，打开内钳、退回套管液压钳。操作人员打开卡盘，司钻缓慢上提游车，待卡盘自动打开后刹车。司钻目视指重表，慢抬刹把，下放套管。吊卡离转盘面 2m 左右时，控制下放速度。

ⅸ.重复上述操作完成下套管作业。套管重量超过 30t 后要使用辅助刹车（伊顿刹车或电磁刹车等）。套管严禁错扣、修扣、电焊下井。

ⅹ.自然环境对下套管作业有影响时，应用扶正绳控制套管自由摆动，便于上扣。

ⅺ.下套管过程中，每下 15～20 根套管灌满钻井液一次，必要时要每下一根套管灌满一次钻井液。

ⅻ.中途灌钻井液或因其他原因停止下套管时，要按规定上下活动套管。

ⅹⅲ.按要求安装套管扶正器，注意防止手工具落井。

ⅹⅳ.套管下完后，先往套管内灌满钻井液（防止杂物落入套管内），同时技术员清点剩余套管的数量，及时核对套管下入深度。确定套管下深无误后，接循环接头，建立循环，并调整好钻井液性能，做好固井准备。

ⅹⅴ.下套管作业时，井队人员按井控要求坐岗。

② 下 φ244.5mm 以下尺寸套管工作步骤

ⅰ.更换鼠洞，并在鼠洞内 9m 左右处用 φ15.9mm 钢丝绳套吊一个活塞定位，在钻台大门处拴兜绳。

ⅱ.场地人员在套管母扣均匀涂抹密封脂并戴好公扣护丝，将套管滚到猫道上，用专用吊带拴在距套管母接箍 0.5m 处，挂在气动绞车吊钩上，戴上套管帽子。

ⅲ.气动绞车操作人员，听从场地人员指挥，将气动绞车绳拉紧后，停车，待场地人员撤至安全区域后（距所吊套管运移范围 5m 以外），继续缓慢上提套管母接箍接触大门坡道，再加快上提速度。

ⅳ.气动绞车吊套管上钻台，井口操作人员使用套管防碰兜绳扶稳套管，慢慢靠近小鼠洞，严禁卸掉套管护丝，井口作业人员选侧站位，脚避开套管下方，禁止将手放在套管公扣下端卸护丝。

ⅴ.井口操作人员扶稳套管至小鼠洞口，气动小绞车操作人员下放套管，待套管停稳后，摘掉吊带。

ⅵ.司钻上提空吊卡至合适高度刹车，井口操作人员将吊卡扣合在套管上，在确认吊卡销子到位后，司钻上提套管至转盘面以上 0.5m 刹车（严禁用高速将套管公扣提出小鼠洞），带紧浮鞋，取出井口牙轮钻头装卸器，由井口操作人员扶正套管，下放游车至引鞋进入井口 10cm 处刹车，按标准扭矩紧扣。

ⅶ.下放游车将第一根套管入井。由井口操作人员扶正套管，司钻下放游车，第一根套管入井至吊卡下端面距下卡盘面 0.6m 处刹车，操作将卡盘关闭，下放游车，待吊卡上端面距套管接箍下端面 5cm 左右刹车。井口操作人员打开吊卡活门并推离套管，上提游车至合适高度刹车。重复以上动作，将第二根套管公扣提起至高出井口套管接箍 0.2m 左右处刹车。

ⅷ.井口操作人员扶正套管，司钻下放游车对扣，使吊卡上端面距套管接箍下端面 15～20cm 刹车，将内钳扣合在套管接箍上，操作人员推进套管液压钳，扣合在套管本体上，并按标准扭矩上扣。

ⅸ.上好扣后，打开内钳、退回套管液压钳。操作人员打开卡盘，司钻缓慢上提游车，待卡盘自动打开后刹车。司钻目视指重表，慢抬刹把，下放套管，吊卡离转盘面 2m 左右时，控制下放速度。

ⅹ.重复上述操作完成下套管作业。套管重量超过 30t 后要使用辅助刹车（伊顿刹车或电磁刹车等）。套管严禁错扣、修扣、电焊下井。

ⅺ.自然环境对下套管作业有影响时，应用扶正绳控制套管自由摆动，便于上扣。

ⅻ.下套管过程中，每下 15～20 根套管灌满钻井液一次，必要时要每下一根套管灌满一次钻井液。

ⅹⅲ.中途灌钻井液或因其他原因停止下套管时，要按规定上下活动套管。

ⅹⅳ.按要求安装套管扶正器，注意防止手工具落井。

ⅹⅴ.套管下完后，先往套管内灌满钻井液（防止杂物落入套管内），同时技术员清点剩余套管的数量，及时核对套管下入深度。确定套管下深无误后，接循环接头，建立循环，并调整好钻井液性能，做好固井准备。

ⅹⅵ.下套管作业时，井队人员按井控要求坐岗。

# 8.3 　固井作业

## 8.3.1 　固井准备

ⅰ.提前落实周围采注井的停采、停注。

ⅱ.核对固井数据。固井前由生产技术科固井工程师、钻井队技术员、固井技术员核对好下套管数据、水泥稠化时间、环空容积、钻井液性能、注水泥和替钻井液量、循环压力和碰压、钻井泵的排量等数据。

ⅲ.按照固井施工要求准备固井水。

ⅳ.固井前召开相关方安全施工联席会，明确人员分工，对各岗人员提出安全要求。

ⅴ.固井前，由固井队负责对固井高压管线进行试压，试压时高压区内不得站人。

### 8.3.2　固井作业流程

① 固表层套管作业流程　方钻杆连接套管→调节方入→注水泥→替钻井液→候凝。

② 固技术套管及油层套管作业流程　接水泥头→高压管线试压→注水泥→压胶塞→替钻井液→碰压→候凝。

### 8.3.3　固井施工步骤

**(1) 表层套管固井**

ⅰ.由钻井队技术员或固井技术员负责指挥固井作业。

ⅱ.将大小头连接在套管与方钻杆之间，将套管送入合适位置，顶通钻井液循环两周，做好固井准备。

ⅲ.按设计注水泥，并测量水泥浆密度。

ⅳ.由钻井队技术员或固井技术员计算并监督落实顶替量，防止替空。用水泥车替钻井液的表层固井，替完钻井液后应把方钻杆下旋塞关闭，然后打开泵房回水闸门，用水泥车清洗高压平管线。

ⅴ.候凝结束。在卸大小头前，先打开下旋塞及泵的回水闸门，观察是否有回流，判断水泥是否凝固。确认水泥凝固后，先下放方钻杆释放套管的重量，验证套管不下沉后再卸大小头。

ⅵ.水泥未返到地面的，需要在井口填充一定数量的水泥固定井口。

ⅶ.冬季表层固井候凝期间落实好防冻措施。

**(2) 技术套管及油层套管固井**

ⅰ.固井施工前，由固井技术队负责向钻井队进行固井方案与措施的交底，钻井队和固井队相互告知安全注意事项。

ⅱ.用绷绳将钻杆双根或立柱甩到猫道上，确保操作平稳，甩完后应及时进行固定。

ⅲ.接固井水泥头。作业时，井口作业人员注意交叉作业风险控制，人员注意站位，接水泥头前验证胶塞。

ⅳ.固井前，由固井队负责对固井高压管线进行试压（试压时高压区内不得站人），固井作业由固井队负责施工，钻井队做好配合工作。

ⅴ.固井队进行注水泥作业。井队人员配合固井队测量水泥浆密度，取样人员避开高压区域。

ⅵ.注完水泥浆后洗车时，洗车管线要固定牢固，出口附近不能站人。

ⅶ.压胶塞时，水泥头挡销方向不能站人，以防挡销崩出伤人。

ⅷ.压完胶塞后，司钻按照固井指挥员指令开泵替钻井液，水龙带附近不得站人，其他人员撤至安全区域。

ⅸ.固井期间，各岗位人员不得脱岗，确保钻井队设备正常运转。

ⅹ.钻井泵替钻井液结束，司钻停泵，进行碰压作业。碰压过程中，水泥头附近及高压区禁止站人。

ⅺ.碰压后固井结束。敞压候凝时，管线放压方向不能站人；憋压候凝时，由钻井队安排专人负责，按固井队要求进行放压。冬季固井憋压候凝期间注意井口压力表的保温，防止因冻结失灵憋坏套管。

ⅻ.固井及候凝期间，严格落实井控坐岗制度。

ⅹⅲ.固井结束后，应用气动绞车绷起吊卡，并缓慢下放游车，将甩下的双根或立柱扣入吊卡，上提游车，同时用绷绳配合，将立柱放回钻杆盒或卸开后甩至管架。

ⅹⅳ.候凝结束后确认泄压，甩固井水泥头。

ⅹⅴ.卸联顶节时，按操作规程进行作业，防止将下部套管倒开。

ⅹⅵ.特殊固井作业，落实特殊固井施工措施。

ⅹⅶ.固井残留液应统一回收处理，防止污染环境。

# 单元习题

1.简述套管的分类。

2.简述固井作业及作用。

# 单元9
## 井控技术

## 9.1 井控的基本知识

### 9.1.1 井控的定义

井控，即井涌控制或压力控制，是指采取一定的方法控制住地层孔隙压力，基本上保持井内压力平衡，保证钻井的顺利进行的技术。定义中所说的"一定的方法"包括两个方面：

ⅰ.合理的压井液密度。

ⅱ.合乎要求的井口防喷器。

定义中所说的"基本上保持井内压力平衡"指：$P_{井底} - P_{地层} = \Delta P$（$\Delta P$ 取值：对于油井取 1.5～3.5MPa；对于气井取 3.0～5.0MPa。）

### 9.1.2 井控的分级

根据井涌的规模和采取的控制方法的不同，井控作业分为三级，即初级井控、二级井控和三级井控。

**（1）初级井控**

初级井控是指采用合适的钻井液密度和技术措施使井底压力稍大于地层压力的钻井过程。初级井控的核心就是确定一个合理的钻井液密度，初级井控提供的钻井液液柱压力为安全钻井形成第一级屏障。初级井控技术要求我们在进行钻井施工时，首先要考虑配制合适密度的钻井液，确保井内钻井液液柱压力能够平衡甚至大于地层压力，保证井口敞开时安全施工。

**（2）二级井控**

由于某些原因使井底压力小于地层压力时，发生溢流，但可以利用地面设备和适当的井控技术来控制溢流，并建立新的井内压力平衡，达到初级井控状态。二级井控技术要求井口必须装防喷器组，井口防喷器组为安全钻井提供第二级屏障。二级井控的实质是"早发现、早关井和早处理"。

**早发现**　溢流被发现得越早，越便于关井控制，越安全。国内现场一般将溢流量控制在 1～2m³ 之前发现。这是安全、顺利关井的前提。

**早关井**　在发现溢流或预兆不明显、怀疑有溢流时，应停止一切其他作业，立即按关井程序关井。

**早处理**　在准确录取溢流数据和填写压井施工单后，就应节流循环排出溢流和进行压井作业。

**(3) 三级井控**

三级井控是指二级井控失败，井涌量大，失去了对地层流体流入井内的控制，发生了井喷（地面或地下），这时使用适当的技术与设备重新恢复对井的控制，达到初级井控状态，即常说的井喷抢险。这时可能需要灭火、打救援井等各种具体技术措施。

对一口井来说，应当努力使井处于初级井控状态，同时做好一切应急准备，一旦发生井侵能迅速地做出反应，加以处理，恢复正常钻井作业。要尽力防止井侵变成井喷。

### 9.1.3　与井控有关的概念

**(1) 井侵**

当地层孔隙压力大于井底压力时，地层孔隙中的流体（油、气、水）将侵入井内，通常称之为井侵。最常见的井侵为气侵和盐水侵。

**(2) 溢流**

当井侵发生后，井口返出的钻井液的量比泵入的钻井液的量多，停泵后井口钻井液自动外溢，这种现象称之为溢流。特点：返出流体不会到达转盘面上。

**(3) 井涌**

国内定义：井涌是溢流的进一步发展，井口返出流体超过转盘面，但低于二层平台。

国外定义：当地层压力大于井底压力时，在其压差作用下，地层流体进入井眼，这种流体流动称为井涌。

**(4) 井喷**

国内定义：井涌进一步发展，当井口返出流体超过二层平台时称为井喷。

国外定义：井涌失控称为井喷。

井喷分为地上井喷和地下井喷。流体自地层经井筒喷出地面叫地上井喷，从井喷地层流入其他低压层叫地下井喷。

**(5) 井喷失控**

井喷发生后，无法用常规方法控制井口而出现敞喷的现象称为井喷失控。这是钻井过程中最恶性的钻井事故之一。

**(6) 井喷失火**

井喷后失去控制的地层流体在地面遇到火源着火的现象。这是钻井过程中最恶性的、损失巨大的钻井事故。

井控相关概念分析图如图 9-1 所示。

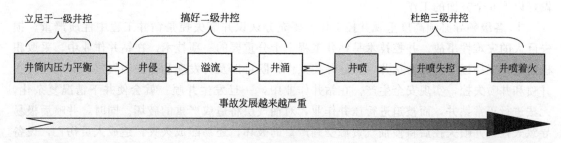

图 9-1　井控相关的概念分析图

# 9.2 正确认识与做好井控工作

**(1) 井喷失控与着火的危害**

井喷失控及其着火是钻井工程中危害极大的灾难性事故，其严重危害有以下几方面。

ⅰ.打乱全面的正常工作秩序，影响全局生产。

ⅱ.油气资源受到损失和破坏。

ⅲ.钻井设备被损坏或烧毁。

ⅳ.危及人身安全，造成人员伤亡。

ⅴ.严重污染环境，造成不良的社会影响。

ⅵ.处理井喷失控、井喷失火不仅延误钻井时间，而且会在经济上造成巨大的损失，使钻井成本大大增加。

**(2) 对井控工作的正确认识**

几十年来，井控工作所取得的成绩是很大的，积累的经验也是十分丰富的。但是，井喷失控造成的损失也是巨大的，教训是十分深刻的。严峻的事实使人们对井控工作的认识正在逐步端正，逐步提高。

在过去较长的时间里，人们头脑中对井控工作存在着两种不正确的认识。

其一，由于过去井控装备简陋，不能有效地关井，特别是对高压油气层的井，为了防井喷，使用重钻井液钻井，只要井不喷，就片面地认为井控工作做好了，至于是否污染油气层、枪毙油气层，则考虑甚少。

其二，使用低于油气层压力的低密度钻井液钻井，试图用井喷发现油气藏。虽然其主观愿望不能说坏，其结果却是相反，井喷后不仅不能进行正常的钻井作业，而且井喷后的压井作业不可避免地对油气层造成严重的损害。

上述两种不正确的认识及其造成的客观后果使人们认识到：只有实施近平衡压力钻井和采用先进的井控技术才是发现油气层、保护油气层的正确途径。近平衡压力就是使用合理的钻井液密度，形成略大于地层孔隙压力的液柱压力，达到对所钻地层实施一次控制的目的。做到既不污染地层，也不发生井喷。一旦一次控制未能准确实施，出现溢流后，还可以使用先进的井控装备及时进行关井，实施二次控制，既有利于发现和保护油气层，又做到安全钻井。

**(3) 做好井控工作的对策**

井控工作包括井控设计、井控装备、钻开油气层前的准备工作、钻开油气层和井控作业、井喷失控的防火防 $H_2S$ 安全措施、井控技术培训等七个方面。要搞好井控工作，必须做好以下 6 个方面的工作。

ⅰ.各级领导必须高度重视井控工作。要充分认识井喷失控是钻井工程中性质严重、损失巨大的灾难性事故。井控技术是钻井工程中十分重要的一项技术。在钻井作业中，采取积极措施，坚持近平衡压力钻井，做好井控工作，既可以及时发现和保护油气层，又可以防止井喷和井喷失控，实现安全生产。在钻井作业中，一旦发生井喷，就会使井下情况复杂化，无法进行正常钻井，而被迫进行压井作业，对油气层将造成严重的破坏。同时，井喷后极易导致失控，井喷失控后将使油气资源受到严重的破坏，还易酿成火灾，造成人员伤亡，设备损坏，油气井报废，自然环境受到污染。对此，各级领导必须在思想上统一认识，高度重视井控工作，只有这样，才能保证井控工作有计划、有组织地沿着正确的轨道，步调一致地健康发展。

ⅱ.搞好井控工作，必须全面系统地抓好五个环节：思想重视、措施正确、严格管理、技术培训和装备配套。

思想重视是指各级领导要高度重视井控工作。不要把井控工作与保护油气层对立起来。井控技术是实现近平衡压力钻井的基础技术，井控技术搞好了，有利于发现和保护油气层，提高油气井的产量，又可以防止井喷失控，实现安全生产。

措施正确主要指及时发现溢流和发现溢流后按正确的关井程序实行有效控制并及时组织压井作业，尽快地恢复正常的钻井工作。

严格管理指在整个过程中，必须认真贯彻《石油与天然气钻井井控技术规定》，建立和健全井控管理系统。要认真执行钻开油气层前准备工作的检查验收制度、岗位责任制度及后勤保证制度。

技术培训主要指：凡直接指挥钻井队现场生产的领导干部和技术人员，井队基层干部和正、副司钻必须经过井控技术培训考核，取得井控操作证。对钻井队岗位工人要进行井控知识的专业培训，使钻井工人掌握基本的井控技术本领。一旦出现井喷预兆，都能按岗位要求协调，正确地实施井控操作，确保安全生产。

装备配套指应按《科学钻井装备配套标准》，逐步配齐相应压力等级防喷器、节流管汇及控制系统。

上述五个环节是互相联系的，缺一不可的，放松了哪一个环节都可能产生严重的后果。

ⅲ.要认真对待浅气层钻井的井控工作。浅气层往往是发生井喷失控事故的潜在危险。浅气层虽然压力不高，但由于它距地面近，一旦井筒内液柱压力与气层压力失去平衡，天然气就会很快地窜到地面。如果井口未安装防喷器或者处理不当，一瞬间就可能发生井喷失控事故，过去在这方面的教训是深刻的。因此，在地质设计上要包括对浅气层的预告，工程上要根据地质提供的浅气层的位置、压力和范围，着重做好井身结构设计、钻井液设计、井控设计及泥浆池液面监测工作，把发生在浅气层的井喷失控事故减小到最低程度。

ⅳ.在注意高压油气井防喷的同时，也要注意中、低压油气井的防喷。大量的事实表明，不论是高压油气井，还是中、低压油气井，只要不按客观规律办事，思想松懈，处理措施不当，都有可能造成井喷失控。同时统计数字表明，在钻开中、低压油气层时发生井喷失控的比例大于钻开高压油气层。因为，井下的油气水层中，不论哪一层的地层孔隙压力高于当时井筒内静液柱压力时，都有可能导致井喷，尤其是目前在各油气田的井控装备还不尽人意的情况下。在当前的情况下，充分注意到中、低压油气层的井也会发生井喷失控是十分重要的。忽视了这一点，思想上就会放松警惕，施工中就易马虎凑合，井控技术培训工作就不能认真抓好，井控技术规定的贯彻一定会流于形式，其后果是不言而喻的。

ⅴ.井控工作要各部门密切配合，常抓不懈。井控工作是多方面组成的系统工程，需要各部门通力合作，密切配合，互相协调，才能发挥整体作用。井控工作也是一项十分细致的工作，需要坚持不懈、毫不放松的严格管理来保证。

ⅵ.要严格执行《石油与天然气钻井井控技术规定》。《石油与天然气钻井井控技术规定》在全面总结石油系统几十年来井控技术的基础上，吸收国外先进经验和技术，使我国的井控技术向科学化、标准化和正规化方面迈出了一大步。因此各油气田要结合本地区油气钻井的特点，制定实施细则和行之有效的制度，一丝不苟地贯彻执行，在贯彻实施中，要注意发现新情况，总结新经验，努力提高井控工作水平。

# 9.3 井筒内的压力及相互关系

**(1) 压力定义**

压力也称压强，其定义为单位面积上所受的力。

**(2) 压力表达式**

$$P = \frac{F}{A} \tag{9-1}$$

式中　$P$——压力，$N/m^2$；

　　　$A$——面积，$m^2$；

　　　$F$——作用在面积上的力，N。

**(3) 压力的单位——Pa**

有关压力单位的换算：$1Pa = 1N/m^2$；$1kPa = 1000Pa = 10^3 Pa$；$1MPa = 1000kPa = 10^6 Pa$；$1MPa = 10.194kgf/cm^2$；$1kgf/cm^2 = 98.067kPa = 0.098067MPa$；近 似 计 算 $1kgf/cm^2 = 100kPa = 0.1MPa$，误差约 2%。英制中，$1psi = 6.895kPa$。

**例题 9-1**　如图 9-2 所示，已知一圆柱体立放在桌面上，其底面直径 100mm，高 1m，重 5kg。求圆柱体对桌面压力。

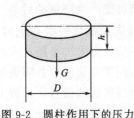

图 9-2　圆柱作用下的压力

**解**　圆柱体底面积 $= \frac{\pi D^2}{4} = \frac{3.14 \times 10^2}{4} = 78.54 (cm^2)$

圆柱体对桌面压力 $= \frac{F}{A} = \frac{5}{78.54} = 0.064 (kgf/cm^2) = 6.246 (kPa)$

井控中的很多压力是由液体和气体产生的，但压力的概念是一样的，所不同的是液体和气体在某点上的压力在各个方向均相等。

**(4) 地层压力**

保存在地层孔隙内的流体（油、气、水）所具有的压力称为地层压力（图 9-3）。在钻井过程中，当钻至油气水层后，地层压力便作用于井底。在充满钻井液的井眼中，井底具有以钻井液液柱为主的井底压力。井底压力与地层压力的差值称为井底压差。当地层压力大于井底压力时，井底压差为负压差，地层孔隙中的流体便会侵入井内，发生井喷事故。当井底压力大于地层压力时，井底压差为正压差，地层孔隙中的流体就不会侵入井内。但是，当井底正压差大时，就会产生下列危害。

ⅰ.油气层的缝隙。钻井液中的黏土等固相颗粒在井底正压差的作用下，侵入油气层的孔隙或裂缝之中，阻止或妨碍油、气流出。正压差越大，钻井液中的固相颗粒越多，则固相颗

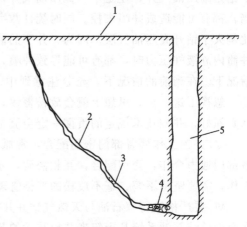

图 9-3　正常地层压力形成示意图

1—地表；2—地层缝隙；3—地层水；

4—油层；5—油井

粒越易侵入地层孔隙或裂缝之中，堵塞就越严重（图9-4）。

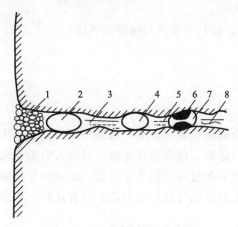

图 9-4　固相颗粒与压差关系

1—固相颗粒；2—水；3—油；4—水；5—油；6—泥质吸水膨胀；7—水；8—油

ⅱ.油、气流产生"水锁效应"。在井底正压差的作用下，钻井液中的自由水就会不断地向地层缝隙中渗透，在地层缝隙中形成一段水、一段油（图9-4）。由于油-水和气-水之间有表面张力，油气要想流入井眼中，就必须克服一段段水的表面张力所形成的阻力，这样，水就封锁了油气流入井内的通道，这就是所谓的"水锁效应"。井底正压差越大，失水量越大，钻井液浸泡时间越长，地层中的水量就越多，渗入地层中的深度就越大，一般为几十厘米，有时可达几米，甚至数十米，这就会严重阻碍油气流入，降低油气产量。

ⅲ.油、气层中泥质吸水膨胀，堵塞油、气通道。当钻至油气层，如果油气层中的黏土等泥质成分含量较高，那么在井底正压差的作用下，钻井液中的自由水就会进入油气层。油气层中的泥质成分吸水膨胀堵塞油、气通道，就会降低油、气产量。井底正压差越大，浸入油气层的自由水就会越多，堵塞就越严重。

ⅳ.降低机械钻速。在井底正压差的作用下，钻头破碎的岩屑会被紧紧地压在井底而不能及时离开，造成钻头对岩屑的重复破碎，从而影响钻头破碎岩石的效率，导致机械钻速下降。井底正压差越大，机械钻速越慢。

ⅴ.易形成粘吸卡钻。钻井过程中，由于井眼不可能完全垂直，当井下钻具静止不动时，钻柱在井底正压差的作用下靠向井壁，与井壁泥饼紧密结合（陷入泥饼中），如果静止时间较长，井底正压差较大就会把钻柱紧紧地压在井壁上，从而产生粘吸卡钻。

ⅵ.易发生井漏。在钻井过程中，如果地层孔隙度大，渗透性好，那么，钻井液就会在较大的井底正压差的作用下发生渗透性漏失。

当然，井底正压差较大，对防止井喷是极其有利的。过去人们往往怕井喷而过大地增加钻井液密度，人为地增大井底正压差，这样做的结果是井虽未发生井喷，但油气层却被堵塞了。过去，常常会看到这种现象，有的油、气井在钻进时油气显示很好，而完井试油时，却不出油产气，或者产油、气很少。因为石油钻井的主要目的是为了开发地下油气资源，所以我们在钻井过程中，必须尽量减少井底正压差。

为了多出油，快打井，减少卡钻、井漏等事故的发生，井底正压差应该是越小越好，最理想的钻井状态为井底压力等于地层压力，使井底压差等于零。在井底压力等于地层压力条件下的钻井过程为平衡钻井。平衡钻井是很难做到的，一般情况下是使井底压力稍大于地层压力,保持最小的井底正压差,这种在井底压力稍大于地层压力条件下的钻井过程为近平衡钻井,近平衡钻井有以下优点。

ⅰ.避免堵塞油气缝隙,有利于发现与保护油气层。

ⅱ.提高机械钻速。

ⅲ.防止粘吸卡钻。

ⅳ.防止井漏。

**(5) 地层压力预报**

在钻至油气层时,就会遇到异常高压层,如果不知道异常高压层的压力值,而仍采用比异常高压低的井底压力进行钻井,就会造成井喷。如果人们为了防止井喷而盲目地增大钻井液密度,就会使井底压力大大超过高压层的压力值,造成油气通道的严重堵塞。因此,必须在钻开高压油气层前就知道高压油气层的压力值,只有这样,才能够准确地确定合理的钻井液密度,实施近平衡钻井。

在钻井施工前进行的地层压力测定工作为地层压力预报。地层压力预报方法主要有地震法和邻井资料对比法。

① 地震法 利用地震法进行地层压力预报是物探部门的一项重要工作,钻井工作者只需了解一下它的基本原理即可。在正常压力地层,随着岩石埋藏深度的增加,上面的岩层压力逐渐增大,地层孔隙度逐渐减小,这就使地震波的传播速度随岩石埋藏深度的增加而成正比地增加。当地震波到达高压油气层时,由于高压油气的存在,使地层孔隙度增大,这就使地震波的传播速度随之下降,因此,人们可以根据地震波在高压油气层中的减小值来确定高压层的压力值。

② 邻井资料对比法 如果在某地要钻的井附近,有一些已钻过的井,这些井地层压力资料对要钻的井有着重要的指导意义。邻井的电测数值能够很准确地反映出各个地层深度的地层压力数值,这是最好的参考资料,大多数新井钻井过程中的高压层位置都是与邻井电测资料进行对比而知道的,要充分了解邻井的正常地层压力值、高压地层压力值和与其相对应的井深。在该井的钻进过程中,要经常与邻井压力资料进行对比,在钻进到与邻井相应井深的高压层时要特别注意,并可按照邻井的高压层压力值适当调整钻井液密度,实施近平衡钻井。

# 单元习题

1. 简述井控的概念。
2. 简述现场做好井控的对策。

# 单元10
## 一次开钻

## 10.1 钻井专用绳索

在钻井施工过程中，要经常使用各种尺寸的钢丝绳或白棕绳来进行起下钻和起吊各种设备及管材。在保证安全的前提下，根据绳索的使用范围、承受物体的重力及活动的距离，井队应配有不同直径、不同长度的钢丝绳和白棕绳作为钻井专用绳索。

### 10.1.1 大绳

钻机起升系统的钢丝绳是钻井现场使用最多、消耗量最大的钢丝绳，钻井现场通称为大绳。其直径一般为28～35mm，规格为6股19丝（即6×19）。通常钻深3200m以下的钻机配备直径28.6mm的大绳，4500m钻机配备直径31.8mm或34.9mm的大绳，6000m钻机配备直径34.9mm的大绳，8000mm钻机配备直径39.8mm的大绳。

**(1) 大绳更换的标准**

游动系统大绳有下列情况之一，要立即更换或倒换。

ⅰ.钢丝绳有一整股折断。

ⅱ.外层钢丝磨损或锈蚀程度超过原直径的40％。

ⅲ.钢丝绳被压扁或折痕严重。

ⅳ.任意节距内断丝超过表10-1所示标准时。

表 10-1　钢丝绳换新的断丝标准

| 型号　　　安全系数 | 在某一节距内的断丝数 | | | |
|---|---|---|---|---|
| | 6×19 | 6×37 | 6×61 | 1×19 |
| 5 以下 | 12 | 22 | 36 | 36 |
| 6～7 | 14 | 26 | 38 | 38 |
| 8 以上 | 16 | 30 | 40 | 40 |

**(2) 大绳的维护保养**

ⅰ.缠放钢丝绳的木滚筒要放在支架上，禁止靠在砂石、砖瓦等物体上，以防被腐蚀。

ⅱ.切割钢丝绳前要用铅丝缠绕切割部位的两端，以防止切割后松散。

ⅲ.要选用和钢丝绳规格相同的绳卡,两绳卡间距在绳径的 6 倍以上,卡子上紧程度以钢丝绳有轻微压扁为合适。

ⅳ.用钢丝绳油或润滑脂定期润滑。

ⅴ.钢丝绳在滚筒上的排列必须整齐。

ⅵ.尽可能防止钢丝绳受金属棱角的撞击、挤压、碰磨。

### 10.1.2 钻井常用绳索

**(1) 常用绳索规范**

钻井常用绳索除游动系统大绳外,整体起升的井架还配备有起架大绳,钻台上有悬吊各种辅助设备的钢丝绳、各种安全绳及测试捞砂绳等。钻井常用绳索的规范见表 10-2。

表 10-2　常用绳索的规范

| 名称 | 钢丝绳 | | 白棕绳 | |
|---|---|---|---|---|
| | 直径/mm | 长度/m | 直径/mm | 拉度/m |
| 游动系统大绳 | 25.4~4.9 | 400~600 | | |
| 起架大绳 | 28.6~50.8 | | | |
| 防碰天车挡绳 | 25.4~28.6 | 10 | | |
| 防碰天车吊绳 | 9.5 | 48 | | |
| 高悬猫头绳 | 15.9~19.1 | 50~60 | 50.8 | 45 |
| 吊钳猫头绳 | 15.9~19.1 | 10~12 | 12.7~50.3 | 8~9 |
| 外钳尾绳 | 22.2 | 6 | | |
| 内钳尾绳 | 22.2 | 7 | | |
| 外钳吊绳 | 9.5 | 64~72 | | |
| 内钳吊绳 | 9.5 | 35~64 | | |
| 旋绳器用绳 | 9.5~15.9 | 3~4 | | |
| 防喷盒吊绳 | 9.5~15.9 | 28 | | |
| 大门缅绳 | 15.9~19.1 | 45 | 38.1~50.8 | 20 |
| 电动绞车用绳 | 15.9 | 120~150 | | |
| 钻杆旋绳 | | | 25.4~31.8 | 12~15 |
| 5″套管旋绳 | | | 25.4~31.8 | 20~24 |
| 地质测方入绳 | 3.2 | 150 | | |
| 气测用绳 | 3.2 | 100 | | |

**(2) 常用绳索安装固定位置**

ⅰ.高悬猫头绳安装固定在天车大梁靠司钻一侧的吊装滑轮上。

ⅱ.吊钳猫头绳用"压头绳扣"或"渔夫绳结"固定在外钳尾部。

ⅲ.防喷盒吊绳的滑轮固定在靠水刹车一侧井架的第七层人字架上,以不遮挡司钻观察悬重表视线为宜。

ⅳ.防碰天车绳的上端从井架第八层人字架穿出,横过游动滑车 2~3 股大绳之间,固定在井架大门方向横拉筋的角铁上,下端穿入防碰天车重锤横梁上的开口销孔内,再倒回拉紧并用绳卡卡紧。

ⅴ.其他绳索的安装固定参看技能项目。

# 10.2 钻井常用油料及用途

## 10.2.1 螺纹脂

螺纹脂可分为钻杆螺纹脂、钻铤螺纹脂、套管螺纹脂等。螺纹脂要具有润滑性和造膜性，将它涂抹在钻具或套管等螺纹连接处，可减少螺纹摩擦，防止粘螺纹，并能起到密封及保护螺纹等作用。

**钻杆螺纹脂**　其成分比例是调和漆：机油：铅粉为 5：3：2，它黏度较高、流动性差，呈紫红色胶体。

**钻铤螺纹脂**　其成分比例是铅粉：钙基润滑脂（黄油）为 1：2。它经充分搅拌均匀后呈银灰色糨糊状。在冬季为便于搅拌和涂抹常加入适量机油。

**套管螺纹脂**　其成分比例是铅粉 58%（50%）、机油 34%（42%）、钙基润滑脂 6%、肥皂 2%。它是将肥皂搅碎与机油和钙基润滑脂混合加热搅拌均匀，待其冷却成稠状物后，再加入铅粉搅拌均匀而成。

螺纹脂内不准有块状物、杂物和水。螺纹脂桶必须加盖，以防进入泥砂等污物。

## 10.2.2 润滑脂

润滑脂又简称黄油，是由润滑油和稠化剂组成。钻井现场常用润滑脂有钙基润滑脂、钠基润滑脂和锂基润滑脂。润滑脂具有密封性、抗压性、抗乳化性、抗腐蚀性等性能，且不易流失、滑落能承担润滑液所不能承担的工作。在机械设备、构件运转及相对运动部位，使用润滑脂或润滑液可减少摩擦，改善工作条件，延长使用寿命。

**钙基润滑脂**　具有很好的耐水性和机械安定性，一般适用于 55～65℃ 的低中速摩擦部位。

**钠基润滑脂**　具有良好的耐温性和机械安定性，但因亲水性强，不能用在湿度大或经常接触水的地方。在温度 70～100℃ 使用最为合适。

**锂基润滑脂**　又称为万能润滑脂，是一种多用途的润滑脂。具有很好的耐热性、抗水性和抗剪切稳定性。其使用环境温度在 −2～120℃。

## 10.2.3 柴油

柴油是压燃式发动机的燃料油，具有较强的稳定性和可溶性、较弱的挥发性，易于运输和保存，危险性较汽油小等优点。

根据柴油的凝点、十六烷值可将柴油分为轻柴油和重柴油。

**轻柴油**　一般使用在转速为 1000r/min 以上的高速柴油机上。有 10 号、0 号、−10 号、−20 号、−35 号、−50 号等标号，标号数值表示该种柴油的凝固点。一般号 10 和 0 号用于夏季，−10 号用于春秋季，−20 号和 −35 号用于冬季，−50 号适用于严寒地区的冬季。

**重柴油**　一般用在转速为 1000r/min 以下的低、中速柴油机上。

柴油的使用注意事项：

ⅰ.柴油内严禁混入机械杂质和水分，柴油滤清器要经常检查和清洗。

ⅱ.柴油容器、油箱、燃油系统及供油系统要清洁。

ⅲ.各种标号的柴油要分类储存，且严禁与高温物体或明火接触，以防火灾。

ⅳ.洗涤后的柴油要倒入专用的废油箱或妥善处理，严禁乱倒，以防污染环境等。

### 10.2.4　汽油

汽油是汽油机的燃料，具有较强的挥发性和可溶性，被广泛地应用于油漆的稀释和去油污等。国产汽油牌号是按照辛烷值的高低划分的，不同牌号的汽油不能混放，以免降低质量。

汽油使用注意事项：

ⅰ.要储存在具有一定耐压能力和密封性良好的容器里。

ⅱ.严禁与明火接触，严禁将储油桶置于高温环境及机械附近，严禁在阳光下暴晒。

ⅲ.汽油内严禁混入杂质和水分。

ⅳ.严禁用嘴吸含铅汽油和用含铅汽油清洗油污，以防铅中毒。

ⅴ.洗涤后的废汽油要装入专用油桶或妥善处理，严禁乱倒。

### 10.2.5　机油

机油是绝大多数机械设备运动摩擦面的润滑油。具有一定的黏度和流动性，可润滑并清洗摩擦面，起到防腐和冷却作用。所形成油膜还具有密封、缓冲和分散压力的作用。可用于柴油机的齿轮变速箱内、钻井泵的变速箱内、水龙头、转盘、钻井泵拉杆、绞车链条等的润滑。机油无抗爆性能，不能作为燃油使用。

我国生产的内燃机油主要有汽油机油、柴油机油、稠化机油、低增压柴油机油、中增压柴油机油、二冲程柴油机油等。

### 10.2.6　变压器油

变压器油主要用在变压器、变阻器、电容器和电路开闭器里，作为电绝缘和排热介质。它具有很好的稳定性、一定的黏度和高低温适应性。在电路开闭器内还兼起消灭开关时所产生的火花。由于对橡胶和铜等有腐蚀作用，它还被广泛用作仪器仪表的传压油。

变压器油使用注意事项：

ⅰ.储存要加盖密封。

ⅱ.使用时要注意油质变化。

ⅲ.严禁混入杂质、水分和油类。

ⅳ.注入量要适当。

ⅴ.油温不能高于85℃。

## 10.3　起下钻、接单根

一口井的钻进过程中，起下钻和接单根是两项最重要的基本过程，约占全井钻进总时间的10%～50%，并且需要各个岗位互相配合、协调一致才能进行。因此，如何能够安企顺利、高效地进行起下钻接单根对于快速优质钻井起到十分重要的作用，现代钻井为提高钻井效率，降低起下钻和按单根时间，不断发展出新的钻井技术，如顶驱钻井系统就节省了2/3的接单根时间，套管钻井技术只有接单根时间而没有起下钻时间，这些先进技术都大大提高了钻井效率。

起下钻和接单根时，由于停转盘停泵，容易发生压差卡钻、坍塌掉块等井下事故。另外起、钻过程中容易发生井涌、溢流等复杂情况，司钻、副司钻、井架工、内外钳工必须按照操作规程，密切配合，尽量减少操作时间。在完成作业任务、执行相关的技术要求的同时，做好工具的维护和保养，清楚操作过程中可能发生的故障及风险，并能正确的处理和预防，注意个人安全和环境保护。

### 10.3.1　吊单根作业

**(1) 作业准备**

ⅰ.检查并确保气动绞车固定牢固、刹车系统灵敏有效、气压在 0.6～0.8MPa、钢丝绳排列整齐，吊索具、吊钩及附件齐全完好。

ⅱ.检查场地单根编号正确、清晰、不弯曲、无损伤、水眼畅通；公扣、母扣丝扣和密封台阶完好。

ⅲ.钻台上准备钻杆钩和新度较好的钢丝刷子及兜绳、场地准备紧扣小撬杠和专用提丝。

**(2) 作业流程**

场地单根→用专用提丝连接且用加力杠上紧→起吊至钻台上→将钻具单根入小鼠洞。

**(3) 作业步骤**

ⅰ.场地人员将被吊钻杆或钻铤公扣端戴好护丝，滚到猫道中间位置。不得站在钻具上用脚蹬踏的方式或站在钻具中间滚钻具。

ⅱ.钻具单根母扣端使用专用提丝连接，并采用加力杠上紧，防止起吊过程中钻具脱落打击人员。

ⅲ.禁止将气动小绞车吊钩提前挂在待吊钻具上，吊钩应随吊随挂，防止气门窜气，钻具自动上行，打击人员。

ⅳ.把钻台小绞车吊钩挂牢在专用提丝上，场地人员撤到距所吊钻具运移范围 5m 以外的安全位置后，给小绞车操作者发出起吊信号。

ⅴ.小绞车操作者接到信号后，应先将小绞车吊绳慢慢收紧，再开始起吊单根。钻台人员应离开单根移动方向，到安全位置。

ⅵ.气动小绞车操作人员，应目视吊钩、钻具及吊绳，防止在起吊过程中与其他物体挂、卡，造成脱钩，使钻具下落打击人员或气动小绞车吊钩瞬时高速旋转打击人员。

ⅶ.当钻杆公扣接近钻台面时应慢慢上提，直至钻杆全部上到钻台面，用兜绳兜稳后，距钻台面 0.3m 左右刹车。

ⅷ.内钳工用兜绳兜住单根，外钳工卸掉公扣端护丝，卸护丝时手脚不得处在钻具正下方，身体不能处在单根倾斜方向。内外钳工扶住单根，对正鼠洞，气动绞车操作者平稳将单根送入小鼠洞，内钳工卸掉母扣端提丝。

ⅸ.内、外钳工均匀涂抹丝扣油。

ⅹ.吊 $\phi$165mm（6½in）及以下钻铤时，公扣端用吊装带拴牢后挂在绷绳吊钩上，配合钻台小绞车吊上钻台。

ⅺ.钻铤上钻台用兜绳兜稳后，再放入小鼠洞。

ⅻ. $\phi$177.8mm（7in）及以上钻铤、取心筒、螺杆钻具、随钻震击器等钻具，应使用游车配合绷绳上下钻台，不得使用钻台小绞车吊，防止超过小绞车钢丝绳载荷，发生钢丝绳断裂或因小绞车固定失效，使钻具下落打击人员。

xiii.每次使用完鼠洞后，应重新盖好鼠洞盖。

xiv.吊单根作业结束应及时挂好大门三道防护链（杆）或关好防护门。

### 10.3.2 接单根作业

在钻进中过程中，随着岩石的破碎，井眼不断加深，因此钻柱也需要及时接长，每当井眼加深了一根钻杆的长度，也就是方钻杆打完时就要再接一根钻杆，此过程称为接单根。

**(1) 作业准备**

i.检查并确保液气大钳、B型吊钳、吊卡、卡瓦、安全卡瓦等灵活好用。

ii.钻具丝扣油清洁，钢丝刷干净、备用。

iii.内外钳工检查并清洁丝扣及台阶面，丝扣密封脂涂抹均匀。

**(2) 作业流程**

上提方钻杆停泵→卸开方钻杆保护接头与钻具连接丝扣→方钻杆与小鼠洞钻具对扣上紧→缓慢上提被接钻具出小鼠洞→与井口钻具对扣上紧→开泵、下放钻具→恢复钻进。

**(3) 作业步骤**

i.钻完一个单根后，停转盘、上提钻具（视井下情况可划眼1~2次），停泵，立压降为零。

ii.提出方钻杆，使其下面第一根钻杆的母接头出转盘面约0.5m左右刹车，内、外钳工配合坐好钻杆卡瓦（或吊卡），将钻具稳坐在卡瓦（或吊卡）上，并使指重表悬重回到初始悬重。

iii.用液气大钳或B型吊钳将方钻杆保护接头与钻杆连接丝扣卸开。

iv.上提方钻杆距小鼠洞内待接钻杆母接头端面0.2m左右刹车，在方钻杆保护接头上涂抹丝扣油，推方钻杆至小鼠洞位置，缓慢下放方钻杆，与钻杆对扣。

v.方钻杆对接钻具单根时，内外钳工的手脚不应放在单根母接头处，否则可能对接失败，造成方钻杆挤压作业人员放在单根母接头处的手脚。

vi.对扣后用液气大钳或B型吊钳按标准扭矩上紧。

xii.上提方钻杆，平稳将钻具起出，防止撞击钻具丝扣，禁止将钻具公接头高速提出小鼠洞。

xiii.待钻杆提出距对扣钻杆母接头端面0.2m左右刹住刹把，清洁丝扣，确保水眼畅通，涂好钻具丝扣密封脂。

ix.扶正钻杆，下放单根对扣，然后用液气大钳或B型吊钳按标准扭矩紧扣。禁止采用转盘上扣。

x.司钻上提钻柱，内外钳工提出卡瓦（或移开吊卡），将其放在转盘以外适当的位置。

xi.司钻上提钻柱后，和接单根前重量核对，确保指重表灵敏可靠，显示悬重值正常。

xii.接单根时，要保证卸扣不磨扣，上扣不压扣。

xiii.接完单根后，下放钻具使钻杆公接头入转盘面下0.1m，再开泵，确认钻具不刺不漏、泵压正常后再下放钻具，滚子方补心坐入转盘后启动转盘，缓慢下放钻具，待钻头接触井底后，逐渐加压到规定的钻压钻进。

xiv.司钻下放钻柱时，注意下放阻力，判断井下是否正常。

xv.接钻铤单根的步骤和方法与上述步骤相同，不同的是钻铤坐井口时要用卡瓦和安全卡瓦卡紧，钻铤单根在小鼠洞时用安全卡瓦卡紧。

ⅹⅵ.正常钻进时，应及时校对指重表（转盘转动后，加压前），每接 3～5 个钻杆单根校对一次；每接 1 个钻铤单根校对一次，防止钻压不准影响井身质量。

ⅹⅶ.转盘面无井口工具，人员撤离后，方可启动转盘。

ⅹⅷ.使用猫头紧（卸）扣作业时，猫头绳符合安全规定，无断股、扭结现象。拉猫头时，作业人脚下及周围应干净，防止猫头绳套脚；着装不应敞开袖口，不应穿着长衫等不安全装束；内外钳工操作 B 型吊钳咬住钻具，在猫头绳绷紧后，内外钳工应撤离到安全区域。

ⅹⅸ.视线被遮挡时，操作刹把人员不应进行作业。

ⅹⅹ.使用液气大钳时井口人员应处在安全位置，方可平稳操作液气大钳推进，在关闭安全门框后，进行钻具紧扣作业，防止液气大钳推进时撞击人员。

ⅹⅺ.每次使用完鼠洞后，应重新盖好鼠洞盖。

ⅹⅻ.吊单根作业结束应及时挂好大门三道防护链（确保完好）。

# 10.4　起下钻操作标准作业

## 10.4.1　起钻

**(1) 起钻的准备工作**

ⅰ.起钻前要循环和调整好钻井液，使之符合要求。

ⅱ.检查刹车系统、指重表、死活绳固定、操作气门等是否正常。

ⅲ.检查防碰装置是否正常。

ⅳ.设备运转良好，工作环境达到标准要求。

ⅴ.检查各岗位起钻前的准备工作。

**(2) 起钻的标准化操作**

① 卸方钻杆作业

ⅰ.提出方钻杆：停转盘，低速提出方钻杆，刹车。吊卡扣好后，平稳下放钻具，座吊卡，停泵。

ⅱ.松扣、卸扣：目视猫头及井口，松扣后平稳启动转盘卸扣。使用液压大钳卸扣，目视井口及液压大钳操作。

ⅲ.方钻杆入鼠洞：将方钻杆提离钻杆内螺纹接头，待方钻杆拉至大鼠洞对正后，下放游车退出水龙头提环。

② 起钻杆作业

ⅰ.挂井口吊卡：目视井口，下放游车，使吊环对准井口吊卡，配合内外钳挂上井口吊卡。

ⅱ.起钻杆立柱：提伸大钩弹簧，目视指重表、井口起出立柱、刹车。待扣上吊卡、平稳下放立柱坐于吊卡上。

ⅲ.松扣卸扣：目视猫头及井口操作，立柱松扣后，间歇起动转盘卸扣。使用液压大钳时，目视井口及液压大钳操作。

ⅳ.提立柱入钻杆盒：提立柱出钻杆内螺纹，在内外钳工配合下，平稳下放立柱入钻杆盒。当二层台吊卡离开母接头、刹车，观察井架工开吊卡。

ⅴ.座空吊卡于转盘面：平稳下放游车，调整吊卡方向座空吊卡于钻盘面。

③ 起钻铤作业

ⅰ.接提升短节：放游车至井口，扣上提升短节，将其提起对扣。

ⅱ.起钻铤立柱：缓慢上提，拉伸大钩弹簧，刹车。取出安全卡瓦后，起钻铤立柱至二层台，刹车。

ⅲ.座卡瓦、卡安全卡瓦、卸扣：配合井口人员座卡瓦，待卡好安全卡瓦，立柱松扣后，间歇启动转盘卸扣。

ⅳ.提钻铤立柱入钻杆盒：提出钻铤立柱，在井口人员配合下，将钻铤立柱放入钻杆盒。

ⅴ.放空吊卡至井口：待井架工发出信号，刹车，目视二层台吊卡至井口。

④ 卸钻头作业

ⅰ.吊钻头装卸器入转盘：指挥井口人员吊钻头装卸器。

ⅱ.钻头入装卸器：下放钻具，使钻头进入装卸器，刹车。

ⅲ.松扣卸扣：目视井口及猫头，松口后启动转盘卸扣。

ⅳ.吊出钻头：指挥井口人员吊钻头。

## 10.4.2 下钻

**(1) 下钻的准备工作**

ⅰ.检查刹车系统、指重表、死活绳固定、防碰天车线路、气路是否正常。

ⅱ.设备运转良好，工作环境达到标准要求。

ⅲ.检查各岗位是否做好下钻前的准备工作。

**(2) 下钻的标准化操作**

① 接钻头作业

ⅰ.吊钻头装卸器入转盘：指挥井口人员起吊钻头装卸器。

ⅱ.吊钻头入装卸器：指挥井口人员起吊钻头。

ⅲ.对扣、上扣、紧扣：提钻具至井口，缓慢下放对扣，目视井口及猫头操作。

ⅳ.提钻头出装卸器：合低速离合器手柄，提钻头出转盘。

ⅴ.钻头入井：平稳下放钻具，送钻头入井。

② 下钻铤作业

ⅰ.起空游车至二层台。

ⅱ.提钻铤出钻杆盒、对扣：接到井架工扣好吊卡提升信号后，提立柱至井口，缓慢下放对扣。

ⅲ.上扣、对扣：目视井口、猫头，观察上紧扣。

ⅳ.卸安全卡瓦，上提钻铤：取掉安全卡瓦后，上提钻具，配合内外钳工取卡瓦。

ⅴ.下钻铤入井：下钻铤入井，目视指重表及井口，至钻铤立柱第二单根入井后，减速，钻铤接头端面距转盘面0.5m处刹车。协助内外钳工坐卡瓦。

③ 下钻杆作业

ⅰ.起空游车至二层台：合低速，提空游车离开井口，换高速，目视滚筒及游车，起空游车至二层平台。

ⅱ.提立柱至井口：接到井架工扣好吊卡起车信号后，提立柱至井口。

ⅲ.对扣、上扣、紧扣：缓慢下放立柱对扣，观察上紧扣。

ⅳ.下钻杆立柱：提钻具离开井口吊卡，刹车。取出井口吊卡后下钻，目视指重表、滚筒及井口，立柱上端距井口 3～5 米时，逐渐减速慢放。

ⅴ.坐吊卡，取吊环，挂空吊卡：平稳坐吊卡于转盘面，配合内、外钳挂空吊卡，上提。

④ 接方钻杆作业

ⅰ.取吊环：平稳坐吊卡于转盘，待拉出吊环，将其提过钻杆接头，刹车。

ⅱ.挂水龙头：待大钩对准水龙头提环，立即起车挂上水龙头，确认闭锁后上提。

ⅲ.提方钻杆出鼠洞、对扣：锁好大钩后，提方钻杆出鼠洞至井口，内外钳工扶正方钻杆后，下放对扣。

ⅳ.上扣、紧扣：目视井口、猫头、观察井上、紧扣。

ⅴ.上提钻具、取吊卡：将钻具提离吊卡，刹车。

### 10.4.3　起下钻操作

**(1) 起钻**

① 起方钻杆　停转盘，低速提出方钻杆，刹车。吊卡扣好后，平稳下放钻具，座吊卡，停泵。用液气大钳卸钻具或用大钳松扣后平稳启动转盘卸扣。将方钻杆提离钻杆内螺纹接头。待井口人员将方钻杆拉至大鼠洞对正后下放游车，退出水龙头提环。挂上吊环，并系好保险绳，绑好吊卡销。

② 起钻杆　下放游车，使吊环对准井口吊卡，内外钳挂上井口吊卡。大钩吊环挂好吊卡后，两次挂合低速离合器开关拉紧大钩弹簧，挂离合器上提钻具。立柱下接头出转盘面摘低速，距转盘面 0.5m 时刹车，待井口扣好吊卡并摆正后，缓慢下放钻具坐于吊卡，大钩弹簧放松 2/3，刹住滚筒。用液气大钳卸钻具或大钳松扣后，用转盘平稳卸扣，扣开转盘停，公扣悬于母扣内。合低速上提立柱，使公扣高出母扣 0.2～0.3m，慢抬刹把，与拉钻杆人员配合送立柱进钻杆盒，摆放整齐。抬头上看，待井架工摘开吊卡拉立柱进指梁后，下放游车过指梁。微合转盘气开关，使吊卡活门转向井架工方向。空吊卡下行距转盘面 3m 左右，减速慢放，内外钳工配合，将空吊卡拉坐于转盘并摘开吊环，将吊环挂入井口负荷吊卡，插好吊卡销。

③ 起钻铤　井口人员配合，将提升短节扣到钻铤上，用大钳紧扣。下放游车至井口，扣上提升短节。缓慢上提起钻铤立柱，拉伸大钩弹簧，刹车。取出三片卡瓦后，卸安全卡瓦。上提起钻铤立柱，井口人员观察钻铤接头情况。立柱下接头出转盘面摘低速，距转盘面 0.5m 时刹车，司钻与井口人员配合，将钻铤用三片卡瓦卡住，上紧安全卡瓦。用液气大钳卸钻具或大钳松扣后，间歇起动转盘卸扣。在内外钳工配合下，平稳下放立柱入钻杆盒。当二层台吊卡离开母接头、刹车。观察井架工开吊卡。平稳下放游车空吊卡，调整吊卡方向。将空吊卡座于钻盘面。

④ 卸钻头　用气动绞车吊钻头装卸器入转盘。将钻头进入装卸器，刹车。用液气大钳卸钻具或双钳松扣，松口后启动转盘卸扣，井口人员将钻头吊出。

⑤ HSE要求　起钻时应根据提升负荷和井下情况，合理选择绞车排挡。遇卡不得超过原悬重 100kN。要连续向井内灌满钻井液。上安全卡瓦时应用小榔头轻敲卡瓦。

防止单吊环起钻，其措施有：

ⅰ.操作要平稳，等井口人员挂好吊环，插好吊卡销并锁紧保险装置后方可上提。

ⅱ.不得采用边起车边挂吊卡的方法进行。

ⅲ.严禁用转盘绷扣。

ⅳ.起钻时,应打开大钩制动销,操作平稳,严禁猛提、猛放、猛刹、猛顿,做到不磨扣、不跳扣。

起钻要谨防顶天车,其预防措施有:

ⅰ.操作前仔细检查气路系统及防碰天车装置。

ⅱ.操作时,要集中精力,密切注视钻具出井情况。

ⅲ.冬季要经常活动各气控开关,防止冻结。

ⅳ.井口人员摘、扣吊卡时,一定要将滚筒刹牢。

ⅴ.起钻时,要努力避免拔活塞,并随时注意灌入钻井液量与起出的钻具体积相一致。

**(2) 下钻操作程序**

① 上钻头　井口人员将钻头吊入钻头装卸器。对扣后用液气大钳上扣或启动转盘上扣,双钳紧扣。将钻头提出装卸器,刹车。

② 下钻铤　井口人员配合,将空吊卡扣到吊环内,插好吊卡销,调整吊卡方向,上提空吊卡至二层台。如用旋绳上扣,则上好旋绳。待井架工扣好吊卡发出上提信号后,上提立柱出钻杆盒,与钻工配合,送立柱至井口,待立柱下接头高出井口钻具接头 0.2～0.3m 时刹车,下放立柱对扣一次成功,滚筒钢丝绳松回一圈时刹车。用液气大钳上扣或钻铤上扣后或双钳紧扣,两次合低速,上提钻具 0.2m 刹车,卸安全卡瓦,取三片卡瓦拉离井口。待安全卡瓦摘开后,眼看指重表下放钻具,剩余 4～5m 时减慢下放速度,余 0.5m 时配合井口卡上三片卡瓦,上安全卡瓦。卸掉提升短节,将其起出,放到提升短节支架上,调整吊卡方向,上提。

③ 下钻杆　右手扶刹把,左手合低速离合器开关起空车,空吊卡上升过转盘面 2m 时,改换高速,眼看滚筒钢丝绳排列情况,中途摘高速气开关一次,检查离合器放气情况,游车上升到一定高度及时摘高速,抬头上看,目送游车过指梁,待井架工发出停车信号后,立即刹车。井口人员上好旋绳。井架工扣好吊卡发出起车信号后,提立柱至井口。待立柱下接头高出井口钻具接头 0.2～0.3m 时刹车,缓慢下放立柱对扣,下放立柱对扣一次成功,滚筒钢丝绳松回一圈时刹车。用液气大钳上扣或用旋绳上扣后,用大钳紧扣。上提 0.2m,刹车。取出井口吊卡后,下钻。目视指重表、滚筒及井口,立柱上端距井口 3～5m 时,逐渐减速慢放。平稳坐吊卡于转盘面,配合内、外钳挂空吊卡。

④ 接方钻杆作业　平稳坐吊卡于转盘,待拉出吊环,将其提过钻杆接头,刹车,将吊环拆下。调整大钩方向,锁好大钩,待大钩对准水龙头提环,立即起车挂上水龙头。提方钻杆出鼠洞至井口,内外钳工扶正方钻杆后,下放对扣,上扣紧扣。上提钻具、取出吊卡。

⑤ HSE 要求　下钻遇阻不应超过 100kN,悬重 300kN 时应挂辅助刹车(用水冷却的刹车毂下钻前就应通水,严禁等刹车毂发热时再通冷却水);起空车要排好大绳。必须使用标准螺纹脂;上扣做到不磨扣,不顿扣;下井钻具必须双钳紧扣。下钻时要控制下放速度,防止突然遇阻或刹车失灵造成顿钻。下钻时检查好井口工具,禁止使用有损坏或与钻具规范不相符的井口工具。按规定挂辅助刹车。及时检查刹车系统和大绳。下钻时要使用小补心。下钻时要打开大钩制动销,操作要平稳。要防止起空车时顶天车。下钻时要注意井口钻井液返出情况,其返出量应与下入的钻具体积相一致。

### 10.4.4　接单根

**(1) 工作程序**

方入打完，发出信号，停转盘、停泵，上提钻具，右手扶刹把，左手不离气开关，眼看指重表，余光看井口。方钻杆下单根出转盘 0.5m 左右刹车，看井口操作人员扣好吊卡（卡瓦）后，稍松刹把，轻放钻具，使钻杆接头稳坐在吊卡（卡瓦）上。下放钻具，负荷保持 10kN 左右拉力，用双钳松扣（用液气大钳卸钻具）。待外钳工松开外钳、内钳工打好内钳（使用液气大钳卸扣时，要注意上、下钳牙的咬合情况）并站好位置后，左手慢合转盘离合器开关启动转盘，平稳卸扣，不磨扣、不跳扣，扣开转盘停，公扣悬浮于母扣内。上提方钻杆，当公扣离开母扣 20cm 左右时刹车，井口工用钻杆钩子拉方钻杆到小鼠洞上方时，慢慢下放，对扣一次成功，保持方钻杆和小鼠洞单根在一条轴线上。用自动上扣器动力旋扣。眼看方钻杆转动，下放要适度，使钻杆扣上完，并用双钳紧扣。起车。当单根余 1/3 长度时，摘掉气开关，使钻具平稳上升，单根出鼠洞后，由进口工钩住钻杆护送到井口，公接头高出母接头 20cm 左右时刹车。稍松刹把下放钻具，与进口工配合对扣一次成功，不压扣。一边动力旋扣，一边稍松刹把，上扣完后，再用双钳紧扣。上提钻具 20cm 左右刹车，由钻工搬开吊卡，开泵后，观察钻具不刺不漏，方钻杆入转盘，准备钻进。

**(2) HSE 要求**

转盘停稳后才能起车上提钻具。等车刹稳后再开吊卡或扣吊卡。用转盘卸扣时，内钳工要站稳，司钻操作要平稳。由猫头操作者与井口操作者配合，用双钳松扣，严禁用转盘绷扣。

### 10.4.5　下套管

① 套管准备　点清井场套管总根数以及应入井根数、剩余根数、特殊短节数。不入井套管放于场外，并作明显标记。对每根入井套管通内径检查，通径规由接箍方向投入时，应避免通径规对母螺纹的接箍和短节专作检查螺纹使用，上至手紧程度，测量手紧距离是否合适，所有轻微螺纹损坏均应在入井前进行修理。在对螺纹清洗或修理时，注意不要除掉镀层。长度丈量精度应精确到厘米测量点在公螺纹端。各种不同螺纹的要求是：API 圆螺纹在螺纹"消失点"或最终分度线记号处；梯形螺纹以印在管体上三角符号的底边为准；整体接头在母螺纹端肩部；其他特殊螺纹则按厂家制造标准规定的测量点。丈量套管时，要用钢卷尺丈量两次并进行校对，然后确定下入深度，编写下井序号。井场套管应有一定的附加量。

② 按设计准备好套管下部结构　下套管工具及附件准备。检查验收送井的下套管工具是否齐全、完好、符合技术标准要求，包括吊卡、联顶节、循环接头、钻井液管线、单流阀、引鞋、环形钢板、套管头、扶正器等。通井到底要充分循环好钻井液，达到井眼畅通无沉砂，然后再起钻。通井时如遇井漏，必须先堵漏，然后再组织下套管固井。深井下套管时，如果井架负荷太大，可在起钻时甩掉部分钻具，以减轻井架负荷。

③ 设备准备　下套管前，要对井场所有设备进行全面检查，保证设备固定牢靠、运转正常，指重表灵敏，刹车系统良好，泵上水良好，井架安全可靠，大绳符合标准等。更换与下入套管尺寸不一致的防喷器闸板。

④ 工作程序　用小绞车吊套管上钻台，并在钻台大门处加挡绳，以免碰撞。待小绞车将套管吊入鼠洞，解下绳套后，用吊卡扣住鼠洞内套管，挂低速上提，提出 0.5m 左右时必用高速，提出鼠洞约 3/4 时摘高速，公扣升过母扣 0.2～0.3m 时刹车。对扣时，应小心下放套管，

配合井口人员，对扣一次成功，滚筒松回一圈时将滚筒刹住，旋绳应靠近接箍，避免错扣。整个对扣过程中要防止灰尘或脏物落入接箍螺纹内，并小心保护好金属密封面。用液气大钳上扣或旋绳上扣、大钳紧扣，余扣不超过一扣。发现任何上不到紧扣位置的迹象，均应卸开检查，判断清楚或修扣后，方可让套管入井。上扣如发现过大摆动，应降低上扣转速，若不见效，套管不能入井。当紧扣时，发现厂家原装螺纹端也紧扣，说明已上至最大扭矩，此时应停止紧扣。扣上好后，合低速一次拉紧大钩弹簧，再次上提 0.2～0.3m 刹车，待内外钳工摘开吊卡拉离井口，再慢抬刹把，眼看指重表，下放套管。吊卡离转盘面 2m 左右时，减慢下放速度，使吊卡平稳地坐在转盘上。套管下放速度一般不超过 0.46m/s。在通过低压渗透性井段且带有浮箍和扶正器时，下放速度应控制在 0.25～0.3m/s。下放应避免冲击载荷对管体或接箍台肩以及螺纹造成损伤。正常的硬地层及不易漏失井段，亦应对下放速度进行控制，一般速度为120～300m/h，最多不超过 500m/h。当井身质量与钻井液性能不佳时，应将下放速度控制在100～200m/h 内。下套管双根时，待套管吊入大门坡道合适位置后，配合井口人员将吊卡扣住套管双根，合低速提起。双根下公扣上钻台时控制起升速度，起升到转盘面 0.8～1m 时刹车，卸下护丝。井口对扣一次成功，紧好扣后慢提，摘开井口吊卡，接头入转盘后，内外钳工立即扣上吊卡，将双根中间接箍稳坐吊卡，双钳紧扣。用动力大钳上扣时，上扣扭矩应符合标准。下完套管后，接好联顶节调整好联入，坐稳吊卡，套管内灌满钻井液。

⑤ HSE 要求　小鼠洞内要干净，并用直径 9.5mm 的钢丝绳拴套管护丝放入鼠洞做套管支撑点，使鼠洞内套管母扣高出转盘面 1～1.2m，钢丝绳上端固定好。套管螺纹必须清洁，并均匀地涂抹好标准螺纹脂，上钻台时要戴好护丝，对每道扣都要用双钳上紧。按规定向套管内灌满钻井液，并有专人观察环形空间钻井液返出情况。操作要平稳，按规定控制下放速度，及时挂辅助刹车，严禁猛提、猛放、猛刹。井口摘吊卡时，要刹滚筒。下放遇阻时不能硬压，更不能硬转，应立即向套管内灌满钻井液，接水龙头循环。若无效，应起出套管，修整井眼。向套管内灌钻井液期间，要活动套管，防止粘卡，活动幅度要大于 2m。下套管或灌钻井液时，严禁使手套等杂物落入套管内。在场地接套管双根时，要用链钳上紧，以防拔脱或在井口上扣时倒扣，若发现倒扣应卸下双根重新紧扣。上扣时，一旦错扣，应卸开重上，不得上提拔脱。严禁焊后强下。严禁从钻台上向钻台下乱扔套管护丝，以防伤人。

## 10.4.6　甩钻具

### (1) 准备工作

将 1 号小绞车作为滑钻杆的绷绳应拉紧并固定牢靠。准备一个 30kN 的滑轮作滑钻杆滑轮，并牢固地挂在绷绳上。准备一个导滑钻杆的护丝，并用直径不小于 9.5mm 的钢丝绳套和滑钻杆滑轮牢固地连接在一起。准备好钻杆、钻铤的提升护丝。鼠洞垫叉（或鼠洞卡瓦）必须灵活好用。

### (2) 操作程序

① 甩钻杆　用双钳（或用液气大钳）松扣，然后用旋绳将扣卸开。将小鼠洞内的钻杆单根戴好提升护丝，用 2 号小绞车将其提至适当高度，同时牢牢地戴好滑钻杆的护丝。并将钢丝绳套稳固地挂在滑轮上。1、2 号小绞车相互配合，将钻杆单根平稳地滑下钻台，并整齐地排列在管具支架上。重复上述动作，直到把钻杆甩完。

② 甩钻铤　提起钻铤立柱放于转盘面上，待大钩停稳后再提起，由井口人员配合司钻将其放入小鼠洞内，当接头距鼠洞口 0.5m 时，卡牢安全卡瓦。用双钳（或用液气大钳）松

扣，然后用旋绳将扣卸开。将鼠洞内的钻铤单根戴好提升护丝，用 2 号小绞车将其提出鼠洞并戴好公扣护丝。公扣端戴好护丝，绳套另一端挂在绷绳的滑轮上，两个小绞车配合，将其抬放于管具支架上并排列整齐。重复上述动作，直到把将铤甩完。

③ 卸方钻杆　大钩挂水龙头把方钻杆提出大鼠洞。用一长 2m 左右，直径为 16mm 的钢丝绳套，一端拴在方钻杆下部的公扣附近，另一端挂在大门前绷绳滑轮钩上。拉气动绞车，拉起方钻杆，慢慢下放大钩，刹把和气动绞车配合，把方钻杆抬放在大门坡道上。用 2 号小绞车绳提拉水龙头中心管，使水龙头中心管在同一轴线上，然后用链钳转动中心管卸下方钻杆。方钻杆的公扣端用绷绳，母扣端用小绞车（或用长 10m 左右、直径 16mm 的钢丝绳套挂在大钩上），一起抬放到场地上。

④ HSE 要求　滑钻杆的绷绳必须用直径不小于 18.5mm 的钢丝绳且无毛刺、无打结、无硬伤，两端固定牢靠、坡度合适。钻具甩下钻台时，钻具要戴好护丝，钻台和场地人员要躲至安全位置。向钻台下甩钻铤时，两台小绞车操作者要配合密切。方钻杆在井口松扣时，不能退扣太多，以防方钻杆脱扣。在小鼠洞上卸扣时，要注意防止大钳打伤人。

### 10.4.7　起下钻安全操作规程

起钻过程中，一般每起 3 个单根卸立柱一次，卸立柱前必须把第 4 个单根起出 1m 以上，上下活动无阻卡显示方可坐吊卡卸立柱，如第 4 个单根上提 1m 范围内有阻卡，而且通过多次活动不能解除时，必须立即放下去卸一单根（或接一单根），以便于处理第 4 个单根的阻卡情况，严禁带阻卡显示强行坐吊卡卸立柱。

下钻过程中，一定要密切注意每立柱下放到底前的悬重变化，无阻卡显示方可坐吊卡接下一立柱，如坐吊卡前有遇阻，而且通过再次活动不能解除时，立即起出来接一单根（或卸一单根），以便于处理坐吊卡前的阻卡情况，严禁带阻卡强行坐吊卡接立柱。

**(1) 17½in、16in、13⅝in、12¼in 井眼**

起钻（短起钻）遇卡，严禁强力上提，上提重量（克服摩阻后）不得大于 10t，如易于放开可逐渐增加上提拉力，但每次拉力增量不得大于 5t，在不超过原悬重 1/4 的前提下，最大上提重量不得大于 30t（或原悬重小于 100t 时最大上提拉力不得大于 20t，原悬重大于 100t 时最大上提拉力不得大于 30t）。

**(2) 9½in、8½in 井眼**

起钻（短起钻）过程中发现遇卡，严禁强力上提，上提重量（克服摩阻后）不得大于 10t，立即下压（下砸）使钻具解卡，然后试探性上提，如下放不遇卡或轻微遇卡，可逐渐增加上提拉力，但每次拉力增量不大于 5t，最大上重量（克服摩阻后）不得超过 20t，如经多次提拉仍起不过遇卡点，立即接方钻杆倒划眼，严禁强力上提造成钻具卡死。倒划眼时，应少提多转，防止复杂加剧。

下钻或下放钻具遇阻时，不能硬压，如上提轻微遇卡，可逐渐增加下压吨位，但最大下压不能超过 150kN，如下不去立即接方钻杆划眼。

# 10.5　井控设备使用

井控设备是指实施油气井压力控制所需要的一整套装置、仪器、仪表和专用工具。井控设备能满足油气井压力控制的要求并在钻井施工过程中能对地层压力、地层流体、井下主要参数等进行准确监测和预报。当发生溢流、井喷时，实现迅速控制井口，循环排除井内溢流，泵入压井液重建井底与地层之间的压力平衡，从而确保了钻井人员、设备、环境以及油气井的安全。

### 10.5.1 井控设备概述

**(1) 井控设备的功能**

为了满足油气井压力控制的要求，井控设备应能对地层压力、溢流情况、施工参数等进行监测和报警。当发生溢流与井喷时，能迅速控制井口，重建井底与地层压力之间的压力平衡，即使发生井喷、井喷失控乃至着火事故，也应具备一定的处理条件。其功能主要是可以通过对油气井监测和报警，即使发现井喷预兆，尽快采取控制措施；可以保持井底压力始终略大于地层压力，防止溢流及井喷条件的形成；可以在溢流或井喷发生后，迅速关井控制井口并排除溢流，重现建立压力平衡；可以再油气井失控的条件下，进行灭火抢险等处理作业。

**(2) 井控设备的组成与配套**

井控设备主要包括以液压防喷器为主体的钻井井口装置（又称防喷器组合）、液压防喷器控制系统、以节流管汇为主的井控管汇、钻具内防喷工具、以监测和预报压力异常为主的井控仪器仪表、钻井液加重除气及灌注设备、井喷失控处理设备，如图 10-1 所示。

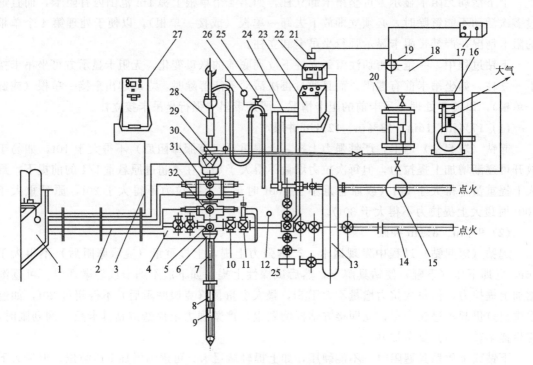

图 10-1 井控设备示意图

1—防喷器远程控制台；2—防喷器液压管线；3—防喷器气管束；4—压井管汇；5—四通；6—套管头；7—方钻杆下旋塞；8—旁通阀；9—钻具止回阀；10—手动闸门；11—液动闸阀；12—套管压力表；13—节流管汇；14—防喷管汇；15—泥浆气体分离器；16—真空除气器；17—泥浆池液面监测仪；18—泥浆罐；19—泥浆池液面监测装置传感器；20—自动灌浆装置；21—泥浆池液面报警器；22—自灌装置报警箱；23—节流管汇控制箱；24—节流管汇控制管线；25—压力传感器；26—立管压力表；27—防喷器司钻控制台；28—方钻杆上旋塞；29—溢流管；30—万能防喷器；31—双闸板防喷器；32—单闸板防喷器

**（3）压力级别**

压力级别是指防喷器的最大工作压力，其组合的压力级别应与裸眼井段中最高地层压力相匹配。含硫化氢的天然气井应选同压力级别的抗硫井口设备。目前，防喷器压力级别有 6 种：14MPa（2000psi），21MPa（3000psi），35MPa（5000psi），70MPa（10000psi），105MPa（15000psi），140MPa（20000psi）。

**（4）公称尺寸**

防喷器的公称尺寸（即通径）是指能通过防喷器中心通孔的最大钻具外径。防喷器组合的通径应一致，其大小取决于井身结构设计中的套管尺寸，即略大于所连套管的直径。目前，通径尺寸有 10 种，如表 10-3 所示。

表 10-3 防喷器通径代号与公称尺寸

| 通径代号 | 公称尺寸/[mm(in)] | 通径代号 | 公称尺寸/[mm(in)] |
|---|---|---|---|
| 18* | 180(7$\frac{1}{16}$) | 48 | 476(18$\frac{3}{4}$) |
| 23* | 230(9) | 53 | 528(20$\frac{3}{4}$) |
| 28* | 280(11) | 54* | 540(21$\frac{1}{4}$) |
| 35* | 346(13$\frac{5}{8}$) | 68 | 680(26$\frac{3}{4}$) |
| 43* | 426(16$\frac{3}{4}$) | 76 | 760(30) |

注：其中带"*"为现场常用的。

**（5）防喷器与套管配套的组合形式**

防喷器的通径、压力级别与套管直径的配套组合形式应符合表 10-4 规定。

表 10-4 井控装置最大工作压力

| 井控装置公称通径/[mm(in)] | 井控装置的最大工作压力/MPa | | | | | |
| | 14 | 21 | 35 | 70 | 105 | 140 |
| | 套管外径/[mm(in)] | | | | | |
|---|---|---|---|---|---|---|
| 180(7$\frac{1}{16}$) | 114.3(4$\frac{1}{2}$)～177.8(7) | | | | | |
| 230(9) | 193.7(7$\frac{5}{8}$)～219.1(8$\frac{3}{4}$) | | | | | |
| 280(11) | 219.1(8$\frac{3}{4}$)～244.5(9$\frac{5}{8}$) | | | | | |
| 346(13$\frac{5}{8}$) | 298.4(11$\frac{3}{4}$)～339.7(13$\frac{3}{8}$) | | | | | — |
| 426(16$\frac{3}{4}$) | 406.4(16) | | | | | — |
| 476(18$\frac{3}{4}$) | 473.1(18$\frac{5}{8}$) | | | | | — |
| 528(20$\frac{3}{4}$) | 508.0(20) | | | | | |
| 540(21$\frac{1}{4}$) | 508.0(20)～529(20$\frac{3}{4}$) | | | | — | |
| 680(26$\frac{3}{4}$) | 610(24$\frac{1}{8}$)～660(26) | | — | | | |
| 760(30) | 711(28)～762(30) | | — | | | |

## 10.5.2 防喷器

### 10.5.2.1 环形防喷器

**（1）功用**

在钻进、取芯、下套管、测井、完井等作业过程中发生溢流或井喷时，环形防喷器能有效封闭方钻杆、钻杆、钻铤、套管、电缆、油管等工具与井筒形成的环形空间，当井内无管具时能全封闭井口，可以使用18°台肩接头的对焊钻杆进行封井起下钻作业。

**(2) 工作原理**

发生溢流关闭环形防喷器时，从控制系统来的高压油进入关闭腔，推动活塞上行，在顶盖的限制下，迫使胶芯向井眼中心运动，支撑筋相互靠拢，将其中间的橡胶挤向井口中心，实现封闭钻具，或全封井口。打开时，从控制系统来的高压油进入开启腔，推动活塞下行，胶芯在本身橡胶弹性力作用下复位，将井口打开。

**(3) 环形防喷器类型与结构**

现场常用环形防喷器的类型按其密封胶芯的形状可分为球形环形防喷器、锥形环形防喷器和组合型环形防喷器，如图10-2～图10-4所示，主要由顶盖、壳体、胶芯、活塞等组成。

图 10-2 球形环形防喷器

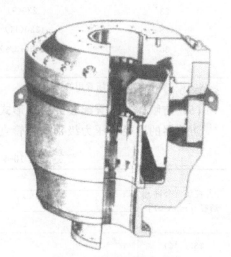

图 10-3 锥形环形防喷器

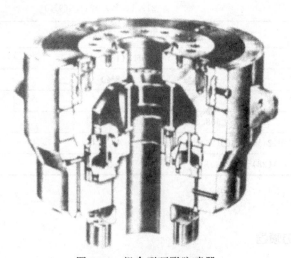

图 10-4 组合型环形防喷器

## (4) 环形防喷器规格及技术参数（表10-5～表10-7）

表10-5 华北荣盛球型环形防喷器规格及技术参数

| 型号 | 通径/[mm(in)] | 工作压力/MPa | 强度压力/MPa | 液控压力/MPa | 关闭油量/L | 开启油量/L | 顶部连接型式 | 底部连接型式 | 液压油进出口联接 | 整机质量/kg | 外部尺寸/mm |
|---|---|---|---|---|---|---|---|---|---|---|---|
| FH18-70 | 179.4(7 1/16) | 70 | 105 | ≤10.5 | 65 | 53 | 粗丝 | 法兰 | Z1″ | 4770 | φ1092×1073 |
| FH23-21 | 228.9(9) | 21 | 42 | ≤10.5 | 34 | 22.8 | 粗丝 | 法兰 | Z1″ | 2398 | φ902×838 |
| FH23-35 | 228.6(9) | 35 | 70 | ≤10.5 | 42 | 33 | 粗丝 | 法兰 | Z1″ | 3061 | φ1016×940 |
|  |  |  |  |  |  |  |  | 法兰 | Z1″ | 3146 | φ1016×970 |
|  |  |  |  |  |  |  |  | 卡箍 |  | 2986 | φ1016×860 |
| FH28-21 | 279.4(11) | 21 | 42 | ≤10.5 | 50 | 39 | 粗丝 | 法兰 | Z1″ | 2950 | φ1014×870 |
| FH28-35 | 279.4(11) | 35 | 70 | ≤10.5 | 72 | 56 | 粗丝 | 法兰 | Z1″ | 4460 | φ1146×1084 |
|  |  |  |  |  |  |  |  | 法兰 | Z1″ | 4675 | φ1146×1110 |
| FH35-35 | 346.1(13 5/8) | 35 | 70 | ≤10.5 | 94 | 69 | 粗丝 | 法兰 | Z1″ | 6415 | φ1271×1150 |
|  |  |  |  |  |  |  |  | 法兰 |  | 6745 | φ1271×1240 |

表10-6 华北荣盛锥型环形防喷器规格及技术参数

| 型号 | 通径/[mm(in)] | 工作压力/MPa | 强度压力/MPa | 液控压力/MPa | 关闭油量/L | 开启油量/L | 活塞行程/mm | 顶部连接型式 | 底部连接型式 | 整机质量/kg | 外部尺寸/mm |
|---|---|---|---|---|---|---|---|---|---|---|---|
| FH18-21 | 1179.4(7 1/16) | 21 | 42 | ≤10.5 | 13.9 | 11.2 | 115 | 粗丝 | 法兰 | 1927 | φ800×926 |
| FH18-35 | 1179.4(7 1/16) | 35 | 70 | ≤10.5 | 13.9 | 11.2 | 115 | 粗丝 | 法兰 | 1943 | φ800×954 |
| FH23-35 | 2228.6(9) | 35 | 70 | ≤10.5 | 27.4 | 15.9 | 125 | 粗丝 | 法兰 | 2791 | φ920×1040 |
| FH35-21 | 3346.1(13 3/8) | 21 | 42 | ≤10.5 | 48.5 | 25.7 | 170 | 粗丝 | 法兰 | 3922 | φ1050×1117 |
| FH54-14 | 5539.4(21 1/4) | 14 | 42 | ≤10.5 | 136.5 | 84.9 | 352 | 粗丝 | 法兰 | 7660 | φ13800×1437 |

表 10-7　上海神开环形防喷器规格及技术参数

| 型号 | 通径 /[mm(in)] | 工作压力 /MPa | 连接形式 | | 工作介质 | 控制压力 /MPa | 外形尺寸/mm | | 质量 /kg |
|---|---|---|---|---|---|---|---|---|---|
| | | | 上端 | 下端 | | | 外径 | 高度 | |
| FH18-35 | 180(7$\frac{1}{16}$) | 35 | | | | | 737 | 790 | 1572 |
| FH23-35 | 230(9) | 35 | | | | | 998 | 1200 | 3540 |
| FH28-35 | 280(11) | 35 | 栽丝 | 法兰 | 油气水 钻井液 | 8.5～10.5 | 1138 | 1081 | 4300 |
| FH28-35/70 | 280(11) | 35/70 | | | | | 1138 | 1096 | 4423 |
| FH35-35 | 346(13$\frac{5}{8}$) | 35 | | | | | 1270 | 1160 | 6517 |
| FH35-35/70 | 346(13$\frac{5}{8}$) | 35/70 | | | | | 1270 | 1227 | 6843 |

**(5) 使用要求**

ⅰ. 防喷器在现场安装后, 应按标准进行现场试压。

ⅱ. 进入目的层后, 每起下钻两次, 要试关防喷器一次以检查封井效果。如发现胶芯失效或其他问题, 应立即更换处理。

ⅲ. 在井内有钻具发生井喷时, 可先用环形防喷器控制井口, 但尽量不做长时间封井。

ⅳ. 防喷器处于封井状态时, 允许上下活动钻具, 但不允许旋转钻具。同样, 在钻具转动时, 不允许关闭防喷器, 以防胶芯磨损。

ⅴ. 严禁打开环形防喷器来泄掉井口压力, 以防刺坏胶芯。

ⅵ. 每次打开后, 必须检查胶芯是否全开, 以防挂坏胶芯。

ⅶ. 防喷器的开、关应使用标准的液压油并注意保持其清洁。

ⅷ. 推荐防喷器最大控制压力为 10.5MPa。

ⅸ. 使用环形防喷器强行起下钻时的操作: 由于强行起下钻时胶芯的工作环境比较恶劣, 胶芯磨损严重, 为延长胶芯使用寿命, 提高其过接头次数, 应按如下程序进行操作。首先应以 10.5MPa 的液控油压关闭防喷器; 其次逐渐减小关闭压力, 直至有些轻微渗漏, 然后再强行起下钻作业。注意在强行起下钻时应使用 18°台肩的对焊钻杆接头, 但起下速度要慢, 过接头时要更慢 (0.2m/s)。当关闭压力达到 10.5MPa 时, 胶芯仍漏失严重, 说明该胶芯已严重损坏, 应及时处理后再进行起下钻作业。

ⅹ. 胶芯的存放。根据新旧程序按时间顺序编号, 先旧后新一次使用; 存放在光线较暗又干燥的室内, 远离有腐蚀性的物品; 远离高压带电设备, 以防臭氧腐蚀; 让胶芯在松弛状态下存放, 严禁弯曲、挤压和悬挂; 检查, 如发现有变脆、龟裂、弯曲、出现裂纹者不再使用。

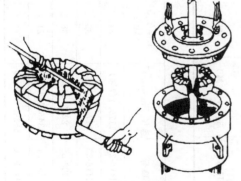

图 10-5　切割法更换胶芯

**(6) 现场更换胶芯的方法**

首先卸掉顶盖与壳体的连接螺柱, 吊起顶盖; 再在胶芯上拧紧吊环螺丝, 吊出胶芯。若井内有钻具时, 应先用割胶刀 (借助于撬杠, 并用肥皂水润滑刀刃) 将新胶芯割开 (图 10-5), 割面要平整; 最后装上顶盖, 上紧顶盖与壳体的连接螺栓。

**(7) 故障判断与排除方法**

① 防喷器封闭不严　若胶芯关不严, 可多次

活动解决；支撑筋已靠拢仍封闭不严，则应更换胶芯；对有脱块、严重磨损的旧胶芯并可能影响胶芯正常使用时，则更换胶芯；若打开过程中长时间未关闭使用胶芯，造成杂质沉积于胶芯沟槽及其他部位，应清洗胶芯，并按规定活动胶芯。

② 防喷器关闭后打不开　由于长时间关闭后，胶芯产生永久变形老化或固井后胶芯下有凝固水泥浆而造成。在这种情况下，需清洗或更换。

③ 防喷器开关不灵活　若液控管线漏失，立即更换；若防喷器长时间不活动，有脏物堵塞，应立即清除。

#### 10.5.2.2　闸板防喷器

**(1) 闸板防喷器的功用**

当井内有钻杆、油管和套管而发生溢流或井喷时，闸板防喷器能封闭相应尺寸的管柱与井筒形成环形空间；在井内无管柱时，能全封闭井口；当钻井四通两侧的闸门或防喷管汇失效时，可通过壳体旁侧出口接出管汇再次进行放喷、压井等作业；在特殊情况下剪切闸板可切断钻具，达到全封井口的目的；必要时，还可以用半封闸板封井下钻具及悬挂钻具。

**(2) 闸板防喷器结构**

闸板防喷器主要有壳体、侧门、油缸、活塞、活塞杆、闸板、闸板轴、锁紧轴等部件组成。其结构特点是：壳体及侧门经铸造或锻造而成，强度高；自动清砂，摩擦阻力小；井压助封；闸板浮动密封，胶芯磨损少，闸板使用寿命长。

**(3) 闸板防喷器的工作原理及密封**

① 工作原理　当控制系统高压油进入闸板防喷器左右关闭腔时，推动活塞带动闸板轴及闸板总成沿着室内导向筋限定的轨道分别向井口中心移动，实现关井。当控制系统高压油进入闸板防喷器开启腔时，推动活塞带动闸板及闸板总成向离开井口中心方向移动，实现开井。闸板开、关由控制系统三位四通换向阀控制，一般在 3～8s 内完成开井或关井动作。

② 开关闸板防喷器时液压油流程

ⅰ.关闭时：储能器→高压管排→防喷器主体关闭油口→主体油路→铰链座→侧门油路→液缸油路→缸盖油路→液缸关闭腔。

ⅱ.开启时：储能器→高压管束→防喷器主体开启油口→主体油路→铰链座→侧门油路→液缸关闭腔。

③ 闸板防喷器的密封　只有这四道密封同时起作用，闸板防喷器才能有效封闭井口。其一是前密封，即闸板芯子前缘与钻具之间的密封；其二是顶密封，即闸板芯子顶部与壳体内台阶之间的密封；其三是侧密封，即壳体与侧门之间的密封；最后是轴密封，即闸板与侧门之间的密封。

**(4) 闸板防喷器的分类**

按用途分，闸板防喷器可分为全封、半（管）封、变径和剪切闸板等；按照腔室数量分，闸板防喷器可分为单闸板、双闸板、三闸板等。

**(5) 闸板防喷器的锁紧装置**

闸板防喷器锁紧装置可分为手动锁紧装置和液压自动锁紧装置。

① 手动锁紧装置　手动锁紧装置是靠人力（两人同时）在底座两侧旋转手轮来锁紧和关闭闸板的。该装置只能锁紧或关闭闸板，而不能打开闸板（图 10-6）。

② 液压自动锁紧装置　液压自动锁紧装置是通过装于主活塞内的锁紧活塞和装于活塞径向四个扇形槽内的 4 个锁紧块来实现的。当液压油进入关闭腔时，推动主活塞和锁紧活塞

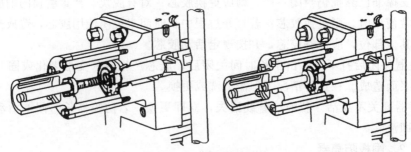

图 10-6　手动锁紧装置

向闸板关闭方向运动，由于锁紧块内外圆周上都带有一定角度的斜面，内斜面与锁紧活塞斜面相接触，使锁紧块在锁紧活塞的推动下始终有向径向外部运动的趋势。一旦主活塞到达关闭腔位置后，锁紧块在锁紧活塞的径向承力作用下向外运动 7mm 而坐于液缸台阶上，锁紧块外斜面与液缸台阶斜面相接触，用时锁紧活塞向前运动，经过锁紧块内径变成圆周接触，从而实现完全锁紧。打开闸板时，液压油作用于开启腔，首先使锁紧活塞向外运动，锁紧块外圈斜面与液缸台阶斜面产生使锁紧块向内收缩的分力，使锁紧块实现解锁，主活塞才能带动闸板轴及闸板实现开启动作（图 10-7）。

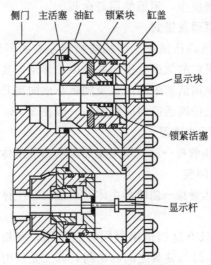

图 10-7　液压自动锁紧装置

**(6) 闸板防喷器开关井操作**

① 正常液压关井　遥控操作时应首先将司钻控制台上的气源总开关扳至开位不动，再（或同时）将所关防喷器手柄扳至关位；远程操作时，将远程控制台上的换向阀迅速扳至关位即可。

② 正常液压关井　遥控操作时应首先将司钻控制台上的气源总开关扳至开位不动，再（或同时）将所开防喷器手柄扳至开位；远程操作时，将远程控制台上的换向阀迅速扳至开位即可。

③ 长期关井（或手动关井）　先将控制系统上的换向阀迅速扳至关位，再手动锁紧。

④ 锁紧后的开井　先手动解锁，再液压开井。

**(7) 闸板防喷器侧门操作**

闸板防喷器的侧门分为铰链旋转式和平直移动式两种侧门。当拆换闸板、拆换闸板轴盘根、检查闸板以及清洗闸板室时，需要打开侧门进行操作。其拆换闸板操作程序如下。

① 铰链旋转式侧门  侧门开关注意事项：其一是侧门不应同时打开；其二是侧门未充分旋开前严禁液压关井（侧门无腔室的无此步骤）；其三旋转侧门时，液控油路应处于泄压状态；其四旋开侧门后，使闸板伸出或缩入时，应固定侧门。

拆换闸板的操作程序：首先换向阀扳至开位（使井处于开位），再泄压（关高压截止阀，开泄压阀）及卸螺栓，开侧门；其二关泄压阀，开高压截止阀充压，再换向阀扳至关位，使闸板伸出（侧门上无腔室的无此步骤），更换闸板；其三将换向阀扳至开位，使闸板缩回，再关高压截止阀及开泄压阀泄压（侧门上无腔室的无此步骤）；最后关闭侧门，上紧螺栓，充压，试压。

② 平直移动式侧门  其侧门是在液压关井操作时，利用高压油推动侧门沿着更换缸平直向外移动，打开闸板侧门；在液压开井操作时，利用高压油推动侧门沿着更换缸平直向内移动，关闭闸板侧门，如图 10-8 所示。

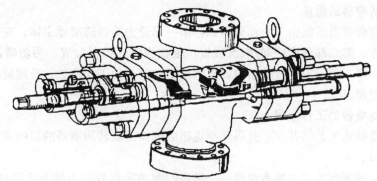

图 10-8  平直移动式侧门闸板防喷器

更换闸板的操作顺序：首先拆卸侧门两侧螺栓（缸盖带油阀的，顺旋油阀，关闭主油路），再将换向阀手柄扳至关位（关井操作），两侧门随即左右移开；其次拆下旧闸板，装好新闸板；第三将换向阀手柄扳至开位（开井操作），两侧门随即向中间合拢；第四将换向阀手柄扳至中位（缸盖带油阀的，逆旋油阀，开启主油路）；最后上紧螺栓，试压。

**(8) 安装与使用要求**

应根据井控规定要求的防喷器组合形式进行安装。并注意压力等级、金属材料和橡胶密封件的温度等级是否满足使用要求。当井口闸板防喷器只有两个闸板时，全封闸板最好装在管封闸板之上。应注意防喷器不能装反，应使箭头方向及闸板顶密封面朝上。防喷器手动锁紧装置的操作杆及手轮位于井架大门的两侧，壳体上旁侧法兰出口正对大门方向。手动锁紧装置应装全、固定牢靠、旋转灵活并标明锁紧及解锁方向和圈数。应保证钢圈及钢圈槽清洁、无损伤划痕，钢圈槽内涂以轻质油。在上紧连接螺栓时用力要均匀，对角依次按推荐扭矩值上紧。防喷器开关与高压油管线及控制台手柄的开关应一致。防喷器应每班开关一次（环形和剪切闸板除外）、定期试压；其连接螺栓应定期紧固，以防松动。当井口憋有压力时，严禁打开防喷器泄压。当井内有钻具或管柱时严禁关闭全封闸板，以防损伤挤坏钻具、管柱、闸板芯子。

### 10.5.2.3 旋转防喷器

旋转防喷器是气体钻井、控压钻井、欠平衡钻井的专用井口压力控制设备，可以在钻具旋转、钻进状态下承受一定井口压力，实现带压钻进，如图 10-9 所示。

图 10-9 旋转防喷器

**(1) 旋转防喷器的组成**

典型的旋转防喷器系统由三个部分组成：第一部分为旋转防喷器主体，安装在井口防喷器组合的最上方。第二部分为冷却/润滑装置，也称为液压控制装置，为防喷器提供液压动力和冷却润滑。第三部分为远程控制台，显示旋转控制头的工作参数，检测旋转控制头的工作状态并进行控制。

**(2) 旋转防喷器的工作原理**

在欠平衡等特殊工艺钻井中，井眼环空返出的流体由旋转防喷器的控制头导离井口，并有效地密封井口。

旋转控制头的密封方式主要有两种：一种是特制的密封胶芯与钻具之间过盈实现密封，井口压力起辅助密封作用（Williams7000 系列）。另一种是通过液压球形密封胶芯实现井筒与钻具的密封（Shaffer PCWD 系统）。

**(3) Williams 型防喷器**

Williams 旋转防喷器性能指标见表 10-8。

表 10-8　Williams 旋转防喷器系列及主要性能指标

| 型号 | 静态工作压力 $P_{max静}$/[psi(MPa)] | 动态工作压力 $P_{max动}$/[psi(MPa)] | 转速/(r/min) | 壳体承压能力 /[psi(MPa)] |
| --- | --- | --- | --- | --- |
| 8000/9000 | 1000(7) | 500/(3.5) | 100 | |
| IP1000 | 1500(10.5) | 1000(7) | 100 | |
| 7000 | 3000(21) | 1500(10.5) | 100 | 5000(35) |
| 7100 | 5000(35) | 2500(17.5) | 100 | 10000(70) |

Williams 旋转防喷器使用高压耐磨密封胶芯，与钻具过盈配合，自撑式主动密封，井筒压力助封。可用于空气钻井、气体钻井等，在高温条件下，使用特殊加工的高温胶芯。高压旋转密封轴承总成与控制头底座采用液压卡箍连接，更换胶芯或轴承十分方便。轴承采用强制润滑，水冷却，工作可靠，寿命长。控制部分采用集中控制，现场摆放及安装方便。

Williams7100 型旋转防喷器系统技术参数见表 10-9～表 10-11。

**表 10-9　Williams7100 型旋转防喷器控制头技术参数**

| 序号 | 项目 | 技术规范 | 备注 |
|---|---|---|---|
| 1 | 额定静态工作压力 | 5000psi(35MPa) | |
| 2 | 额定连续旋转工作压力 | 2500psi(17.5MPa) | |
| 3 | 额定间歇旋转压力 | 2500psi(17.5MPa) | |
| 4 | 钻具额定旋转速度 | 150r/min | |
| 5 | 底部连接法兰 | 13⅝in-5M | |
| 6 | 胶芯 | 2⅞in、4⅛in | 用于 3½in 钻杆、用于 5in 钻杆 |
| 7 | 高度 | 69⅞in(1764mm) | |
| 8 | 外径 | 990mm | |
| 9 | 质量 | 2700kg | |
| 10 | 旁通法兰直径 | 7⅛in,5000psi | |
| 11 | 测试管连接法兰直径 | 2⅛in,5000psi | |

**表 10-10　Williams7100 型旋转防喷器系统冷却/润滑动力装置技术参数**

| 序号 | 项目 | 性能参数 | 备注 |
|---|---|---|---|
| 1 | 冷却液出口温度 | 0~5℃ | |
| 2 | 冷却液回水口温度 | 40~60℃ | |
| 3 | 冷却液排量 | 4L/min | |
| 4 | 润滑油最大压力 | 3000psi(21MPa) | |
| 5 | 润滑油排量 | 0~1L/min | |

**表 10-11　Williams7100 型旋转防喷器司钻监控台技术规范**

| 序号 | 项目 | 性能参数 | 备注 |
|---|---|---|---|
| 1 | 油泵工作压 | 3000psi(21MPa) | |
| 2 | 油泵工作量 | 2L/min | |
| 3 | 工作气源压力 | 100psi(0.7MPa) | |

Williams7100 型旋转防喷器系统安装见图 10-10。

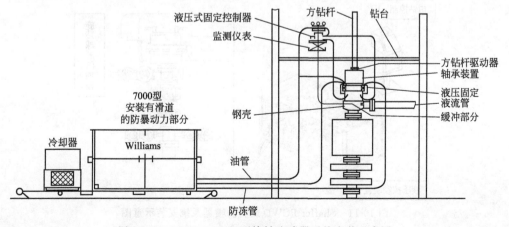

图 10-10　Williams7100 型旋转防喷器系统安装示意图

**（4）Shaffer PCWD 旋转防喷器**

将球形防喷器技术与液压及电控技术相结合，形成了一种新型的旋转防喷器产品，称作 PCWD（随钻压力控制）系统，额定工作压力静压 35MPa（5000psi）、动压 17.5MPa（2500psi）。

使用球形密封胶芯通过外部液压系统加压实现与钻具的密封，低压密封性能良好。胶芯内径可在 0~11in 之间变化，一种胶芯可适应多种尺寸的钻具（包括封零），起下钻具、换钻头方便。具备常规环形防喷器的功能，进行欠平衡施工时，可以代替环形防喷器，从而减少了井口装置的高度和安装时间。

Shaffer PCWD 旋转防喷器系统由旋转球形防喷器（RSBOP）、液压控制装置（HCU）和司钻控制盘（DCP）三部分构成，技术参数见表 10-12，防喷器安装如图 10-11 所示。

表 10-12　Shaffer PCWD 旋转防喷器技术参数

| 序号 | 项目 | 技术规范 | 备注 |
|---|---|---|---|
| 1 | 额定静态工作压力 | 5000psi(35MPa) | |
| 2 | 额定连续旋转工作压力 | 2000psi(14MPa) | 200r/min |
| | | 3000psi(21MPa) | 100r/min |
| 3 | 通径 | 11in | |
| 4 | 上部法兰 | API11in 5M | |
| 5 | 底部法兰 | API13⅝in 5M | |
| 6 | 侧部输出口 | API11¹³⁄₁₆in 10M | |
| 7 | 高度 | 1298mm | 上下法兰间的距离 |
| 8 | 外径 | 1320mm | |
| 9 | 总质量 | 5980 | |
| 10 | 壳体螺栓 | 4½in(115mm) | |
| 11 | 密封件(胶芯)质量 | 227kg | |
| 12 | 密封件(胶芯)高度 | 320mm | |

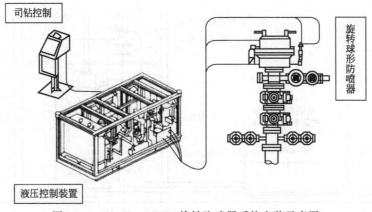

图 10-11　Shaffer PCWD 旋转防喷器系统安装示意图

### 10.5.3　钻具内防喷工具

在钻井过程中防止钻井液沿管柱水眼向上喷出，以防水龙带及地面管线被高压憋坏，造成井喷失控。

#### 10.5.3.1　方钻杆旋塞

上旋塞为左旋螺纹，连接于方钻杆上部。下旋塞为右旋螺纹，连接于方钻杆下部。上下旋塞结构相同，均是球阀。主要由阀体、阀座、球芯轴、调节衬环、大小阀盖及各种密封组成（图 10-12）。其开启和关闭多半采用手动方式。顶驱系统上的旋塞也有采用液动或气动远程控制的。关闭时可防止井内流体沿钻具上窜。为防止起下钻过程中钻具内井喷，起下作业前钻台上应另备一个下旋塞（此时该阀被称为钻具安全阀）的配合接头。

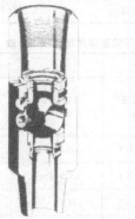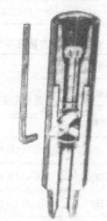

图 10-12　方钻杆上、下旋塞

方钻杆旋塞的额定工作压力应与防喷器额定工作压力相一致，并且旋塞内径应大于或等于方钻杆内径。旋塞扳手应放于钻台方便取用的位置。上、下旋塞的规格和技术参数见表 10-13～表 10-15。

表 10-13　四方方钻杆上旋塞阀规格及技术参数

| 方钻杆规格 /[mm(in)] | 上端左旋内螺纹 下端左旋外螺纹 连接扣型规格 | | 外径/[mm(in)] | | 最小孔径/[mm(in)] | | | |
|---|---|---|---|---|---|---|---|---|
| | | | ±6.4 (±¼) | ±6.4 (±¼) | 最大工作 压力 35MPa | | 最大工作压力 70MPa 和 105MPa | |
| | 标准 | 选用 | 标准 | 选用 | 标准连接 | 选用连接 | 标准连接 | 选用连接 |
| 63.5(2½) | 6⅝REG | 4½REG | 200.07(7⅞) | 146.0(5¾) | 76.2(3) | 50.8(2) | 63.5(2½) | 44.4(1¾) |
| 76.2(3) | 6⅝REG | 4½REG | 200.07(7⅞) | 146.0(5¾) | 76.2(3) | 50.8(2) | 63.5(2½) | 44.4(1¾) |
| 88.9(3½) | 6⅝REG | 4½REG | 200.07(7⅞) | 146.0(5¾) | 76.2(3) | 50.8(2) | 63.5(2½) | 44.4(1¾) |
| 108.0(4¼) | 6⅝REG | 4½REG | 200.07(7⅞) | 146.0(5¾) | 76.2(3) | 50.8(2) | 63.5(2½) | 44.4(1¾) |
| 133.4(5¼) | 6⅝REG | | 200.07(7⅞) | | 76.2(3) | | 63.5(2½) | |
| 140.0(5½) | 6⅝REG | | 200.07(7⅞) | | 76.2(3) | | 63.5(2½) | |
| 152.4(6) | 6⅝REG | | 200.07(7⅞) | | 76.2(3) | | 63.5(2½) | |

表 10-14　六方方钻杆上旋塞阀规格及技术参数

| 方钻杆规格 /[mm(in)] | 上端左旋内螺纹 下端左旋外螺纹 连接扣型规格 | | 外径/[mm(in)] | | 最小孔径/[mm(in)] | | | |
|---|---|---|---|---|---|---|---|---|
| | | | ±6.4 (±1/4) | ±6.4 (±1/4) | 最大工作 压力 35MPa | | 最大工作压力 70MPa 和 105MPa | |
| | 标准 | 选用 | 标准 | 选用 | 标准连接 | 选用连接 | 标准连接 | 选用连接 |
| 76.2(3) | 6⅝REG | 4½REG | 200.07(7⅞) | 146.0(5¾) | 76.2(3) | 50.8(2) | 63.5(2½) | 44.4(1¾) |
| 88.9(3½) | 6⅝REG | 4½REG | 200.07(7⅞) | 146.0(5¾) | 76.2(3) | 50.8(2) | 63.5(2½) | 44.4(1¾) |
| 108.0(4¼) | 6⅝REG | 4½REG | 200.07(7⅞) | 146.0(5¾) | 76.2(3) | 50.8(2) | 63.5(2½) | 44.4(1¾) |
| 133.4(5¼) | 6⅝REG | | 200.07(7⅞) | | 76.2(3) | | 63.5(2½) | |
| 152.4(6) | 6⅝REG | | 200.07(7⅞) | | 76.2(3) | | 63.5(2½) | |

表 10-15　方钻杆下旋塞阀规格及技术参数

| 四方方钻杆用 | | | 六方方钻杆用 | | |
|---|---|---|---|---|---|
| 方钻杆规格 /[mm(in)] | 上端右旋内螺纹 下端右旋外螺纹 连接扣型规格 | 最小孔径 /[mm(in)] | 方钻杆规格 /[mm(in)] | 上端右旋内螺纹 下端右旋外螺纹 连接扣型规格 | 最小孔径 /[mm(in)] |
| 63.5(2½) | NC26(2⅜IF) | 31.8(1¼) | 76.2(3) | NC26(2⅜IF) | 38.0(1½) |
| 76.2(3) | NC31(2⅞IF) | 44.4(1¾) | 88.9(3½) | NC31(2⅞IF) | 44.4(1¾) |
| 88.9(3½) | NC38(3½IF) | 57.2(2¼) | 108.0(4¼) | NC38(3½IF) | 57.2(2¼) |
| 108.0(4¼) | NC46(4IF) | 71.4(2¹³⁄₁₆) | 108.0(4¼) | NC46(4IF) | 76.2(3) |
| 108.0(4¼) | NC50(4½IF) | 71.4(2¹³⁄₁₆) | 133.4(5¼) | NC50(4½IF) | 82.6(3¼) |
| 133.4(5¼) | 5½FH | 82.6(3¼) | 152.4(6) | 5½FH | 82.6(3¼) |
| 133.4(5¼) | NC56 | 82.6(3¼) | 152.4(6) | NC56 | 88.9(3¼) |
| 152.4(6) | 5½FH | 71.4(2¹³⁄₁₆) | | | |

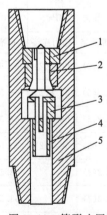

图 10-13　箭形止回阀

1—压帽；2—导向密封套；3—密封箭；4—导向套；5—本体

### 10.5.3.2　钻具止回阀

钻具止回阀（回压凡尔）主要用于控制钻具水眼倒喷，溢流时该阀自动处于关闭状态。当泵压大于钻具内回压时此阀被打开，可进行正常循环压井，但在停泵或地面循环管线爆裂时此阀立即关闭。钻具止回阀按结构形式分：有箭形（FJ）止回阀、投入式（FT）止回阀、球形（FQ）止回阀、浮阀等（图 10-13～图 10-16）。常用的有箭形止回阀（表 10-16）、投入式止回阀（表 10-17）及浮阀（表 10-18）。

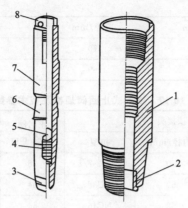

图 10-14　投入式止回阀

1—本体；2—压帽；3—弹簧座；4—弹簧；5—密封球；6—阀芯；7—锁紧卡；8—阀芯压帽

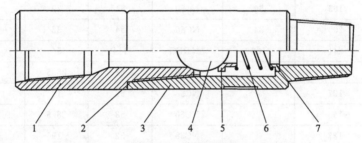

图 10-15　球形止回阀

1—上阀体；2—O 形密封圈；3—下体阀；4—密封钢球；5—支撑座；6—弹簧；7—弹簧座

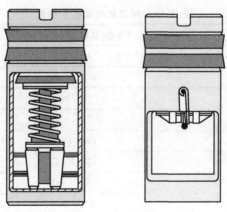

图 10-16　浮阀

表 10-16　箭形止回阀规格及技术参数

| 规格型号 | 外径/mm | 内径/mm | 连接扣型 | 额定压力/MPa |
| --- | --- | --- | --- | --- |
| FJ121/35 | 121 | 59 | NC38 | 35 |
| FJ127/35 | 127 | 59 | NC38 | 35 |
| FJ162/35 | 162 | 65 | NC38 | 35 |
| FJ168/35 | 168 | 76 | NC38 | 35 |

续表

| 规格型号 | 外径/mm | 内径/mm | 连接扣型 | 额定压力/MPa |
|---|---|---|---|---|
| FJ168/70 | 168 | 70 | NC38 | 70 |
| FJ190/105 | 190 | 89 | 5½FH | 105 |

表 10-17 投入式止回阀规格及技术参数

| 型号 | 连顶接头 | | | 止回阀外径/mm | 止回阀内径/mm | 工作压力/MPa | 长度/mm |
|---|---|---|---|---|---|---|---|
| | 外径/mm | 内径/mm | 扣型 | | | | |
| HY80/36 | 80 | 30 | PAC2-7/8 | 36 | 8 | 35 | |
| HY121/54 | 121 | 52 | NC38 | 54 | 16 | 35 | |
| HY159/54 | 159 | 52 | NC46 | 54 | 16 | 70 | |
| HY165/54 | 165 | 52 | NC46 | 54 | 16 | 70 | |
| HY159/80 | 159 | 80 | NC50 | 84 | 29 | 35 | |
| HY165/80 | 165 | 80 | NC50 | 84 | 29 | 35 | |
| HY203/84 | 203 | 84 | NC56 | 84 | 32 | 35 | 600 |
| HY214/114 | 241 | 102 | 7⅝REG | 114 | 54 | 35 | 600 |
| FT168/35 | 168 | | NC50 | 68 | 28.5 | 35 | 600 |
| FT127/35 | 127 | | NC38 | 52 | 19 | 35 | 600 |
| FT168/70 | 168 | | NC50 | 68 | 28.5 | 70 | 600 |
| FT127/70 | 127 | | NC38 | 52 | 19 | 70 | 600 |
| FT190/105 | 190 | | 5½FH | 68 | 28.5 | 105 | 600 |
| FT127/105 | 127 | | NC38 | 52 | 19 | 105 | 600 |

表 10-18 浮阀规格及技术参数

| 阀芯总成代号 | 规格(直径×长度)/mm | 压力等级 |
|---|---|---|
| 1R | 43×149 | |
| 1F-2R | 48.4×158 | |
| 2F-3R | 62×165 | |
| 3F | 72×254 | |
| 31/2IF | 79.3×254 | |
| 4R | 88.9×211 | 70MPa |
| 5R | 98.4×248 | |
| 5F-6R | 122×298 | |
| 6F | 144.5×372 | |

为了防止钻具内溢流无法连接，应配备推杆式止回阀（规格及技术参数见表 10-19）。在连接时使内部处于连通状态，便于快速连接使用，如图 10-17 所示。

表 10-19 推杆式止回阀规格及技术参数

| 规格/in | 外径/in | 内径/in | 连接螺纹 | 长度/mm | 质量/kg |
|---|---|---|---|---|---|
| 3½ | 3⅜～3¾ | 1½ | 2⅜IF | 660 | 27 |

续表

| 规格/in | 外径/in | 内径/in | 连接螺纹 | 长度/mm | 质量/kg |
|---|---|---|---|---|---|
| 4 | $4\frac{1}{8} \sim 4\frac{1}{4}$ | $1\frac{3}{4}$ | $2\frac{7}{8}$ IF | 710 | 40 |
| 5 | $4\frac{3}{4} \sim 5\frac{1}{4}$ | 2 | $3\frac{1}{2}$ IF | 760 | 57 |
| $6\frac{1}{2}$ | $6\frac{1}{4} \sim 6\frac{3}{4}$ | $2\frac{1}{2}$ | 4IF | 840 | 110 |
| $6\frac{5}{8}$ | $6\frac{3}{8} \sim 7$ | $2\frac{13}{16}$ | $4\frac{1}{2}$ IF | 840 | 120 |
| 7 | $7 \sim 7\frac{1}{2}$ | $2\frac{13}{16}$ | $5\frac{1}{2}$ IF | 840 | 140 |
| 8 | 8 | $2\frac{13}{16}$ | $6\frac{5}{8}$ REG | 865 | 180 |
| $9\frac{1}{2}$ | $9\frac{1}{2}$ | $2\frac{13}{16}$ | $7\frac{5}{8}$ REG | 865 | 220 |

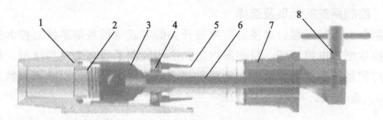

图 10-17 推杆式止回阀

1—下接头；2—弹簧；3—阀体；4—阀座；5—下接头；6—释放体；7—释放工具；8—释放手柄

### 10.5.3.3 钻具旁通阀

钻开油气层前将钻具旁通阀接在靠近钻头的钻柱处，压井作业中钻头水眼被堵时，利用旁通阀可建立新的循环通道继续实施压井作业。使用方法是：一旦发现钻头水眼被堵而无法解堵时，卸掉方钻杆投球后再接方钻杆使球落至钻具旁通阀阀座处（若钻头水眼未堵死，可用小排量泵送），开泵后只要泵压升高到一定压力值就剪断固定销，使阀座下行直到排泄孔全打开，泵压随即下降，从而建立新的循环通道。

## 10.5.4 液压防喷器控制系统

液压防喷器控制系统是控制井口防喷器组、液动放喷阀的主要设备，是钻井作业中防止井喷、排除溢流和压井过程中必不可少的装置。控制装置的作用是预先制备与储存足量的压力油。开关防喷器设备时，可控制压力油的流动方向，使防喷器得以迅速开关。在操作中，若油压降低到一定程度时，控制装置将自动启动补充压力，使液压油始终保持在规定的压力范围内。其主要有远程控制台、司钻控制台及辅助控制台等。远程控制台位于井口左侧25m 以外的安全处，司钻控制台位于钻台上司钻操作台后测，辅助控制台位于值班队长房内，作为应急备用，如图 10-18 和图 10-19 所示。

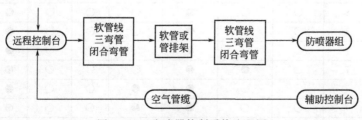

图 10-18 防喷器控制系统流程图

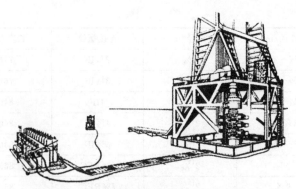

图 10-19　防喷器控制系统组成示意图

### 10.5.4.1　控制系统的类型及选择

从司钻控制台上通过远程台来控制防喷器开关的方式（即控制系统遥控方式）共有两种常用形式：气控液型、电控液型。目前国内钻井所用控制系统多为气控液型，国外电动钻机和海上钻井所用控制系统是电控液型。常用气控液型控制系统型号、技术参数、配置及表示方法见表 10-20、表 10-21。

**表 10-20　北石控制系统常用系列规格及技术参数**

| 参数型号 | 控制对象及数量 | | | | 储能器组/L | | 电动机功率/kW | 泵组流量 | | 系统标称压力/MPa |
|---|---|---|---|---|---|---|---|---|---|---|
| | 环型 | 闸板 | 防喷 | 备用 | 标称总容积 | 可用油量 | | 电动油泵/(L/min) | 气动油泵/(mL/冲) | |
| FKQ960-8 | 1 | 3 | 3 | 1 | 60×16 | 480 | 18.5×2 | 46×2 | 60×2 | 21 |
| FKQ840-8 | 1 | 3 | 3 | 1 | 60×14 | 420 | 18.5 | 46 | 60×2 | 21 |
| FKQ1280-7 | 1 | 3 | 3 | 1 | 80×16 | 640 | 18.5×2 | 46×2 | 60×2 | 21 |
| FKQ800-7N | 1 | 3 | 3 | 1 | 40×20 | 400 | 18.5 | 46 | 60×2 | 21 |
| FKQ800-7B | 1 | 3 | 3 | 1 | 40×20 | 400 | 18.5 | 46 | 60×2 | 21 |
| FKQ640-7 | 1 | 3 | 3 | 1 | 80×8 | 320 | 18.5 | 46 | 60×2 | 21 |
| FKQ800-6N | 1 | 3 | 3 | | 40×20 | 400 | 18.5 | 46 | 60×2 | 21 |
| FKQ800-6F | 1 | 3 | 3 | | 80×10 | 400 | 18.5 | 46 | 60×2 | 21 |
| FKQ640-6G | 1 | 3 | 3 | | 40×16 | 320 | 18.5 | 46 | 60×2 | 21 |
| FKQ640-6E | 1 | 3 | 3 | | 80×8 | 320 | 18.5 | 46 | 60×2 | 21 |
| FKQ480-5 | 1 | 3 | 3 | | 80×6 | 240 | 18.5 | 46 | 60×2 | 21 |

**表 10-21　北石控制系统配置一览表**

| 参数型号 | 控制对象总数 | 报警装置 | 氮气备用系统 | 保护房 | 保温房及空调 | 油箱蒸汽加热 | 油箱电加热 | 司钻控制台 | 辅助控制台 | 管排架及软管 |
|---|---|---|---|---|---|---|---|---|---|---|
| FKQ960-8 | 8 | ○ | ○ | ● | ○ | ○ | ○ | ● | ○ | ○ |
| FKQ840-8 | 8 | ○ | ○ | ● | ○ | ○ | ○ | ● | ○ | ○ |
| FKQ1280-7 | 7 | ○ | ○ | ● | ○ | ○ | ○ | ● | ● | ○ |
| FKQ800-7N | 7 | ○ | ● | ● | ○ | ○ | ○ | ● | ○ | ○ |
| FKQ800-7B | 7 | ○ | ○ | ● | ● | ○ | ○ | ● | ● | ○ |
| FKQ640-7 | 7 | ○ | ○ | ● | ● | ○ | ○ | ● | ○ | ○ |
| FKQ800-6N | 6 | ○ | ○ | ● | ● | ○ | ○ | ● | ● | ○ |

续表

| 参数<br><br>型号 | 控制<br>对象<br>总数 | 报警<br>装置 | 氮气<br>备用<br>系统 | 保护房 | 保温房<br>及空调 | 油箱<br>蒸汽<br>加热 | 油箱<br>电加热 | 司钻<br>控制台 | 辅助<br>控制台 | 管排架<br>及软管 |
|---|---|---|---|---|---|---|---|---|---|---|
| FKQ800-6F | 6 | ○ | ○ | ● | ● | ○ | ○ | ● | ● | ○ |
| FKQ640-6G | 6 | ○ | ○ | ● | ● | ○ | ○ | ● | ● | ○ |
| FKQ640-6E | 6 | ○ | ○ | ● | ● | ○ | ○ | ● | ● | ○ |
| FKQ480-5 | 5 | ○ | ○ | ● | ● | ○ | ○ | ● | ● | ○ |

注：其中"●"为基本配置，"○"为可选配置。

控制系统型号表示方法：控制系统型号的选择应根据控制对象数量的多少进行选择，除满足选择的防喷器组合所需要的控制对象外，还要有备用接口。

#### 10.5.4.2 FKQ800-7B 型控制系统的工作原理与使用维护

**(1) FKQ800-7B 型控制系统的技术规范**

系统额定压力：21MPa；

管汇最高压力：34.5MPa；

系统减压范围：0～14MPa；

储能器预充氮气压力：(7±0.7)MPa；

液/电自动控制开关调压范围：18.5～21MPa；

液/气自动控制开关调压范围：18.5～21MPa；

气源压力：0.65～0.8MPa；

电源：(380±19)V，50Hz；

**(2) FKQ800-7B 型控制系统的工作原理及油/气路流程**

将远程控制台上电控箱的主令开关旋到"自动"位置时，整个系统便由液电自动开关控制，即处于自动控制状态，使储能器压力始终保持在18.5～21MPa。如果系统压力低于18.5MPa时，液电自控开关启动电动油泵，给储能器打压。当系统压力达到21MPa时，液电自动开关切断电泵电源，停止给储能器打压。

注意：电控箱的主令开关旋到"手动"位置时，电动油泵不会自动停止打压，操作者应注意观察系统压力，当达到21MPa时，将主令开关旋到"停止"，以防危险。管汇减压调压阀的二次油压的调整范围为0～14MPa，一般为10.5MPa。若将油路旁通阀从"关"位扳到"开"位，可以使管汇的压力升至储能器的压力，此操作主要用于剪切闸板。此时管汇减压调节阀将不再起作用。

在电机失效或需联合打压时，系统可以用气动油泵打压供油。启动时先打开气泵进气阀，压缩空气经分水过滤器、油雾器、气路四通、进入液气自动开关。如果此时输出油压低于18.5MPa时，液气自动开关将自动开启，压缩空气进入气泵，驱动其上下往复运动，排出的压力油经单向阀储能器及管汇。当输出油压升至21MPa时，在回压的作用下，液气自动开关将自行关闭，切断气源，气泵停止泵油。FKQ800-7B 型控制系统液/气路流程如图10-20所示。

#### 10.5.4.3 FKQ800-6F 防喷器控制系统的主要部件及其使用注意事项

**(1) 司钻控制台**

① 组成与功用 司钻控制台安装于钻台上，它能使司钻方便地对防喷器实现遥控操作，迅速而无误地控制井口。是司钻的首选操作装置。它主要有如下组成（图10-21）。

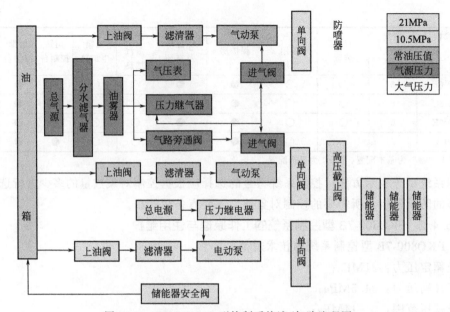

图 10-20　FKQ800-7B 型控制系统液/气路流程图

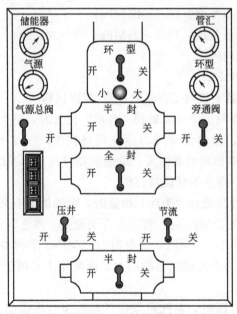

图 10-21　司钻控制台

**气源压力表**　用来显示气源总压力值。

**储能器压力表**　用来显示储能器的油压值（18.5～21MPa）。

**管汇压力表**　用来显示闸板防喷器和液动放喷阀的油压值。

**环形防喷器压力表**　用来显示环形防喷器的油压值。

**气源总阀**　采用二级操作方式，以防误操作。

**油路旁通阀**　在司控台上对管汇压力进行调节，使 10.5MPa 油压升为储能器油压，公防喷器剪切钻具使用。

**液动放喷阀**　在司控台上对四通两侧内防喷管汇上的液动放喷阀进行开关控制。

**环形防喷器气转阀** 在司控台上对环形防喷器进行开关控制。

**闸板防喷器气转阀**（3 个） 在司控台上对管封或全封或剪切闸板防喷器进行开关控制。

**环形防喷器遥控减压调节阀** 在司控台上对环形防喷器供油管路进行遥控调压，以实现有效的封井效果。

**报警仪及监视仪** 在司钻控制台上对远程控制台的低油压、低气压、低油位和电动泵的运转进行监视报警（详见远程控制台）。

② 工作特点 工作介质为压缩空气，保证操作安全、低压无污染；各气转阀的阀芯机能均为 Y 型，并能自动复位；每个气转阀手柄下面均配有形象化的标牌，能清晰地显示出各气转阀所控制的对象，以防误操作；司钻控制台的换向阀均采用二级操作方式，并且扳动气转阀必须保持 3s 以上，以确保远程控制台上的换向阀换向到位。每个气转阀分别与一个显示气缸相连，以便显示防喷器和液动阀的开关位置。

**(2) 远程控制台**

① 组成与功用 远程控制台主要由储能器组、油泵组、管汇及阀件和油箱及底座组成。其功用是：油泵组预先将油箱中液压油泵入储能器组，使储能器充满并保存足够数量和足够压力的液压油。当需要开关防喷器或液动放喷阀时，操作相应的三位四通换向阀即可向所需油缸迅速输送高压油，以推动防喷器或液动阀的活塞，实现井口的开关控制。

② 工作特点 该系统配有两套独立的动力源，即电动泵和气动泵，以备断电或电机异常时使用；储能器储备了足够数量、压力的液压油，用以实现防喷器或液动阀的多次开关；电动泵和气动泵均带有自动启动、停止开关；每个防喷器或液动阀的开关均由三位四通换向阀来控制。该系统既可以在司钻台上气动遥控换向，又可直接手动换向；储能器上端采用大口结构，便于现场拆装胶囊；远程控制台的控制管汇上备有压力源接口，可以在需要时引入压力源；电动泵备有吸油口，开泵后通过吸油软管从外来油桶向油箱泵油。

**(3) 储能器**

在防喷器使用之前，由油泵组给储能器组打压，储备了足够数量和压力的液压油，用以实现防喷器或液动阀的多次开关。储能器瓶采用大口结构，紧固环固定方式，垂直安装；工作介质为氮气-石油基液压油；工作温度为 $-10 \sim +70 ℃$；预充气压为 $(7\pm0.7)$MPa；工作压力为 21MPa；额定压力为 31.5MPa。储能器检测与预充氮气系统如图 10-22 所示。

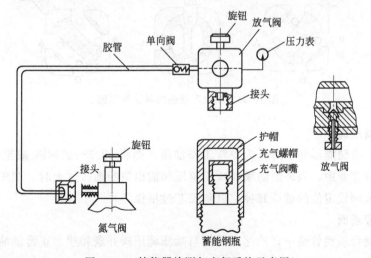

图 10-22 储能器检测与充氮系统示意图

**(4) 电泵**

电动泵是控制系统油泵组的主泵，正常情况下均用电泵为储能器组打压并维持一定的油压值。它有自动启动、自动停止的功能，无需专人看管。在正常打压过程中即使自动开关失灵，溢流阀可以迅速溢流，以防超载。

**(5) 气动泵**

气动泵是控制系统油泵组的辅助油泵，当电泵失效或需联合打压时，才使用气泵为储能器充压。它也有自动启动、自动停止功能，无需专人看管。在正常打压过程中即使自动开关失灵，溢流阀也可以迅速溢流，以防超载。

气动泵主要由上部的气动马达和下部的抽油泵组成。气动马达由钻机气源供气。其下部的液力端为单柱塞、立式、往复式抽油泵。

其工作特点是：上行吸油，同时排油；下行排油。即间歇吸油，连续排油。气泵活塞与油缸内腔断面的面积比为50:1。

**(6) 三位四通换向阀**

三位四通换向阀为转阀机构，用于使储能器高压液压油流入防喷器油缸关闭腔（或开启腔），实现关井（或开井）操作；同时使防喷器油缸开启腔（或关闭腔）液压油流回远程控制台油箱。既可以通过与之所连的气缸在司钻台遥控操作，也可以在远程台直接操作。

工作原理（图10-23）：该阀共有4个油口，上方为高压油口P，下方为回油O，左右为A和B两个工作油口，分别于防喷器的开、关油腔相连。其手柄共有开位、中位和关位三个位置。手柄处于开位时，阀盘使P与A、B与O分别连通，开启防喷器。当该阀手柄处于中位时，阀体上的P、O、A、B四个油口被阀盘封盖堵死，互不相通。当手柄处于关位时，阀盘使P与B、A与O分别连通，压力油由P经B再沿管路进入防喷器的关闭油腔，关井防喷器，与此同时防喷器开启油腔里的存油则沿管路由A经O流回油箱。正常钻井中，手柄位置应处于中位。

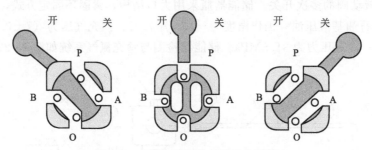

图 10-23 三位四通换向阀工作原理

**(7) 减压调压阀**

在正常时，将储能器油压降低为正常工作油压，即将18.5～21MPa减至10.5MPa；在封井下钻等特殊作业中，当环形防喷器减压调压阀输出口的油压过大时，调压阀输出口迅速卸载，将超出该阀设定值的油压卸掉，以防胶芯过早损坏。

**(8) 油路旁通阀**

在远程控制台供油管路中，油路旁通阀与减压调压阀并联相接。正常供油时油路旁通阀处于关位。当经减压调压阀的二次油压不能满足开关要求时，打开旁通阀，此时直接利用储能器的一次高压油进行开关井操作。

**（9）安全阀**

远程控制台上共有两个安全阀，即储能器安全阀（23MPa）和管汇安全阀（34.5MPa）。当油泵输出油压超过其预设值时，该阀开启，起过载泄压作用，分别用于保护储能器组和系统管汇及阀件。

**（10）压力继电器**

压力继电器又称液电自动开关，用来对电动油泵的启动、停止实现自动控制。当电泵输出油压超过 21MPa 时电泵自动停止泵油；当电泵输出油压低于 18.5MPa 时电泵自动启动泵油，再次向储能器输入高压油，直至 21MPa 时停止泵油。

**（11）压力继气器**

压力继气器又称液气自动开关，用来对气动油泵的启动、停止实现自动控制。当气泵输出油压超过 21MPa 时气泵自动停止泵油；当气泵输出油压低于 18.5MPa 时，气泵自动启动泵油，再次向储能器输入高压油，直至 21MPa 时停止泵油。

**（12）气动压力变送器**

其作用是将远程控制台储能器油压、管汇油压和环形防喷器油压的高压信号变成安全的低压气信号，输送到司钻控制台上（或辅助控制台上）进行二次显示，以利远程监视。

**（13）报警设置**

控制系统可配置安装安全报警装置，对储能器压力、气源压力、油箱液位和油泵组运转情况进行监视。当低于上述设备的预设值时，可以在远程台和司钻台上发出声、光报警信号警示操作人员采取应急处理措施，确保整个控制系统安全可靠。

**10.5.4.4 FKQ800-6B 型控制系统的常见故障与处理**（表 10-22）

表 10-22 FKQ800-6B 型控制系统的常见故障与处理

| 事故现象 | 原因 | 处理措施 |
|---|---|---|
| 控制装置运行时有噪声 | 系统液压油中混有气体 | 空运转，循环排气 |
| | | 检查胶囊有无破裂，及时更换 |
| 控制系统电机不启动 | 电源参数不符合要求 | 检修电路 |
| | 电控箱电器元件损坏、失灵或熔断丝烧断 | 检修电控箱或更换熔断丝 |
| 电泵启动后系统不升压或升压太慢，泵运转时声音不正常 | 油箱液面过低，泵吸空 | 补足液压油 |
| | 泵上油闸门未（全）打开 | 检查管路，打开闸阀 |
| | 泵上油管线滤油器堵死 | 清洗滤油器 |
| | 管汇泄压阀未关死 | 关闭管汇泄压阀 |
| | 电泵故障 | 检修电泵 |
| 电动油泵不能自动停止 | 液电自动开关油管或接头堵塞或漏油 | 检查液电自动开关油管 |
| | 液电自动开关失灵 | 调整或更换液电自动开关 |
| 减压调压阀出口压力过高 | 阀内密封环的密封面上有油污 | 旋转手轮，使密封盒上下移动多次挤出污物 |
| 在司钻台上不能开关防喷器或相应动作不一致 | 气缆管芯接错、管芯折断或堵死连接法兰密封垫圈窜气 | 检查气缆 |

# 10.6　钻井中的地质录井和测井

## 10.6.1　钻井中的地质录井

钻井过程中收集井下地质资料的过程叫钻井地质录井。其方法主要有钻时录井、岩屑录井、岩心录井、荧光录井、气测录井等。

**(1) 钻时录井**

钻时录井是通过计时器把实钻一个规定的单位进尺的时间反映并记录下来的过程。一般用 min/m 表示。

一般情况下，在保证井底清洁、钻井措施（钻压、转速、排量、钻头等）及其他水力参数等不变时，钻时的大小取决于地下岩石的可钻性。松软地层钻时小，即钻速快；致密坚硬地层钻时大，即钻速慢。故可根据钻时的大小，帮助判断地下岩层的变化和缝洞发育情况等。由于钻时录井简便及时，能够帮助掌握钻头的使用情况，所以应用较广泛。

**(2) 岩屑录井**

岩屑录井是指在井眼不断加深的过程中，按一定的取样间距和迟到时间将岩屑连续收集起来，进行观察、分析，并综合运用各种录井资料进行岩屑归位，以恢复地下原始剖面的过程。岩屑是地下岩石被钻头破碎后，被钻井液带到地面的岩石碎块。岩屑的迟到时间通常指在正常循环过程中，把岩屑从井底返至地面所需要的时间。

**(3) 岩心录井**

岩心录井是指在石油钻井过程中，为了更直观、更真实、更准确地反映地下岩层特征，利用取心工具将井下一定深度地层的岩石以柱状形式取出，并对其进行分析、研究而取得各项资料的过程。

**(4) 荧光录井**

荧光录井是指根据石油中油质、沥青质等在紫外线照射下所发出的一种特殊光即荧光的亮度及颜色的差别，测定出石油的含量和组成成分，并对油气层进行定性和定量解释的方法。荧光录井是录井工作中发现油气层直接而有效的重要方法。观察要在岩心出筒或岩屑捞出后立即进行，以便及时发现含油显示。

**(5) 气测录井**

气测录井是在钻井过程中用气测仪通过直接测定钻井液中的气体含量，从而判断油气层的过程。

气测录井不仅能直接判断油气层，还可预告井喷。气测值的突然升高，说明钻井液气侵严重，钻井液密度下降，会导致液柱压力低于地层压力，从而可能发生井喷。

## 10.6.2　地球物理测井

每一口井完钻后，在其完井作业前都要进行地球物理测井（简称测井），以便根据不同岩层所具有的不同物理性质间接地划分油、气、水层，检查钻井工程质量。实践证明，地球物理测井是研究油气层的重要手段，是各种录井工作的重要方法之一。常用的测井方法有电法测井、声波测井、放射性测井、井温测井及地层倾角测井等。

**(1) 电法测井**

电法测井是通过研究井下岩石及所含流体的电学性质来研究岩层的岩性、储油物性和含油性的方法。根据电极系和探测范围的不同，又分为电阻率测井、微电极测井、自然电位测井、感应测井和侧向测井。

**(2) 声波测井**

声波测井是利用岩石等介质的声学性质来研究钻井地质剖面、判断固井质量等问题的测井方法。声波通过不同岩石时具有不同的波速和不同的声幅衰减速度，所以声波测井又分为声波时差测井和声波幅度测井。

**(3) 放射性测井**

放射性测井是根据岩石和井内介质的核物理性质来研究钻井剖面，寻找有用矿藏及研究所钻井工程质量的测井方法。放射性测井按其探测射线的类型可分为伽马射线测井和中子测井。

**(4) 井温测井**

井温测井是对井内温度进行测量，得到随井深变化的井温曲线，再根据井温曲线的异常情况查找气层和出水层，确定固井注水泥时的水泥面位置等的测井方法。它是一种较早使用的测井方法。

井温仪是根据导体的电阻随着温度的变化而变化的原理，通过测量导体电阻变化造成的与其成正比的电位差来确定井下温度。在地表 30m 以下，地层温度随着深度的增加而增加，地温梯度大约为 3℃/100m。井温曲线是一条温度自上而下、由低到高的斜线。

遇到气层时，气体进入井筒，由于压力降低而产生吸热膨胀，从而降低了钻井液的温度造成井温曲线出现异常低。遇到水层时，地层水进入井筒，由于钻井液温度与其温度不同时产生热交换，导致出水层位的井温曲线出现异常。在漏失层位，由于钻井液大量地漏入地层，漏失处一时难以恢复其地层温度，因而造成井温曲线下降的异常变化。

**(5) 地层倾角测井**

地层倾角测井是记录一组曲线，根据这组曲线确定地层倾角和倾向的测井方法。利用地层倾角测井资料可以进行地层对比和研究构造，鉴别断层和不整合构造等构造变化。

地层倾角测井可取得地层倾角和倾斜方位，确定地层层面在空间的位置。

# 10.7 实训项目

## 10.7.1 内、外钳岗井口操作

### 10.7.1.1 学习目标
能够进行外钳岗和内钳岗的正确操作。

### 10.7.1.2 准备工作
ⅰ. 准备好合格的内、外钳。

ⅱ. 准备好合格的吊卡。

ⅲ. 起钻时准备好刮泥器。

ⅳ. 下钻时准备好钢丝刷、螺纹脂及旋绳（未配备液气大钳时）。

ⅴ.准备好小补心（垫叉）和钻杆钩。

### 10.7.1.3　操作步骤

**（1）外钳岗井口操作**

① 起钻

ⅰ.检查钻具，注意悬重表情况及钻具起升位置，及时提醒司钻。

ⅱ.立柱出转盘后，扣吊卡一次成功。

ⅲ.坐好钻具后，右手抓钳柄，左手开钳头，面向井口扣合吊钳一次成功，配合拉猫头卸开螺纹，并注意避开危险区。

ⅳ.螺纹卸开后，摘开吊钳，并不得使其摆动过大，用钻杆钩拉立柱至钻杆盒排位上，注意不得挡住司钻视线。

ⅴ.待空吊卡下放至井口1m左右时，与内钳工配合拉吊卡坐于转盘上，趁司钻刹车时取出保险销，拉出吊环，一次挂入并口承载吊卡，插好保险销。

② 下钻

ⅰ.钻具下放，眼看悬重表，井注意司钻操作。

ⅱ.吊卡距转盘1.5m左右时，一手扶吊环，一手拿保险销，待吊卡坐于转盘上时，取出保险销，拉出吊环，与内钳工配合一次挂入空吊卡，并插好保险销。

ⅲ.护送吊卡过内螺纹接头，检查钻具内螺纹并涂好螺纹脂。

ⅳ.送立柱至井口，与内钳工配合对螺纹一次成功，并注意立柱顺序不能错。

ⅴ.旋绳上螺纹完毕，扣吊钳一次成功，配合拉猫头上紧螺纹。

ⅵ.司钻提钻具刹车后，左手拉吊卡，右手打开活门，配合内钳工拉出吊卡。

**（2）内钳岗井口操作**

① 起钻

ⅰ.检查钻具有无刺漏和损伤，查看灌钻并液情况，注意钻具起升位置并及时提醒司钻。

ⅱ.立柱下接头出转盘面后，右手推吊卡紧靠钻具。

ⅲ.左手抓钳柄，右手开钳头，扣合吊钳一次成功。右手拉方框，左手推钳柄配合卸开螺纹。

ⅳ.钻具卸开后，左手推拉钳柄，右手摘开吊钳。

ⅴ.立柱提出内螺纹接头后，推立柱至钻杆盒排位上。

ⅵ.当空吊卡离内螺纹接头1m左右时，伸手抓住吊环配合外钳工护送吊卡过内螺纹接头后，放在转盘上，取出保险销，拉出吊环，一次挂入井口吊卡上，再插好保险销。

② 下钻

ⅰ.吊卡距转盘1.5m左右时，一手扶吊环，一手拿保险销，吊卡坐于转盘后立即取出保险销，拉出吊环，配合外钳工一次挂入空吊卡，插好保险销。

ⅱ.护送空吊卡升过内螺纹接头，向井口内螺纹接头盘好旋绳。

ⅲ.伸手迎接立柱，检查立柱外螺纹，与外钳工配合对螺纹一次成功。

ⅳ.上提旋绳并拉紧，配合猫头上螺纹，左手抓钳柄，右手开钳头，并对准井口钻具，扣合吊钳一次成功。右手拉方框，左手推钳柄，配合猫头上紧螺纹。

ⅴ.左手向胸前拉钳柄的同时顺手向外推，右手摘开外钳。外钳工摘开内钳并推开内钳，要顺手扶住，不能摆动过大。

ⅵ.司钻上提钻具刹稳后,与外钳工配合摘开吊卡,并拉在转盘一侧。要目送钻具下放,并观察钻井液返出情况。

#### 10.7.1.4　技术要求

ⅰ.扣吊卡要一次成功。

ⅱ.内、外钳工应密切配合,同时推吊环一次成功挂入吊卡耳环,并立即插入保险销。

ⅲ.钻具螺纹要刷洗干净,螺纹脂要涂抹均匀。刷洗螺纹或涂抹螺纹脂时,要尽量避开井口。在井口刷洗内螺纹或涂抹螺纹脂时一定要握紧钢丝刷以防落井。

ⅳ.扣合吊钳要一次成功,且位置要正确。

ⅴ.内、外钳工密切配合对螺纹要一次成功。

ⅵ.井口操作时,注意不能挡住司钻视线。

ⅶ.井口使用手工具时要拴好保险绳或盖好井口。

ⅷ.旋绳长度要合适,旋向要正确。

#### 10.7.1.5　相关知识

**(1) 吊钳**

1) 结构及作用

吊钳按位置分为外钳和内钳(离司钻近的为外钳、远的为内钳),工作时要相互配合,协调一致。其主要作用是在起下钻、下套管操作时,上卸钻具螺纹和紧螺纹。目前钻井普遍使用的是 B 型吊钳。其中 88.9~298.45mm 直径的 B 型吊钳用于上卸钻具螺纹,338.5~508mm 直径的 B 型吊钳用于上卸套管螺纹。

B 型吊钳主要由吊钳销子、钳柄、吊杆、吊环、平衡螺丝、扣合器、活动钳头以及长短钳等组成。吊钳通过定滑轮吊在井架上,钢丝绳的另一端加有配重,可使吊钳上下升降,便于使用。

吊钳在使用操作前,必须按要求检查、维护吊钳,使它符合技术要求。

2) 吊钳的检查、维护

① 钳牙　观察钳牙的磨损情况,磨损严重时应及时更换;检查钳牙是否松动,上、下挡销是否齐全,不符合要求时应及时处理;钳牙上应无油污、杂物。

② 吊钳销子及扣合器　检查各扣合器连接铰链安装是否正确,挡销、背帽是否齐全;各扣合器扣合尺寸与钻具尺寸要相符,工作时要灵活好用;吊钳的扣合弹簧要完好且必须就位;连接铰链要及时注入润滑脂。

③ 尾桩销及钳尾绳　尾桩销及方头螺钉要齐全完好;钳尾绳尺寸要符合标准,且无打结或严重断丝,两端紧固牢靠。

④ 吊钳的水平度　吊钳悬空时要保持水平,否则必须调整。调节吊杆下部的调节螺钉使吊钳前后水平;调节吊杆上部的平衡梁(转轴)使其左右水平。上、下活动吊钳要灵活无阻卡。

3) 吊钳的操作

紧螺纹时,外钳在上,内钳在下;卸螺纹时,外钳在下,内钳在上。吊钳打好后,钳口面离内、外螺纹接头的焊缝 3~5cm 为宜。上卸螺纹时,内外钳的夹角要在 45°~90°范围内。

**(2) 吊环**

1) 吊环类型及作用

吊环按结构可分为单臂吊环和双臂吊环。其主要作用是在起下钻具时，悬挂吊卡以悬持钻具。如 DH150、SH250，其中 D 代表单臂，S 代表双臂，H 代表环（字母均为汉语拼音第一个字母的大写），150、250 表示吊环的额定载荷，单位是 $9.8 \times 10^3 N$（t）。

2) 使用注意事项

ⅰ.按照载荷要求选用合适的吊环，禁止超载使用。

ⅱ.吊环不得有任何裂缝和焊缝。

ⅲ.钻进时要将两只吊环捆在一起，防止其摆动碰击水龙头。

ⅳ.处理事故或强力上提后，要进行探伤检查。

ⅴ.吊环在大钩耳环内要有一定的摆动自由度，无阻卡现象。

ⅵ.吊环在大钩上要系好保险钢丝绳。

### 10.7.2 二层台操作

#### 10.7.2.1 学习目标

熟悉二层台的安全操作要领与规程，初步形成动作规范、标准的操作技能；掌握二层台与井口的配合操作；掌握高空开扣吊卡及摆放钻具的动作要领；能够处理和排除二层台操作中的常见故障。

#### 10.7.2.2 准备要求

ⅰ.按标准系好保险带。

ⅱ.查看兜绳、U 形卡、钻杆钩是否齐全。

ⅲ.检查所用工具的保险绳是否牢固。

#### 10.7.2.3 操作步骤

**(1) 起下钻杆二层台操作**

① 起钻

ⅰ.游车大钩起升时要观察游动大绳的磨损情况，察看有无明显断丝。并注意游车的上升位置，及时提醒司钻。

ⅱ.立柱坐吊卡于转盘后及时绕好兜绳，下看钻台卸螺纹。

ⅲ.卸完螺纹，立柱下端进钻杆盒时，用力拉兜绳使立柱靠近操作台，并迅速将兜绳固定在 U 形卡上。

ⅳ.眼看吊卡下放离开内螺纹接头台阶，右手摘开吊卡，双手拉兜绳使立柱进指梁内，目送游车大钩下指梁。

ⅴ.抽出兜绳，用钻杆钩把立柱排放整齐。

② 下钻

ⅰ.将要下井的立柱用钻杆钩拉出靠在指梁上，绕好兜绳，留出适当的长度将活端固定在 U 形卡上。

ⅱ.眼看游车上升，用钻杆钩控制大绳和游车的摆动，防止大绳进指梁或游车碰指梁，有异常情况及时向司钻发出信号；游车过指梁后及时发出停车信号。

ⅲ.将立柱拉出指梁，利用游车的摆动将立柱推入吊卡内，右手迅速扣合活门，再试拉活门，观察保险销进入销孔后发出起车信号。

ⅳ. 上提立柱时慢放兜绳，扶正立柱配合井口上螺纹，大钳紧螺纹后取下兜绳。

ⅴ. 下放立柱时目送游车过指梁。

**(2) 起下钻铤二层台操作**

① 起钻铤

ⅰ. 游车起升时，眼看游动大绳有无明显断丝，注意游车位置，及时提醒司钻。

ⅱ. 钻铤立柱卡好后，绕好兜绳，兜绳应放松，配合钻台卸螺纹。

ⅲ. 螺纹卸开后，内、外钳工拉钻铤进钻杆盒的同时，用力拉兜绳使钻铤立柱靠近操作台，并迅速将兜绳固定在 U 形卡上。

ⅳ. 钻铤放入钻杆盒后，眼看吊卡下放并打开吊卡，把钻铤立柱拉进指梁，目送游车下指梁。

ⅴ. 把钻铤排好后，重复循环上述动作。

② 下钻铤

ⅰ. 将要下放的钻铤立柱拉出靠在指梁前端，绕好兜绳并留出适当的长度将活端固定 U 形卡上。

ⅱ. 眼看游车上升，用钻杆钩控制大绳和游车的摆动，防止大绳进指梁或游车碰指梁，游车过指梁后及时发出停车信号。

ⅲ. 摆正吊卡，拉出钻铤立柱，左手扶吊卡，右手扣活门一次成功，发出提升信号。

ⅳ. 上提钻铤立柱时慢松兜绳，扶正钻铤立柱配合井口上螺纹，并注意提升短节倒螺纹。大钳紧螺纹时，松开兜绳。

ⅴ. 钻铤下放时目送游车下过指梁，重复循环上述动作。

#### 10.7.2.4 技术要求

ⅰ. 二层台各种绳索固定牢固，所用工具一律用保险绳固定在井架上。

ⅱ. 操作时必须待游车停稳后扣合吊卡，确认吊卡扣牢后方能发出起车信号。

ⅲ. 不准用手拉立柱内螺纹，下放立柱前及时松开兜绳。

ⅳ. 注意听天车有无杂音，随时注意游车的上升位置，及时提醒司钻。

ⅴ. 夜间操作时，照明设施要符合要求。

#### 10.7.2.5 相关知识

**(1) 高空作业安全要求**

ⅰ. 高空作业一定要系好保险带，保险带尾绳要固定在井架横拉筋上。

ⅱ. 高空作业所用工具要拴保险绳，工具用完后不准存放在井架上。

ⅲ. 检查井架梯子、栏杆、操作台、指梁、二层台、兜绳及钻杆挡板的固定是否紧固，发现问题及时整改。

ⅳ. 检查游动系统部件是否齐全、灵敏可靠。

ⅴ. 严禁戴安全帽上、下井架或进行二层台操作。

ⅵ. 上、下井架和二层台必须按不同井架的规定路线行走，不准乘坐游车或电、气动小绞车升降。

ⅶ. 临时上井架人员必须经司钻允许，并系好保险带，加强安全措施，符合高空作业要求。

**(2) 二层台操作规程**

① 起钻时二层台的操作规程

ⅰ.游车上升时，察看并防止游动大绳进指梁和游车碰指梁及工作台，发现异常及时通知司钻停车。

ⅱ.立柱内螺纹接头过指梁到适当位置后，及时发出停车信号或手势。

ⅲ.停车后向立柱绕好兜绳，但兜绳应放松固定，不得使立柱有蹩劲。

ⅳ.当井口卸螺纹后将立柱拉往钻杆盒时，用力拉兜绳使立柱靠近操作台，并迅速将兜绳固定好。

ⅴ.待钻杆立柱就位后，看吊卡下放，刚脱开接头台阶时，趁机打开吊卡，同时拉兜绳，使立柱紧贴操作台，注意游车摆动情况，目送游车过指梁。

ⅵ.推立柱进指梁，松开兜绳活端并去掉兜绳，用钻杆钩子拉立柱摆放到位，若立柱摆放不稳，则用棕绳固定好，以免排乱或跑出指梁。

ⅶ.起钻铤时，要注意钻铤立柱就位后，兜绳不要去掉，用兜绳固牢，防止跑出指梁，同时也为下钻提供方便。

② 下钻时二层台的操作规程

ⅰ.在夜间、雾天、能见度低时下钻，与司钻联系可采用声音信号（敲击钻杆或井架角铁），信号为"一起、二放、三停止"；能见度好时可采用手势信号。

ⅱ.所有下井钻具一定要按顺序下井，要先拉出一立柱靠在指梁上，绕好兜绳并将活绳端固定好，留适当长度以便扣吊卡。

ⅲ.看游车上升，防止大绳进指梁或游车碰撞指梁，严禁用手扶钢丝绳。吊卡过指梁后，拉立柱出指梁，同时发出停车信号。

ⅳ.停车后，吊卡至合适位置，用手握吊卡活门手柄猛扣吊卡。吊卡扣好后，发出起车信号。

ⅴ.立柱上提时，慢松兜绳，扶正立柱配合井口上螺纹，旋绳上螺纹时要注意防止吊卡活门因快速旋转、摆动而打开，待紧螺纹时即可去掉兜绳。

ⅵ.立柱提起下放时，目送游车过指梁后，再做下一立柱的准备工作。

ⅶ.下钻铤上螺纹时，防止提升短节倒螺纹卸开，如有异常及时发出信号通知司钻进行处理。

ⅷ.工作完毕，将所有工具及绳索摆放正规并固定好再下井架，井架上如有多余立柱必须将其封固牢靠。

**(3) 钻具的检查使用**

起下钻时倾听天车运转是否正常，同时注意检查立柱内螺纹接头及立柱上部本体有无损伤、弯曲等，使用时注意以下几点。

ⅰ.钻具上下钻台必须戴好螺纹护罩，平稳操作。大门坡道上不准摆放钻具。方钻杆进出鼠洞时，操作要平稳。

ⅱ.下井钻具螺纹必须用液气大钳按规定压力、扭矩紧螺纹或用双钳4~5道猫头绳紧螺纹，上卸螺纹时吊钳不得胶在钻杆本体上。

ⅲ.新车螺纹的钻杆、钻铤接头螺纹，要磨合到光滑、无毛刺才能下井。

ⅳ.井下钻具必须丈量长度、内外径，并建立钻具记录本做好详细记录。

ⅴ.起钻时钻具要错扣检查，以防粘螺纹。钻铤在使用3个月后，要将所有的螺纹卸开清洗检查一次。倒换钻杆时要成组倒换，一般在钻进3~5只钻头倒换一次。

ⅵ.起下钻时井架工检查钻具弯曲情况，内、外钳工检查钻具本体和内外螺纹接头有无损伤、刺坏等情况。

ⅶ.甩钻杆时必须卸成单根。处理事故用在钻具上的打捞工具、配合接头等其他工具均要卸掉。

ⅷ.超深井使用的钻具，每完一口并要对全部钻具进行一次检查，其他井的钻具，每运转 1500～2000h 检查一次。

# 单元习题

1.简述起钻的准备工作。

2.简述井控设备功能。

# 单元11
## 二次开钻

## 11.1　定向钻井技术

定向井：目标点和井口不在一条铅垂线上的井。按照事先设计的具有井斜和方位变化的轨道钻进的井。一口直井打斜了，也具有井斜角和井斜方位角的变化，但那不是定向井。

井眼轨道：指在一口井钻进之前人们预想的该井井眼轴线形状。

井眼轨迹：指一口井实际钻出来后的井眼轴线形状。

### 11.1.1　定向井的用途

20世纪30年代初，在海边向海里打定向井开采海上油田的尝试成功之后，定向井得到了广泛的应用，其应用领域大体有以下三种情况。

**(1) 地面环境条件的限制**

地面上是高山、湖泊、沼泽、河流、沟壑、海洋、农田或重要的建筑物等，难以安装钻机进行钻井作业时，或安装钻机和钻井作业费用很高时，为了勘探和开发它们下面的油田，最好的方法是钻定向井（图11-1）。

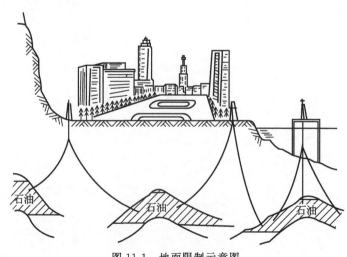

图 11-1　地面限制示意图

**（2）地下地质条件的要求**

对于断层遮挡油藏，定向井比直井可发现和钻穿更多的油层；对于薄油层，定向井和水平井比直井的油层裸露面积要大得多。对于垂直裂缝的构造带，打直井很难钻遇裂缝，若钻定向井或水平井，则钻遇裂缝的机会就大得多。另外，侧钻井、多底井、分支井、大位移井、侧钻水平井、径向水平井、等定向井的新种类，显著地扩大了勘探效果，增加了原油产量，提高了油藏的采收率。

**（3）处理井下事故的要求**

当井下落物或断钻事故最终无法捞出时，可从上部井段侧钻打定向井。特别是遇到井喷着火常规方法难以处理时，在事故井附近打定向井（称作救援井），与事故井贯通，进行引流或压井，从而可处理井喷着火事故。

随着定向井钻井技术的发展，定向井建井周期和总成本已接近钻直径的水平，定向钻井已成为油田勘探开发的极为重要的手段。

## 11.1.2 井眼轨迹的基本概念

### 11.1.2.1 井眼轨迹的基本参数

井眼轨迹为空间曲线。为了进行井眼轨迹控制，就要了解这条空间曲线的形状，进行轨迹测量，即"测斜"。目前常用的测斜方法并不是连续测斜，而是每隔一定长度的井段测一个点，这些井段被称为"测段"，这些点被称为"测点"。

轨迹基本参数：井深、井斜角、井斜方位角。

**（1）井深（$L$）**

井深指井口（通常以转盘面为基准）至测点的井眼长度，也有人称之为斜深，国外称为测量井深。井深是以钻柱或电缆的长度来量测，既是测点的基本参数之一，又是表明测点位置的标志。一个测段的两个测点中，井深小的称为上测点，井深大的称为下测点。井深的增量（$\Delta L$）总是下测点井深减去上测点井深。

**（2）井斜角（$\alpha$）**

在井眼轴线上某测点作井眼轴线的切线，该切线向井眼前进方向延伸的方向为井眼方向线。井眼方向线与重力线之间的夹角就是井斜角，如图 11-2 所示。

**（3）井斜方位角（$\phi$）**

某测点处的井眼方向线投影到水平面上，称为井眼方位线，或井斜方位线。以正北方位线为始边，顺时针方向旋转到井眼方位线上所转过的角度，即井斜方位角，简称方位角。一个测段内的井斜角增量总是下测点井斜角减去上测点井斜角。一个测段内的方位角增量总是下测点方位角减去上测点方位角。

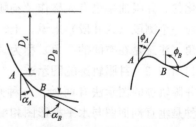

图 11-2 井斜角与井斜方位角

如图 11-2 所示，$A$ 点的井斜角为 $\alpha_A$、方位角为 $\phi_A$，$B$ 点的井斜角为 $\alpha_B$、方位角为 $\phi_B$，$AB$ 井段的井斜角增量 $\Delta\alpha$、方位角增量 $\Delta\phi$ 分别为

$$\Delta\alpha = \alpha_B - \alpha_A \qquad \Delta\phi = \phi_B - \phi_A$$

### 11.1.2.2 井眼轨迹的计算参数

轨迹计算参数可用于描述轨迹的形状和位置，可用于轨迹绘图。

**（1）垂直深度（D）**

垂直深度简称垂深，是指轨迹上某点至井口所在水平面的距离。垂深的增量（$\Delta D$）称为垂增。如图 11-2 所示，$A$、$B$ 两点的垂深分别为 $D_A$、$D_B$，$AB$ 井段的垂增 $\Delta D = D_B - D_A$。

**（2）N 坐标和 E 坐标**

$N$ 坐标和 $E$ 坐标是指井眼轨迹上某点在以井口为原点的水平面坐标系里的坐标值。南北坐标轴，以正北方向为正方向；东西坐标轴，以正东方向为正方向。如图 11-2 所示，$A$、$B$ 两点的坐标值分别为 $N_A$、$E_A$ 和 $N_B$、$E_B$，坐标增量以 $\Delta N$、$\Delta E$ 表示。

**（3）水平长度（$L_p$）**

水平长度简称平长，是指井眼轨迹上某点至井口的长度在水平面上的投影，即井深在水平面上的投影长度。水平长度的增量称为平增（$\Delta L_p$）表示。平长和平增是指曲线长度。

**（4）水平位移（S）**

水平位移简称平移，指井眼轨迹某点至井口所在铅垂线的距离，或指轨迹上某点至井口的距离在水平面上的投影。此投影线称为平移方位线。

如图 11-3 所示。$A$、$B$ 两点的水平位移分别为 $S_A$、$S_B$。在国外，将水平位移称作闭合距。而我国油田现场常特指完钻位置的水平位移为闭合距。

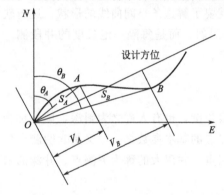

图 11-3　水平位移及平移方位角

**（5）平移方位角（$\theta$）**

平移方位角指平移方位线所在的方位角，即以正北方位为始边顺时针至平移线上所转过的角度。如图 11-3 所示，$A$、$B$ 两点的平移方位角为 $\theta_A$、$\theta_B$。在国外将平移方位角称作闭合方位角。而我国油田现场常特指完钻位置的平移方位角为闭合方位角。

**（6）视平移（V）**

视平移也称投影位移，是水平位移在设计方位线上的投影长度。视平移用字母 $V$ 表示。如图 11-3 所示，$A$、$B$ 两点的视平移分别为 $V_A$、$V_B$。

**（7）井眼曲率（K）**

井眼曲率是指井眼轨迹曲线的曲率。由于实钻井眼轨迹是任意的空间曲线，其曲率是不断变化的。井眼曲率也有人称作"狗腿严重度"、"全角变化率"。

对一个测段（或井段）来说，上、下二测点处的井眼方向线是不同的，两条方向线之间的夹角（注意是在空间的夹角）称为"狗腿角"，也有人称为"全角变化"。

### 11.1.2.3　井眼轨迹的图示法

井眼轨迹的图示法有两种，一种是垂直投影图与水平投影图相配合，如图 11-4 所示；另一种是垂直剖面图与水平投影图相配合，如图 11-5 所示。

**（1）水平投影图**

水平投影图相当于机械制图中的俯视图，就是将井眼轨迹这条空间曲线投影到井口所在的水平面上。图中的坐标为 $N$ 坐标和 $E$ 坐标，以井口为坐标原点。在水平投影图上，方位角是真实的。

**（2）垂直投影图**

垂直投影图相当于机械制图中的侧视图，即将井眼轨迹这条空间曲线投影到设计方位线所在的那个铅垂平面上。图中的坐标为垂深 $D$ 和视平移 $V$，也是以井口为坐标原点。

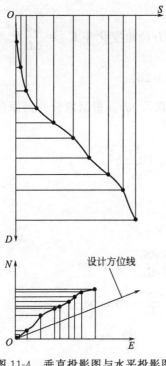

图 11-4  垂直投影图与水平投影图

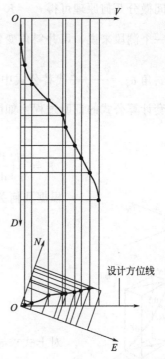

图 11-5  垂直剖面图与水平投影图

优点：垂直投影图与设计的垂直投影图进行比较，可以看出实钻井眼轨迹与设计井眼轨迹的差别，便于指导施工中轨迹控制。

**(3) 垂直剖面图**

垂直剖面图可以这样来理解：设想经过井眼轨迹上每一个点作一条铅垂线，所有这些铅垂线就构成了一个曲面。这种曲面在数学上称作柱面。当此柱面展平时就形成了垂直剖面图。垂直剖面图的两个坐标是垂深 $D$ 和水平长度 $L_p$。在垂直剖面图上，井斜角是真实的。

### 11.1.2.4  测点的井眼方向

$$\vec{e}_1 = \vec{e}_H \cos\alpha_1 + \vec{e}_N \sin\alpha_1 \cos\phi_1 + \vec{e}_E \sin\alpha_1 \sin\phi_1 \tag{11-1}$$

## 11.1.3  定向井井眼轨迹计算

### 11.1.3.1  井眼曲率的概念

从一点到另一点，井眼前进方向变化的角度（两点处井眼前进方向线之间的夹角），既反映了井斜角的变化，又反映了井斜方位角的变化，称为全角变化值，或称为狗腿角，通常以 $\gamma$ 表示。由于实钻井眼轨迹是任意的空间曲线，其曲率是不断变化的，所以在工程上常常计算井段的平均曲率。所取测（井）段越短，平均曲率就越接近实际曲率。

### 11.1.3.2  井眼曲率的计算公式

**(1) 第一套计算公式**

根据空间微分几何原理推导而来

$$K = \sqrt{\left(\frac{\Delta\alpha}{\Delta L}\right)^2 + \left(\frac{\Delta\phi}{\Delta L}\right)^2 \sin^2\alpha} \tag{11-2a}$$

据空间微分几何原理可得
$$K = \sqrt{K_\alpha^2 + K_\phi^2 \sin^2\alpha_c} \tag{11-2b}$$

对于一个测段来说，以井斜角变化率 $K_\alpha = \dfrac{\Delta\alpha}{\Delta L}$ 和方位角变化率 $K_\phi = \dfrac{\Delta\phi}{\Delta L}$ 代入，并以测段平均井斜角 $\alpha_c = \dfrac{\alpha_1 + \alpha_2}{2}$ 代替公式中的 $\alpha$，得到式（11-2b）。

第一套计算公式的证明过程：如图 11-6 所示。取微段 $\mathrm{d}L$。根据微分几何原理，微段的曲率为

$$K = \sqrt{\left(\frac{\mathrm{d}^2 H}{\mathrm{d}L^2}\right)^2 + \left(\frac{\mathrm{d}^2 N}{\mathrm{d}L^2}\right)^2 + \left(\frac{\mathrm{d}^2 E}{\mathrm{d}L^2}\right)^2} \tag{11-3}$$

根据几何关系

$$\frac{\mathrm{d}H}{\mathrm{d}L} = \cos\alpha$$

$$\frac{\mathrm{d}N}{\mathrm{d}L} = \frac{\mathrm{d}N}{\mathrm{d}S}\frac{\mathrm{d}S}{\mathrm{d}L} = \cos\phi\sin\alpha$$

$$\frac{\mathrm{d}E}{\mathrm{d}L} = \frac{\mathrm{d}E}{\mathrm{d}S}\frac{\mathrm{d}S}{\mathrm{d}L} = \sin\phi\sin\alpha$$

对上式求导，令：$\dfrac{\mathrm{d}\alpha}{\mathrm{d}L} = K_\alpha \qquad \dfrac{\mathrm{d}\phi}{\mathrm{d}L} = K_\phi$

则得

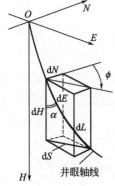

图 11-6 第一套计算公式图

$$\frac{\mathrm{d}^2 H}{\mathrm{d}L^2} = -K_\alpha \sin\alpha$$

$$\frac{\mathrm{d}^2 N}{\mathrm{d}L^2} = K_\alpha \cos\alpha\cos\phi - K_\phi \sin\alpha\sin\phi$$

$$\frac{\mathrm{d}^2 E}{\mathrm{d}L^2} = K_\alpha \cos\alpha\sin\phi + K_\phi \cos\phi\sin\alpha$$

将上式代入式(11-3) 并化简，即得式(11-2)。

**(2) 第二套计算公式**

Lubinsky 根据空间平面圆弧曲线推导而来

$$\cos\gamma = \cos\alpha_1 \cos\alpha_2 + \sin\alpha_1 \sin\alpha_2 \cos\Delta\phi \tag{11-4a}$$

$$K = \frac{\gamma}{\Delta L} \tag{11-4b}$$

① 第二套计算公式的证明 (1)

如图 11-7 所示，假定测段是斜面圆弧曲线。

由 $\triangle CDE$ 和 $\triangle C'DE$ 得

$$DE^2 = CD^2 + CE^2 - 2CD \cdot CE\cos\gamma$$

$$DE^2 = C'D^2 + C'E^2 - 2C'D \cdot C'E\cos\Delta\phi$$

联立可得

$$CD^2 + CE^2 - 2CD \cdot CE\cos\gamma = C'D^2 + C'E^2 - 2C'D \cdot C'E\cos\Delta\phi \tag{11-5}$$

由几何关系可得

$$CD = \frac{CC'}{\cos\alpha_2} \qquad C'D = CC'\tan\alpha_2$$

$$CE = \frac{CC'}{\cos\alpha_1} \qquad C'E = CC'\tan\alpha_1$$

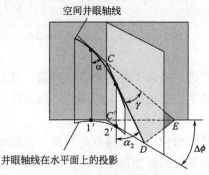

图 11-7　第二套计算公式图

代入式(11-5) 可得式(11-4a)。

② 第二套计算公式的证明（2）

1 点的井眼方向单位矢量为

$$\vec{e}_1 = \vec{e}_H\cos\alpha_1 + \vec{e}_N\sin\alpha_1\cos\phi_1 + \vec{e}_E\sin\alpha_1\sin\phi_1$$

2 点的井眼方向单位矢量为

$$\vec{e}_2 = \vec{e}_H\cos\alpha_2 + \vec{e}_N\sin\alpha_2\cos\phi_2 + \vec{e}_E\sin\alpha_2\sin\phi_2$$

两矢量夹角的余弦为

$$\cos\gamma = \cos\alpha_1\cos\alpha_2 + \sin\alpha_1\sin\alpha_2\cos\Delta\phi$$

**(3) 第三套计算公式**

$$\gamma = \sqrt{\alpha_1^2 + \alpha_2^2 - 2\alpha_1\alpha_2\cos\Delta\phi} \tag{11-6a}$$

$$K = \frac{\gamma}{\Delta L} \tag{11-6b}$$

该方法源于沙尼金图解法，是第一套计算公式在井斜角较小且两点的井斜、方位均相差不大情况下的近似。由于上式是任意三角形余弦定理的表达式，因此可以用图解法求 $\gamma$（图 11-8）。

第三套计算公式的证明如下。

由式(11-2a) 得

$$K = \sqrt{\left(\frac{\alpha_2-\alpha_1}{\Delta L}\right)^2 + \left(\frac{\Delta\phi}{\Delta L}\right)^2\sin^2\left(\frac{\alpha_1+\alpha_2}{2}\right)}$$

两边同时乘以 $\Delta L$，展开后则有

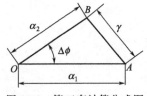

图 11-8　第三套计算公式图

$$\gamma = \sqrt{\alpha_1^2 + \alpha_2^2 - 2\alpha_1\alpha_2 + (\Delta\phi)^2\sin^2\left(\frac{\alpha_1+\alpha_2}{2}\right)}$$

在井斜角较小，两点的井斜、方位均相差不大时有

$$(\Delta\phi)^2 \approx 4\sin^2\left(\frac{\Delta\phi}{2}\right)$$

$$\sin^2\left(\frac{\alpha_1+\alpha_2}{2}\right) \approx \frac{\alpha_1^2 + \alpha_2^2 + 2\alpha_1\alpha_2}{4} \approx \alpha_1\alpha_2$$

则有

$$\gamma = \sqrt{\alpha_1^2 + \alpha_2^2 - 2\alpha_1\alpha_2\left[1 - 2\sin^2\left(\frac{\Delta\phi}{2}\right)\right]}$$

$$\gamma = \sqrt{\alpha_1^2 + \alpha_2^2 - 2\alpha_1\alpha_2\cos\Delta\phi}$$

**（4）计算方法的选择**

第一套公式：数学推导严密，适用于各种形状的井眼，具有普遍性。

第二套公式：假设井段是平面圆弧曲线，适用于平面曲线的井眼，例如，用弯曲动力钻具定向钻进钻出的井眼。

第三套公式：只能用于井斜角较小，且两点的井斜、方位均相差不大的情况下。

我国定向井标准化委员会制定的标准规定：使用第一套计算公式。

# 11.2 井眼轨迹预测的外推法

外推法是根据目前的井眼轨迹发展变化规律和趋势预测未知井眼轨迹的方法。外推法主要适用于井内钻具组合没有更换、钻进方式和条件没有改变时井眼轨迹预测。主要方法有：自然参数曲线外推法、圆柱螺线外推法、斜面圆弧外推法、恒装置角曲线外推法。

## 11.2.1 自然参数曲线外推法

自然参数曲线外推法认为已钻井眼的轨迹变化规律为井斜变化率和方位变化率均保持常数，并且这种趋势还将保持下去。自然参数曲线外推法主要适用于存在方位漂移井段的井眼轨迹预测。自然参数曲线外推法的关键是：如何获取井斜变化率和方位变化率？井斜变化率和方位变化率确定后如何预测轨道？

**（1）计算井斜变化率和方位变化率**

分别计算出最近 1~3 个测段内井斜变化率和方位变化率，然后取其算术平均值作为预测用的井斜及方位变化率

$$K_\alpha = \frac{1}{m}\sum_{i=1}^{m} K_{\alpha i} \quad m = 1, 2, 3$$

$$K_\phi = \frac{1}{m}\sum_{i=1}^{m} K_{\phi i} \quad m = 1, 2, 3$$

$$K_{\alpha i} = \frac{\Delta\alpha_i}{L_i - L_{i-1}}$$

$$K_{\phi i} = \frac{\Delta\varphi_i}{L_i - L_{i-1}}$$

**（2）根据井斜及方位变化率预测井眼轨迹**

$$L_j = L_b + \Delta L_j; \alpha_j = \alpha_b + K_\alpha\Delta L_j; \varphi_j = \varphi_b + K_\varphi\Delta L_j$$

$$H_j = H_b + (\sin\alpha_j - \sin\alpha_b)/K_\alpha$$

$$S_j = S_b + (\cos\alpha_b - \cos\alpha_j)/K_\alpha$$

$$N_j = N_b + \frac{[\cos(\alpha_b + \varphi_b) - \cos(\alpha_j + \varphi_j)]}{2(K_\alpha + K_\phi)} + \frac{[\cos(\alpha_b - \varphi_b) - \cos(\alpha_j - \varphi_j)]}{2(K_\alpha - K_\phi)}$$

$$E_j = E_b + \frac{[\sin(\alpha_j - \varphi_j) - \sin(\alpha_b - \varphi_b)]}{2(K_\alpha - K_\phi)} - \frac{[\sin(\alpha_j + \varphi_j) - \sin(\alpha_b + \varphi_b)]}{2(K_\alpha + K_\phi)}$$

$b$ 点为当前井底；$j$ 点为预测点；$\Delta L_j$ 为预测点到当前井底的距离。

### 11.2.2　圆柱螺线外推法

圆柱螺线外推法认为已钻井眼的轨迹是一条等变螺旋角的圆柱螺线，即在垂直剖面图和水平投影图上均为圆弧，并且这种趋势还将保持下去。圆柱螺线外推法主要适用于转盘钻进井段的井眼轨迹预测。圆柱螺线外推法的关键是：如何获取圆柱螺线在垂直剖面图和水平投影图上的曲率？曲率确定后如何预测轨道？

**(1) 计算垂直剖面图上井眼轨迹曲率 $K_H$ 和水平投影图上井眼轨迹曲率 $K_A$**

分别计算出最近 $1 \sim 3$ 个测段内 $K_H$ 和 $K_A$，然后取其算术平均值作为预测用的 $K_H$ 和 $K_A$

$$K_H = \frac{1}{m} \sum_{i=1}^{m} K_{Hi} \quad m = 1, 2, 3$$

$$K_A = \frac{1}{m} \sum_{i=1}^{m} K_{Ai} \quad m = 1, 2, 3$$

$$K_{Hi} = \frac{\Delta \alpha_i}{L_i - L_{i-1}}$$

$$K_{Ai} = \frac{K_{Hi} \cdot \Delta \varphi_i}{\cos\alpha_{i-1} - \cos\alpha_i}$$

**(2) 根据 $K_H$ 和 $K_A$ 预测井眼轨迹**

$$L_j = L_b + \Delta L_j ; \alpha_j = \alpha_b + K_H \Delta L_j ; \varphi_j = \varphi_b + \frac{K_A}{K_H}(\cos\alpha_b - \cos\alpha_j)$$

$$H_j = H_b + (\sin\alpha_j - \sin\alpha_b)/K_H$$

$$S_j = S_b + (\cos\alpha_b - \cos\alpha_j)/K_H$$

$$N_j = N_b + (\sin\phi_j - \sin\phi_b)/K_A$$

$$E_j = E_b + (\cos\phi_b - \cos\phi_j)/K_A$$

$b$ 点为当前井底；$j$ 点为预测点；$\Delta L_j$ 为预测点到当前井底的距离。

### 11.2.3　斜面圆弧外推法

斜面圆弧外推法认为已钻井眼的轨迹是一斜平面上的圆弧线，并且将来的轨道仍然在该斜平面圆弧上。斜面圆弧外推法主要适用于保持造斜工具面不变时动力钻具定向钻进井段的井眼轨迹预测。斜面圆弧外推法的关键是：如何获取斜面圆弧的曲率及其法线矢量？在曲率和法线矢量确定后如何预测轨道？

自然参数曲线、圆柱螺线和斜面圆弧都是三自由度曲线，当给定曲线的两个特征参数和曲线段长后，就可以计算出预测点各参数。自然参数曲线和圆柱螺线的两个特征参数分别为 $K_\alpha$、$K_\phi$ 和 $K_H$、$K_A$，且特征参数在曲线的任意点上均保持不变，所以可以用平均法求其特征参数。

斜面圆弧的两个特征参数是圆弧的曲率 $K$ 和斜平面对应的装置角 $\omega$（图 11-9），与前面

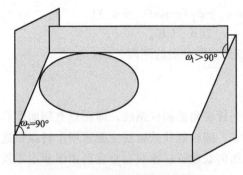

图 11-9 斜面圆弧外推法计算图

两种曲线不同的是圆弧的特征参数 $\omega$ 在斜面圆弧的不同位置处是不一样的，这就使得无法用平均法求其特征参数。

虽然斜面圆弧的特征参数 $\omega$ 在斜面圆弧的不同位置处是不一样的，但斜面圆弧的斜平面法线矢量却是不变的，因此，我们以斜面圆弧的单位法线矢量和曲率作为其两个特征参数，通过计算最近 $1\sim3$ 个测段内曲率 $K$ 和单位法线矢量 $\vec{e}_n$，然后取其平均值作为预测用的 $K$ 和 $\vec{e}_n$。

**(1) 计算斜面圆弧的曲率 $K$ 和单位法线矢量 $\vec{e}_n$**

$$K = \frac{1}{m}\sum_{i=1}^{m} K_i \quad m = 1,2,3$$

$$\vec{e}_n = \frac{\sum_{i=1}^{m}\vec{e}_{ni}}{\left|\sum_{i=1}^{m}\vec{e}_{ni}\right|} \quad m = 1,2,3$$

$$\Delta\gamma_i = \cos^{-1}(\cos\alpha_{i-1}\cos\alpha_i + \sin\alpha_{i-1}\sin\alpha_i\cos\Delta\varphi_i)$$

$$K_i = \frac{\Delta\gamma_i}{L_i - L_{i-1}}$$

$$\vec{e}_{ni} = \frac{1}{\sin\Delta\gamma_i}[\vec{e}_{t(i-1)} \times \vec{e}_{ti}]$$

**(2) 根据 $K$ 和单位法线矢量 $\vec{e}_n$ 预测井眼轨迹**

要预测井眼轨迹，需先知道预测点处的井眼方向单位矢量 $\vec{e}_j$

$$\vec{e}_j = \cos\Delta\gamma_j \cdot \vec{e}_b + \sin\Delta\gamma_j \cdot \vec{e}_{br}$$
$$\Delta\gamma_j = K \cdot \Delta L_j$$
$$\vec{e}_{br} = \vec{e}_n \times \vec{e}_b$$

$b$ 点为当前井底；$j$ 点为预测点；$\Delta L_j$ 为预测点到当前井底的距离。

当预测点 $j$ 处井眼方向单位矢量确定后，就可以计算出预测点出的井斜角 $\alpha_j$ 和方位角 $\phi_j$，其中 $x$ 为横坐标数值。

$$\vec{e}_j = x_1\vec{e}_H + x_2\vec{e}_N + x_3\vec{e}_E$$
$$\alpha_j = \arccos(x_1)$$
$$\phi_j = \begin{cases} \arctan(x_3/x_2) & \text{当 } x_2 > 0 \text{ 时} \\ \arctan(x_3/x_2) + \pi & \text{当 } x_2 < 0 \text{ 时} \end{cases}$$

当预测点 $j$ 处井斜角 $\alpha_j$ 和方位角 $\phi_j$ 确定后可以按下式计算其他参数

$L_j = L_b + \Delta L_j;\Delta\gamma_j = K\Delta L_j$

$H_j = H_b + \tan(\Delta\gamma_j/2)(\cos\alpha_b + \cos\alpha_j)/K$

$S_j = S_b + [\tan(\Delta\gamma_j/2)(\sin\alpha_b + \sin\alpha_j)/K][(\Delta\varphi_j/2)/\tan(\Delta\varphi_j/2)]$

$N_j = N_b + \tan(\Delta\gamma_j/2)(\sin\alpha_b\cos\varphi_b + \sin\alpha_j\cos\varphi_j)/K$

$E_j = E_b + \tan(\Delta\gamma_j/2)(\sin\alpha_b\sin\varphi_b + \sin\alpha_j\sin\varphi_j)/K$

### 11.2.4　恒装置角曲线外推法

恒装置角曲线外推法认为已钻井眼的轨迹是一条井眼曲率不变、装置角恒定的曲线（即恒装置角曲线），并且将来的轨道仍然在该曲线上。恒装置角曲线外推法主要适用于保持装置角恒定时动力钻具定向钻进井段的井眼轨迹预测。恒装置角曲线外推法的关键是：如何获取恒装置角曲线的曲率及其装置角的大小？在曲率和装置角确定后如何预测轨道？

**(1) 计算恒装置角曲线的曲率 $K$ 和装置角 $\omega$**

恒装置角曲线的两个特征参数是曲线的曲率 $K$ 及其装置角 $\omega$，且在曲线的任意点上，这两个参数都保持恒定，因此可以通过计算最近 1～3 个测段内曲率 $K$ 和装置角 $\omega$，然后取其平均值作为预测用的 $K$ 和 $\omega$

$$K=\frac{1}{m}\sum_{i=1}^{m}K_i \quad m=1,2,3$$

$$\omega=\frac{1}{m}\sum_{i=1}^{m}\omega_i \quad m=1,2,3$$

$$K_i=\frac{\sqrt{\Delta\alpha_i^2+\Delta\varphi_i^2\sin^2\alpha_{ci}}}{L_i-L_{i-1}}$$

$$\omega_i=\mathrm{sgn}(\Delta\varphi_i)\arccos\left(\frac{\Delta\alpha_i}{\sqrt{\Delta\alpha_i^2+\Delta\varphi_i^2\sin^2\alpha_{ci}}}\right)$$

**(2) 根据 $K$ 和 $\omega$ 预测井眼轨迹**

$$L_j=L_b+\Delta L_j;\ \alpha_j=\alpha_b+K\Delta L_j\cos\omega;\ \varphi_j=\varphi_b+\ln\left[\frac{\tan(\alpha_j/2)}{\tan(\alpha_b/2)}\right]\tan\omega$$

$$H_j=H_b+(\sin\alpha_j-\sin\alpha_b)/(K\cos\omega)$$

$$S_j=S_b+(\cos\alpha_b-\cos\alpha_j)/(K\cos\omega)$$

$$N_j=N_b+\int_{\alpha_b}^{\alpha_j}\sin\alpha\cos\left[\varphi_b+\tan\omega\ln\left(\frac{\tan(\alpha/2)}{\tan(\alpha_b/2)}\right)\right]/(K\cos\omega)\,\mathrm{d}\alpha$$

$$E_j=E_b+\int_{\alpha_b}^{\alpha_j}\sin\alpha\sin\left[\varphi_b+\tan\omega\ln\left(\frac{\tan(\alpha/2)}{\tan(\alpha_b/2)}\right)\right]/(K\cos\omega)\,\mathrm{d}\alpha$$

$b$ 点为当前井底；$j$ 点为预测点；$\Delta L_j$ 为预测点到当前井底的距离。

### 11.2.5　四种曲线特性的比较

自然参数曲线、圆柱螺线和恒装置角曲线的井斜变化率都是恒定的，方位变化率分别为恒定、随井斜角增大而增大、随井斜角增大而减小。

自然参数曲线：$K_\alpha$、$K_\phi$ 恒定。

圆柱螺线：$K_\alpha=K_H$，　　$K_\phi=K_A\sin\alpha$

恒装置角曲线：$K_\alpha=K\cos\omega$，　　$K_\phi=K\sin\omega/\sin\alpha$

四种曲线中，只有斜面圆弧和恒装置角曲线的曲率是恒定的，自然参数曲线和圆柱螺线的曲率都是随井斜角增大而增大。

自然参数曲线：$K = \sqrt{K_\alpha^2 + K_\phi^2 \sin^2\alpha}$

圆柱螺线：$K = \sqrt{K_H^2 + K_A^2 \sin^4\alpha}$

恒装置角曲线：$K = \sqrt{(K\cos\omega)^2 + (K\sin\omega/\sin\alpha)^2 \sin^2\alpha} = K$

斜面圆弧：$K$ 恒定。

# 11.3　水平井井眼轨迹控制技术

水平井井眼轨迹控制工艺技术是水平井钻井中的关键，是将水平井钻井理论、钻井工具仪器和施工作业紧密结合在一起的综合技术，是水平井钻井技术中的难点，主要有以下影响因素。

ⅰ.工具造斜能力的不确定性，不同的区块、不同的地层，工具造斜能力相差较大。

ⅱ.小断块油藏油层薄，区块小，一方面对靶区要求高，另一方面增加了目的层垂深的不确定性。

ⅲ.测量系统信息滞后，井底预测困难。

根据以上技术难点，需要解决三个技术关键。

ⅰ.提高工具造斜率的预测精度。

ⅱ.必须准确探明油层顶层深度，为入窗和轨迹控制提供可靠依据。

ⅲ.做好已钻井眼和待钻井眼的预测，提高井眼轨迹预测精度。

# 11.4　螺杆钻具

螺杆钻具是容积式井下动力机械，其作用是把钻井液的水力能转化为机械能供给钻头。螺杆钻具是目前最广泛使用的一种井下动力钻具，主要用于定向井、水平井的造斜及扭方位施工，一部分也用于直井反扣或侧钻作业中。

美国 20 世纪 50 年代中期开始研制螺杆钻具，1962 年用于生产，不同厂家生产的有迪纳钻具（Smith 公司）、纳维钻具（Christense 公司）和波斯钻具，其基本原理都是基于容积式马达，只是内部结构和技术参数略有不同。至 80 年代中期，美国的迪纳钻具已发展成两个系列 10 种规格，纳维钻具有两个系列 14 种规格。随着配套部件质量的提高，螺杆钻具工作寿命从原来的 30～40h，提高到 100h 以上，1980 年在美国俄克拉荷马州创造了连续运转 429h 的新纪录。

我国的螺杆钻具生产在 80 年代中后期才形成一定规模，目前，常规螺杆钻具已规格化系列化，各主要厂家如大港、北京、德州、潍坊的产品已覆盖国内绝大部分市场。某些厂家也已着手研制小径螺杆、铰接螺杆、中空螺杆等一些专用产品，并取得一定的成果，但在工作寿命、易损件耐磨性、特种螺杆钻具制造方面与国外有一定的差距。

## 11.4.1　基本结构与原理

螺杆钻具（图 11-10）由四个部件组成，从上至下依次是：旁通阀总成、马达总成、万向轴总成、传动轴总成。

螺杆钻具的工作原理：通过钻井液挤压转子与定子之间的密封腔，推动转子自转；经万向轴的转换，把行星转动变为轴心转动，带动钻头旋转，即把钻井液的液力能通过螺杆转换成机械能。

传动轴总成　　　　　　　　　　　　　　马达总成　　　　　旁通阀总成

图 11-10　螺杆钻具结构图

**（1）旁通阀总成**

旁通阀是螺杆钻具的辅助部件，它的作用是在停泵时使钻柱内空间与环空沟通，以避免起下钻和接换单根时钻柱内钻井液溢出污染钻台，影响正常工作。

旁通阀由阀体、阀芯、弹簧、筛板等组成，如图 11-11 所示。在开泵时，钻井液压力迫使阀芯向下运动，造成弹簧压缩并关闭阀体上的通道（一般有 5 个沿圆周均匀分布的通道孔，内装筛板过滤异物），此时螺杆钻具可循环钻井液或正常钻进。当停泵时，钻井液压力消失，被压缩的弹簧上举阀芯，旁通阀开启，使钻柱内空间与环空沟通。

显然，旁通阀不是螺杆钻具工作时的必须部件。在水平钻井中，为了防止停泵时环空钻井液内的岩屑从旁通阀的筛板进入马达，往往不装旁通阀，或把旁通阀的弹簧取出来使旁通阀呈常闭状态，而在直井段的钻柱上安装 1 个钻柱旁通阀，来代替钻具旁通阀的作用。

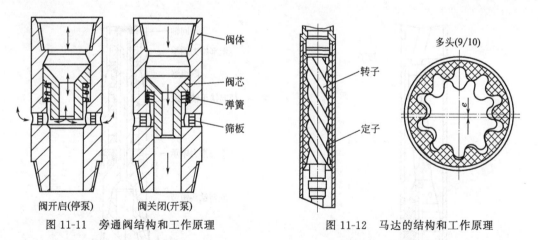

阀开启(停泵)　　　阀关闭(开泵)

图 11-11　旁通阀结构和工作原理　　　　　　图 11-12　马达的结构和工作原理

**（2）马达总成**

马达是螺杆钻具的动力部件，马达总成实际上是由转子和定子两个基本部分组成的单螺杆容积式动力机械。转子是一根表面镀有耐磨材料的钢制螺杆，其上端是自由端，下端与万向轴相连。定子包括钢制外筒和硫化在外筒内壁的橡胶衬套，橡胶衬套内孔为一个螺旋曲面的型腔。

图 11-12 示出了马达转子和定子在某一横截面上的线型关系。根据马达线型理论研究

结论可知：转子线型和定子线型应是一对摆线类共轭曲线副，常用的马达转子若为 $N$ 头摆线线型，则定子必为 $N+1$ 头摆线线型；转子和定子曲面的螺距相同，导程之比为 $N/(N+1)$。在工程上，$N$ 一般为从 1 至 9 的正整数。由于万向轴约束了转子的轴向运动，所以高压钻井液在流过马达副时，不平衡的水压力驱动转子作平面行星运动，转子的自转转速和力矩经万向轴传给传动轴和钻头。转子轴线和定子轴线间有一距离，称为偏心距，一般以 $e$ 表示。

现在，绝大多数的马达衬里都采用丁腈橡胶，这在一般的水基钻井液和水包油钻井液中使用良好。但水平井常用油基钻井液，会造成橡胶膨胀，影响螺杆钻具的工作性能和寿命。这在设计水平井用螺杆钻具时是一个要认真研究的问题，选择合适的油基品类和牌号可减轻膨胀。另外，对于深井和地温梯度高的水平井，设计螺杆钻具时要考虑橡胶的耐温性能，必要时要选用特殊的抗高温橡胶。

**(3) 万向轴总成**

万向轴总成由两个元件组成：壳体和万向轴。壳体通过上、下锥螺纹分别和马达定子壳体下端及传动轴壳体上端相连接。直螺杆钻具的万向轴壳体无结构弯角，而弯壳体螺杆钻具的万向轴壳体则是一个带有结构弯角的弯壳体。万向轴有几种不同的结构形式，例如应用最普遍的瓣型万向轴（如图 11-13 所示）和挠性万向轴（有一定柔度，上下两端为连接螺纹的光轴），以及其他形式的万向轴。万向轴的上端和马达转子下端相连，而下端则和传动轴上端的导水帽相连。万向轴的作用是把马达转子的平面行星运动转化为传动轴的定轴转动，同时把马达的工作转矩传递给传动轴和钻头。

螺杆钻具在工作或循环钻井液时，从马达内流出的钻井液穿过万向轴壳体内壁与万向轴间的空间，通过传动轴上端导水帽的通道进入传动轴的内部通道，然后从钻头水眼流出。

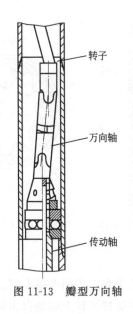

图 11-13 瓣型万向轴

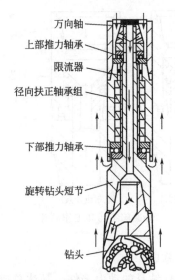

图 11-14 传动轴总成结构

**(4) 传动轴总成**

传动轴总成的结构如图 11-14 所示。它由壳体、传动轴、上部推力轴承、下部推力轴承、径向扶正轴承组及其他辅助零件总装组成。上、下推力轴承分别用来承受钻具在各种工况下产生的轴向力。径向扶正轴承组则用于对传动轴进行扶正，保证其正常工作位置。早期的螺杆钻具传动轴不采用滚动径向轴承组，而是用一个套筒形的滑动轴承，它是在钢制圆筒内壁压铸耐磨橡胶构成的，在橡胶内壁刻有沿圆周均布的轴向沟槽、用于对分流润滑和冷却轴承的钻井液进行限流，因此通常称限流器。

如上所述，流经万向轴壳体的钻井液从导水帽进入传动轴的中间流道，同时也有一小部分钻井液（约 7% 以内）流经轴承组进行润滑和冷却，然后从传动轴壳体下部排向环空。

传动轴总成的推力轴承是螺杆钻具最易损坏的部位，因为螺杆钻具在恶劣的井底环境中工作时，轴承组负荷重，且为幅度很大的交变载荷，很易造成滚珠、滚道磨损，甚至碎裂。理论分析和现场使用经验表明，这种情况常发生在上部推力轴承。因此，对轴承组结构与材质的改进一直是螺杆钻具设计研究的重点，例如把轴承材质改为优质的 TC 硬质合金，把滑动扶正轴承换为滚动径向扶正轴承等。

常规螺杆钻具的传动轴外壳上不带稳定器。用于水平井的螺杆钻具，一般在传动轴壳体上带有稳定器。对于中曲率造斜用的螺杆钻具，为了保证有足够的造斜率，往往要求压缩万向轴壳体弯点至钻头的距离，这就需要设计轴向尺寸较小的传动轴总成。

## 11.4.2 螺杆钻具的分类

通常根据螺杆马达的结构特征及其结构参数进行分类。最常用的方法是根据螺杆钻具外径及万向轴壳体结构进行分类。

**(1) 按螺杆马达的结构特征分类**

按螺杆马达转子端面线型的头数（又称波瓣数）$N$，可把螺杆钻具分为单头钻具和多头钻具。一般取 $N=1 \sim 9$。$N=1$ 为单头马达（钻具），$N \geqslant 2$ 为多头马达。单头马达具有高转速、小扭矩特性。多头马达具有低转速、大扭矩特性。

按马达转子与定子头数的关系进行分类。原理上讲，只要二者头数相差为 1，均可构成螺杆马达，因此可分为 $N/(N+1)$ 型、$N/(N-1)$ 型两种马达。目前在油气井作业中普遍采用 $N/(N+1)$ 型螺杆钻具。

按马达级数进行分类。粗略地讲，螺杆马达的定子-转子运动副的长度与定子导程长度的比值，即定子-转子运动副所包含的定子导程的整倍数，工程上称为螺杆马达的级数。级数选择是马达设计要考虑的重要内容。级数 $S \geqslant 1$ 才能构成可应用的马达。实际用于钻井作业的螺杆钻具马达，单头的多在 3 级以上，多头的多在 2 级以上。级数越多，马达可输出的工作力矩值越大。

**(2) 按螺杆钻具（马达）的公称外径分类**

该分类方法主要是便于钻井工作者根据所钻井眼尺寸来选择相应直径的螺杆钻具（马达），或螺杆钻具的设计制造部门根据井眼尺寸系列来开发生产螺杆钻具的系列与规格。

常见的用于中、大井眼尺寸的螺杆钻具有 $\phi165mm$，$\phi172mm$（用于 $\phi216mm$ 井眼）；$\phi197mm$，$\phi203mm$（用于 $\phi244 \sim \phi311mm$ 井眼）；$\phi244mm$（9⅝in）（用于 $\phi311mm$ 以上井眼）。

常见的用于小井眼尺寸（$\phi152mm$ 以下）的螺杆钻具有 $\phi120mm$（4¾in），以及 $\phi100mm$（4⅛in）、$\phi95mm$（3¾in）、$\phi89mm$（3½in）、$\phi54mm$（2⅛in）等。这些小尺寸螺杆钻具多用于油气井的套管开窗侧钻和修井作业，以及地质勘探和其他地下工程的钻小孔作业。

**（3）按螺杆钻具万向轴壳体结构特征分类**

根据螺杆钻具的万向轴壳体是否带有结构弯角，可将螺杆钻具划分为常规的直螺杆钻具（无结构弯角）和弯壳体螺杆钻具（带结构弯角）。直螺杆钻具上方加配弯接头主要用于钻常规定向井。弯壳体螺杆钻具主要用于钻水平井、大位移井、多分支井等，而且随着钻井技术发展及螺杆钻具弯壳体品种规格的增加，弯壳体螺杆钻具的应用更加普遍。

# 11.5　定向井（水平井）测量技术

## 11.5.1　定向井、水平井测量的性质和特点

### （1）钻井过程中测量的方法、媒介和基准

从物理意义上讲，测量井下钻具的工具面角为井下钻具定向，或测量井眼的轨迹均属于空间姿态的测量。由于石油钻井工程的特殊性使得这一测量过程必须借助专门的工具和仪器，采取间接测量的方法来完成。

目前，石油钻井过程中的测量需要借助三种媒介，即大地的重力场、大地磁场和天体坐标系，由此产生了与这三种测量媒介有关的测量仪器（媒介-测量基准-测量元件-测量参数）。

ⅰ.借助于重力场测量井斜角或高边工具面，采用的测量元件为测角器、罗盘重锤或重力加速度计等。这类仪器的测量基准是测点与地心的连线，即铅垂线。

ⅱ.借助于地磁场测量方位角或磁性工具面，采用的测量元件为罗盘或磁通门等。这类仪器的测量基准是磁性北极，所以磁性仪器测量的方位角数据必须根据当地的磁偏角修正成真北极，即地理北极的数据。

ⅲ.借助于天体坐标系测量方位角或磁性工具面，采用的测量元件为陀螺仪。陀螺仪为惯性测量仪器，不以地球上任何一点为基准。这类仪器下井测量之前必须对陀螺仪的自转轴进行地理北极的方位标定。

### （2）钻井过程中测量的特点

ⅰ.钻井过程中的测量是间接测量，必须借助专用工具和仪器完成。而且根据测量仪器的数据记录和传输方式的不同，钻井测量分为实时测量和事后测量。

ⅱ.测量仪器的尺寸受到井眼和钻井工具的限制，特别是下井仪器的径向尺寸必须能够下入套管和钻具内，而且不会因仪器的下入而影响泥浆的流动或产生过大的泥浆压降。

ⅲ.下井仪器受到地层和泥浆的高压，仪器的保护筒和密封件必须能够承受这种高压，而且还应具备一定的安全系数。

ⅳ.由于地层的温度随着井深变化，下井仪器是在高于地面温度的环境里工作，要求下井仪器具有良好的抗高温性能，一般称耐温 125℃ 以下的仪器为常温或常规仪器，称耐温 182℃ 以下的仪器为高温仪器。

ⅴ.某些仪器在使用过程中要承受冲击（如单多点测斜仪的投测）、钻具转动（如转盘钻具中的 MWD 仪器）、钻头和钻具在钻进过程中的振动（如 MWD 和有线随钻测斜仪）等。

### （3）测量仪器技术发展情况

定向井、水平井测量技术随着石油钻井技术的发展而逐步地提高，测量仪器技术与新材料、新工艺以及微电子等高科技密切相关。随着科学技术的发展，定向井、水平井测量仪器也向着小型化、多功能、智能化方向发展，以满足钻井技术对提高生产时效、提高测量精度

的要求。

## 11.5.2　国外定向井、水平井测量仪器的发展趋势

### (1) 提高仪器的可靠性能

钻井工具在井下的工作环境极其恶劣，即承受着高温、高压、振动、冲击等因素的影响，同样测量仪器也经受这种工作条件的挑战和考验。提高仪器在这种环境下的工作寿命，提高可靠性，不仅是提高仪器的使用效率，更重要的是尽可能减少仪器占用的钻机作业时间。国外通常将仪器的无故障工作时间，即 MTBF 作为仪器可靠性的考核标准，许多公司将下井仪器的无故障工作时间定为 200h。随着工艺技术的发展，测量仪器的可靠性标准在逐渐提高，例如 SPERRY-SUN 公司的 DMD 随钻测斜仪的无故障工作时间已达到 600h，加拿大 POSITEC 公司的 POSIPROBE 无线随钻测斜仪的无故障工作时间已达到 800h，英国 GEOLINK 公司推出了免维护的 ORIENTEER 无线随钻测斜仪系统。

### (2) 测量仪器的小型化和低能耗

从科学意义上讲，仪器设备的小型化有助于降低成本、降低能耗、提高可靠性。随着新材料、新工艺和微电子技术的应用，测量仪器逐渐向小型化、集成化方向发展。例如：电磁类仪器的测量传感器采用整体结构的传感器组，使其装配精度和测量精度提高了一个等级。采用二次集成电路使原来采用分立元器件的下井探管不仅使体积缩小，而且仪器整体的可靠性大大提高。耐高温的微机芯片和大容量的记忆模块应用在下井探管中，替代了照相式的机械结构和胶片，无论是测量数据的容量、精度、数据处理的速度以及仪器的可靠性、耗电量都是照相式的机械结构无法比拟的。

降低测量仪器的能耗，采用新型的电子元器件和电路设计，研制新型电源也是仪器专家们研究的一个重要课题。高能锂电池的应用，可以替代 MWD 仪器的发电机组，大大简化了下井仪器的结构，从而使下井仪器由专用无磁钻铤或无磁短节在地面组装缩小为像单多点测斜仪一样可以投测的结构。

### (3) 一机多用、向自动化和智能化的方向发展

国外某些仪器制造投入了大量的人力、物力，致力于研究多用途的随钻测量系统，以期望寻求一机多用的途径。SPERRY-SUN 公司近年来致力于研究随钻陀螺测斜仪，采用性能优良的陀螺仪代替重力和磁性测量元件，可以在不同的井眼条件下完成随钻和单多点测量。许多公司的 MWD 无线随钻仪器中组合了能够测量自然伽马等地层评价参数的仪器，有的公司甚至将定向 MWD 仪器和测井 MWD 仪器和二为一，使得该仪器系统在控制井眼轨迹钻进的过程中，通过测井数据来鉴定地层，完钻后可立即得到一整套井眼轨迹和测井资料数据。这种仪器在水平井中应用可以大大提高钻井的速度和效益，由于钻井过程中泥浆对地层的污染程度小，其测井资料更准确。

随着微机技术的发展和性能的完善，早期随钻测斜仪使用的专用控制计算机被兼容计算机所代替，不仅降低了仪器的成本，实现了地面仪器的通用性，而且测量数据的处理和传输可以通过计算机网络和卫星来实现。

另外，在测量仪器中加入检测和分析功能，使测量数据的分析和处理由人工向自动化和智能化的方向发展。例如：测量仪器的性能由维修人员手工调试变为计算机软件自动补偿。仪器工作过程中的错误诊断、测量数据的筛选以及陀螺测量过程中，复杂的数据绘图修正和计算也由计算机快速、准确的完成。

**(4) 探索井下数据传输的新途径**

磁罗盘单多点测斜仪的应用是定向井测量技术的一大进步,有线随钻测斜仪能实时地反映井下动力钻具的工作状况和工作效果,无线随钻测斜仪解决了采用电缆传输数据的束缚,其应用范围更广泛。现在应用的 MWD 无线随钻测斜仪也有它的不足之处,例如:数据传输速度慢,数据传输过程中诸多因素影响数据精度和井下仪器较为复杂等,使得仪器专家们一直在探索和试验井下数据传输的新途径。国内外专家研究较多的电磁波传输方法,而且国外已经有样机在使用。此外,也有人在研究采用超声波等传输方法。

# 单元习题

1. 简述定向井的定义。
2. 简述井眼轨迹的预测方法。
3. 简述螺杆钻具的结构及原理。

# 单元12
## 石油钻井常见的卡钻原因及处理措施

## 12.1 粘吸卡钻

粘吸卡钻也叫压差卡钻，是钻井过程中最常见的卡钻事故。最容易卡住的是钻铤，由于钻柱失去了活动的自由，卡点可能逐渐上移。

### 12.1.1 粘吸卡钻的原因

井壁上有滤饼的存在是造成粘吸卡钻的内在原因，因为大多数钻井液是固、液两相流体，其中的固相颗粒吸附在井壁上就形成了滤饼。有人认为滤饼是由于钻井液的滤失造成的，没有滤失量就不会有滤饼，基于这种思维，总认为钻井液在砂岩中的滤失量大，才会形成滤饼。其实不然，在裸眼井段内，泥页岩也有滤饼，而且要比砂岩井段的滤饼厚得多。这是因为滤饼的形成有三种原因：第一是吸附，钻井液中的固相颗粒吸附在岩石表面，无论砂岩泥岩都有这种特性。第二是沉积，钻井液在流动过程中，靠近井壁的流速几乎等于零，钻井液中的固相颗粒便沉积在井壁上。泥岩井段的井径要比砂岩井段的井径大得多，沉积作用更为显著，所以泥岩井段容易形成厚滤饼。第三是滤失作用，它加速了钻井液中因相颗粒在渗透性岩层表面的沉积。同时也注意到，泥岩也有滤失性，而且是亲水物质，可以被水浸润，只要是水基钻井液，即使滤失量等于零，这个浸润过程也无法停止。由于泥岩含有大量的微细裂纹，这些微细裂纹有些是地层应力造成的，有些是在钻头破碎岩石时造成的，一旦泥岩表面被水浸润之后，在这些微细裂纹中形成一层吸附膜，可以发生有效的分裂作用，降低泥岩的坚固度而使其破碎脱落，所以泥岩井段井径大多大于钻头直径。但在泥岩相对稳定之后，由于水的浸润，泥岩表面的分子、原子或离子表现出极性，具有未平衡的自由的一部分力场，这部分力场的方向指向钻井液，能够吸附钻井液中的大量带异性电荷的粒子。在吸附平衡建立之前，吸附物在钻井液中的浓度逐渐变小，而在泥岩表面上的浓度逐渐加大。如果增大钻井液中某些粒子的浓度，也就增大它们在单位时间内吸附到泥岩表面的数目，这是一个累积的过程。加之，又在钻井液液柱压力和钻柱旋转动力的作用下，吸附层的一部分水分被挤回钻井液中，井壁上就形成了一层比较厚的成分比较复杂的滤饼，这些滤饼的性能比砂岩井段的滤饼更差。由此我们可以得出结论，只要滤饼存在，就有粘吸卡钻的可能，砂岩井段可以粘钻，泥岩井段也可以粘钻，不过泥岩井段的井径往往是不规则的，和钻柱的接触面积比较少，所以卡钻的机会比较少一些。

地层孔隙压力和钻井液液柱压力的压差存在，是形成粘吸卡钻的外在原因。在同一裸眼井段中，地层孔隙压力梯度不会是统一的，而钻井液液柱压力总是要平衡该井段中的最高地层孔隙压力，对那些地层压力梯度相对低的地层必然会形成一个正压差。当钻柱被井壁滤饼粘吸之后，紧靠井壁一边钻柱的一侧所受的是通过滤饼传来的地层孔隙压力，另一侧所受的是钻井液液柱压力，如果后者大于前者，即有正压差存在，可把钻柱压向井壁，进一步缩小吸附面之间的间隙，增强了吸附力，并进一步扩大了钻柱与井壁的接触面积。

钻柱在静止时，由于任何井都有一定的斜度，钻柱因其自身重量所产生的水平分力而压向井壁的下侧，驱走了中间的隔离层，使钻柱与滤饼之间的距离缩小，当缩小到二者之间的极性分子互相起作用的范围内时，便发生的吸附作用，这就是发生粘吸卡钻的主要原因。

### 12.1.2　粘吸卡钻的预防

ⅰ.使用中性钻井液，或阳离子体系钻井液。

ⅱ.目前使用的水基钻井液，绝大部分是阴离子体系钻井液，这种钻井液随着井斜的增加或钻井液密度的提高，粘吸卡钻的可能性越来越大，最好的办法就是不让钻柱静止。

ⅲ.对于阴离子体系的钻井液来说，要求有好的润滑性、较小的滤失量、适当的黏度和切力，必要时加入润滑剂以减少滤饼的摩阻系数。

ⅳ.搞好固控工作，把无用的固相尽量清除干净。

ⅴ.尽可能做到近平衡压力钻进。

ⅵ.使用合理的钻柱结构，总的思路是增加支撑点，减少接触面。

ⅶ.直井粘卡后为了防止卡点上移最好将钻柱总重量的三分之二下压，减少钻柱与井壁滤饼的接触面积，斜井则不能压，因为下部钻具靠井壁下限，越压越死。

ⅷ.指重表必须灵敏可靠，以防做出错误的判断。

ⅸ.要保持良好的井身质量。

ⅹ.在钻柱中带上随钻震击器，因为在粘卡发生的最初阶段，震击解卡是很有效的。

### 12.1.3　粘吸卡钻的处理

① 强力活动　粘吸卡钻随着时间的延长会越来越严重，所以在发生粘吸卡钻的初期阶段，就应在设备和钻柱的安全负荷内用最大的力量进行活动。

② 震击解卡　如果钻柱上带有随钻震击器，应立即启动震击器上击或者下击，以求解卡，这比单纯的上提下压的力量要集中，见效也快得多。若没有随钻震击器，应先测卡点位置，用爆破松扣法从卡点以上把钻具倒开，然后选择适当的震击器下钻对扣后震击以求解卡。如果震击不能解卡，可用注解卡剂边浸泡边震击，其效果会更好。

③ 降压解卡法　即利用泥浆液柱压力和地层孔隙压力之差别来解卡。

# 12.2　坍塌卡钻

坍塌卡钻是井壁失稳造成的，是卡钻事故中性质最为恶劣的一种事故。因为处理这种事故的工序最复杂，耗费时间最多，处理风险最大，甚至有全井或部分井眼报废的可能，所以在钻井施工过程中应尽量避免这种事故的发生。

### 12.2.1　地层坍塌的原因

**(1) 地质方面的原因**

① 原始地层应力的存在　我们知道，地壳是在不断运动的，在不同的部位形成不同的构造应力（挤压、拉伸、剪切），当这些构造应力超过岩石本身的强度时，便产生断裂而释放能量。但当这些构造应力的聚集尚未达到足以使岩石破裂的强度时，它是以潜能的方式储存在岩石之中，当遇到适当的条件时，就会表现出来。此时，地层中任何一点的岩石都受到来自各个方向的应力作用。当地层被钻穿之后，钻井液液柱压力代替了被钻掉的岩石所提供的原始应力，当钻井液液柱压力不能平衡地层的侧向压力时，裸露地层就向井眼内剥落或坍塌。

② 地层的构造状态　处于水平位置的地层其稳定性较好，但由于构造运动，发生局部或区域的断裂、褶皱、滑动和崩塌、上升或下降，使得本来水平的沉积岩变得错综复杂起来，大多数地层都保持一定的倾角，随着倾角的增大，地层的稳定性变差，60°左右的倾角稳定性最差。

③ 岩石本身的性质　沉积岩中最常见的是泥页岩、砂岩、砾岩、石灰岩等。由于沉积环境、矿物组分、埋藏时间、胶结程度、压实程度不同而各具特性。钻井过程中易坍塌的地层有：未胶结或胶结不好的砂岩、砾岩、砂砾岩；破碎的凝灰岩、玄武岩；节理发育的泥页岩；断层形成的破碎带；未成岩的地层，如煤层、流砂层等。

**(2) 物理化学方面的原因**

钻井多是在沉积岩中进行的，而沉积岩中 70% 以上是泥页岩。泥页岩都是亲水物质，不同的泥页岩其水化程度及吸水后的表现有很大的不同，泥页岩吸水后，强度直线下降，这是泥页岩井段坍塌的主要原因。

**(3) 工艺方面的原因**

地层的性质及应力的存在是客观事实，不可改变。所以人们只能从工艺方面采取措施防止地层坍塌，如果对坍塌层的性质认识不清，工艺方面采取的措施不当，也会导致坍塌的发生。例如：钻井液液柱压力不能平衡地层压力；井斜的影响；钻具组合的影响；泥浆液面下降的影响等。

### 12.2.2　井壁坍塌的征兆

① 在钻进过程中发生坍塌　如果是轻微的坍塌，则使泥浆性能不稳定，密度、黏度、切力、特别是含砂量要升高，返出岩屑增多，可以发现许多棱角分明的片状岩屑。如果坍塌层是正钻地层，则钻进困难，泵压上升，转盘扭矩增大，钻头提起后，泵压正常，但钻头放不到井底。如果坍塌层在上边，则泵压升高，钻头提离井底后，泵压不降，且上提下放都的阻力，甚至井口泥浆返出流减少或不返泥浆。

② 起钻时发生井塌　正常情况下，起钻时是不会发生井塌的，但在发生井漏后，或在起钻过程中未灌泥浆或少灌泥浆，则随时有发生井塌的可能。井塌发生后，上提遇卡，下放遇阻，而且阻力越来越大，钻具可以转动，但扭矩增加，开泵泵压上升，悬重下降，井口流量减少甚至不返泥浆，停泵后有回压。起钻时钻杆内返喷泥浆。

③ 下钻发生井塌　井塌发生后，由于泥浆的悬浮作用，塌落的岩屑没有集中，下钻时可能不遇阻，但井口不返钻井液，或者钻杆内返喷泥浆。如果塌落的岩屑集中，则下钻遇

阻，当钻头未进入塌层之前，开泵泵压正常，当钻头进入塌层之后，则泵压升高，悬重下降，井口反出量减少或不返泥浆，但钻头一提离塌层，则一切恢复正常。向下划眼时，虽然阻力不大，但泵压忽大忽小，有时会突然升高，悬重也随之下降，井口返量也呈现忽大忽小的状态，有时甚至不返泥浆。从返出的岩屑中可发现带棱角的岩块和经长期研磨而失去棱角的岩屑。

④ 划眼情况不同　如果是缩径造成的遇阻，经一次划眼即恢复正常，如果是坍塌造成的则划眼时经常蹩泵、别钻，钻头提起后放不到原来的位置，甚至越划越浅。搞得不好，还会划出一个新眼。

### 12.2.3　井壁坍塌的预防

ⅰ.采取适当的工艺措施：设计合理的井身结构。表层套管应封掉上部的松软地层，因为这些地层容易坍塌，对钻井液液柱压力的反应最敏感；要用套管封隔已知的漏层。钻遇这些地层，往往是钻井液有进无出，必然引起上部地层的大段坍塌；在同一裸眼井段内不能让喷、漏层并存。因为在这种情况下，防喷则漏，防漏则喷，无论喷、漏，都会引起地层坍塌。

ⅱ.要尽量减少套管鞋下口袋长度，因为较长的口袋是下部岩屑的储藏所，同时也容易引起水泥环脱落。

ⅲ.调整泥浆性能使其适应所钻地层：对于未胶结的砾石层、砂层，应使钻井液有适当的密度和较高的黏度和切力；对于不稳定的裂缝发育的泥页岩、煤层、泥煤混层，应使钻井液有较高的密度和适当的黏度、切力和较小的失水量，这样，一方面减少或防止地层的坍塌，另一方面也可以把坍塌的岩块携带到地面，防止岩屑沉淀堆集成砂桥。要控制钻井液的PH值在9左右，可以减弱高碱性对泥页岩的强水化作用。采用钻井液内混油的办法，如混入原油、柴油、白油等，因为泥页岩都是亲水的，而非亲油的，混入油类后会降低黏土的吸附力，因而可以抑制泥页岩因亲水而膨胀。适当提高钻井液的矿化度，使之与泥页岩中的水矿化度相当或稍高，减少渗透压，降低井壁处泥页岩的含水量和孔隙压力，使泥页岩强度增加。促进有得于泥页岩稳定的离子交换作用，泥页岩中的 $Na^+$ 是引起黏土水化的主要根源，如果在钻井液中加入 $K^+$、$Ca^{2+}$ 等离子，与泥页岩中的 $Na^+$ 进行交换，就可以有效地降低泥页岩的膨胀压。

ⅳ.保持钻井液液柱压力：起钻时连续灌浆，保持井内液面不降；停式或测井时应有专人观察井口，即时往井内灌泥浆；钻柱或套管柱下部装有回压阀时要定时向管柱内灌浆，防止回压阀挤坏，而使泥浆倒流，把井壁抽塌；如果管柱内外压力不平衡，停泵后立管有回压，不能放回水，也不能接方钻杆接单根，因为这样会使环空泥浆倒流，致使环空液柱压力降低。

ⅴ.减少压力激动：控制起钻速度，特别是钻头泥泡或扶正器泥泡的情况下，上提钻柱时，井口液面不降或外溢，通俗叫法为"拔活塞"，这是很危险的，应立即停止起钻，接方钻杆开泵循环钻井液，消除泥泡，如果消除不了，应该边循环边起，待起出小井径段后，再正常起钻；下钻后或钻方钻杆后不宜开泵过猛，排量应由小到大，待泵压正常后，再进行下步动作，复杂井、深井等应分段循环。

ⅵ.要有意识地保护薄弱地层：对于结构薄弱或有裂缝的地层，钻进时要控制循环压力，起下钻通过这些地层时要严格控制速度，减少对地层的外力干扰。

ⅶ.不可长期停止循环：如因故停钻，泥浆在井内静止的时间不可过长。

ⅷ.负压钻进时，尤其要注意液柱压力，液柱压力不能小于裸眼井段某些地层的坍塌压力，否则，应将这些地层用套管封隔。

### 12.2.4　坍塌卡钻的处理

坍塌卡钻以后可能有两种情况，一种是可以小排量循环，一种是根本建立不起循环。往往有这种情况，在发生严重井塌之后，不能循环但能转动，上下也有一定的活动距离，但活动距离越来越小，转动扭矩越来越大，说明砂子越挤越死，最终会卡死。此时就不应以转动来求解脱，要严格控制扭矩，为倒扣留一条后路。此时应分析坍塌的是钻具上部还是下部，如果塌的是钻具下部，最好把钻具提卡，立即倒扣，如果倒得好，可以把卡点以上的钻具全部倒出。要知道，坍塌发生后的初期阶段掩埋的钻具并不多，且砂子比较疏松，但随着时间的延长，砂子越集越多，越集越实，卡点会迅速上移，而且上部钻具粘卡危险性越来越大，因此，只要确定是钻具下部坍塌，就应及早倒扣。倒扣的时间越早，可能倒出的钻具越多，给下步处理留下的困难越小。

但是坍塌卡钻的部位往往是上部松软地层，下部钻具并未埋死，可是钻具失去活动以后，就有粘卡的可能，形成上部坍塌卡下部粘卡的复式卡钻，此时就不应盲目倒扣，因为倒出的钻具不可能很多，如果钻头水眼被堵死，可能形成一卡到底的局面，而且下部粘卡井段，要套铣的不是塌块，而是地层，井越深，地层越硬，套铣越困难，最后不得不被迫放弃。此时就应该为下部容易处理假造条件，首先下炸弹把钻头炸掉或把钻铤炸裂，为以后恢复循环假造条件，当上部井眼套通之后只要能恢复循环，就可以按粘吸卡钻处理了，如果不事先进行爆炸，在套铣过程中，钻头水眼肯定会被堵死，以后要想循环是不可能的。也有人提出不爆炸而进行射孔是否能行？实践证明，钻铤上是射不开孔的，即使能射开，射孔的孔眼也很容易堵死，没有一点实用价值。也有人设计了通开水眼的工具和办法，但那只能是局部通开，一向般 100m 左右，而且工序烦琐，非常浪费，不如爆炸来得一劳永逸。

下一步只能是套铣倒扣了，在松软地层宜采用长筒套铣，目前为了加快处理速度都是采用反扣套铣筒内接反扣公锥或倒扣接头，使套铣与倒扣一趟钻完成。较硬地层，宜减少套铣筒长度，尽量减少套铣过程中的失误。套铣至扶正器时，宜下震击器震击解卡，因为大量事实证明，扶正器以下很少有砂子堆积，没有必要去做磨铣扶正器的工作。如果要套铣扶正器，也不能全面套铣，应套铣扶正条根部，因为扶正器上的硬质合金，镶装在扶正条的表面，其根部并无硬质合金，是比较容易套铣的。这就是"避实击虚、避硬吃软"的办法。剥离的扶正条仍在井内，等钻铤倒出后，再磨铣打捞。

# 12.3　砂桥卡钻

砂桥卡钻也叫沉砂卡钻，其性质和坍塌卡钻差不多，其危害较粘吸卡钻更严重。

### 12.3.1　砂桥形成的原因

ⅰ.在软地层中用清水钻进时，极易产生砂桥，因为软地层机械钻速快，岩屑多，而清水的悬浮能力差，岩屑下沉快，一旦停泵时间略长，就容易形成砂桥。

ⅱ.表层套管下得太少，松软地层暴露太多，套管鞋下部的井径太大，在平时循环时积存了不少的岩屑，如果井内压力有波动，这些沉砂失去了支持力，就要下滑而形成砂桥。有时下钻或电测套管鞋处遇阻就是这个原因。

ⅲ.在钻井液中加入絮凝剂过量，细碎的砂粒和混入钻井液中的黏土絮凝成团，停止循环3～5min，即形成网状结构，搭成砂桥。

ⅳ.某些井机械钻速快，循环排量小，环空中钻井液中的钻屑浓度大，一部分岩屑附于井壁，排不出来，一旦停止循环就容易形成砂桥。某些钻井工作者一味地追求高压喷射而降低泵的排量，却吃了不少苦头。某些井起钻之困难难比上青天。

ⅴ.改变井内原有的钻井液体系，或急剧改变钻井液性能时，破坏井内原以形成的平衡关系，会导致井壁滤饼的剥落和原已黏附在井壁上的岩屑的滑移，而且是形成砂桥。

ⅵ.井内钻井液长期静止之后，由于切力太小，岩屑向下滑落，有的滑落速度快，有的滑落速度慢，在某一特定井段，岩屑浓度变得极大，但尚未形成具有一定抗压强度的砂桥，因此下钻时钻头可以顺利通过，但是钻井液却返不上来，遇到这种情况，如果钻具下入过多，开泵过猛，就促使岩屑挤压在一起，泵压越高，挤压得越紧，最终造成砂桥卡钻。

ⅶ.有些井施工时间很长，钻井液性能不足以抑制地层的坍塌，使泥页岩井段的井径变得很大，而砂岩井段仍保持钻头直径。当钻井液上返至大井径段，返慢变低，靠近井壁的返速接近于零，大量岩屑就此沉积下来。但这些堆积起来的岩屑，没有黏合性，在自然倾角以内，处于稳定状态，对钻井施工影响不大。可是此处岩屑越积越多，当达到自然倾角以上时，稍有触动，即可垮塌，像泥石流一样，将下部井眼埋住，这些岩屑和钻井液混合在一起，结构很疏松，所以下钻时可能遇阻，也可能不遇阻。但开泵循环时，把岩屑挤压在一起，形成砂桥，致使憋泵。泵压越高，形成的砂桥越结实。

ⅷ.浸泡解卡剂时，容易把井壁滤饼泡松泡垮，增加了解卡剂中的固体含量。排解卡剂时，如开泵过猛或排量过大，极易将岩屑与滤饼挤压在一起，形成砂桥。

ⅸ.钻井液被盐水或石膏污染后，极易破坏井壁滤饼而形成砂桥。

ⅹ.气体欠平衡钻井时，遇到地层水，会发生岩屑润湿、黏结，当湿钻屑充填了环空时，形成泥环，会阻断气流形成砂桥。

### 12.3.2　井内有砂桥的征兆

ⅰ.下钻不返泥浆，或者钻杆内返喷泥浆。钻头进入砂桥后，由于砂桥隔断了环空，被钻具体积排出的泥浆不能从井口返出，而被迫进入钻头水眼从钻杆内返喷出来，或者被挤入松软、易漏地层中。

ⅱ.在砂桥未完全形成以前，下钻时可能不遇阻或阻力很小，而随着钻具的继续深入，阻力逐渐增加，所以钻具的遇阻是软遇阻，没有固定的突发性阻点。有时发生钻具增加而悬重不增加的现象，这是因为钻具增加的重量被砂桥的阻力所抵消的缘故。

ⅲ.起钻时若发生砂桥，则环空液面不降，而钻具水眼内的液面下降很快。

ⅳ.钻具进入砂桥后，在未开泵之前，上下活动与转动自如，如要开泵循环，则泵压升高，悬重下降，井口不返钻井液或返出量很少。

ⅴ.在钻进时，如钻井液小，或携砂能力不好，在开泵循环过程中，钻具上下活动转动均无阻力，一旦停泵则钻具就提不起来。

ⅵ.气体钻井时发现返出钻屑中有水湿泥团、气压上升、返出气体量减少甚至不返，起下钻具有阻力。

### 12.3.3　砂桥卡钻的预防

ⅰ.最好不要用清水钻进。如果用清水钻进，一定要对循环系统进行高压试运转，一旦循环系统出了问题要修理时，如果短时间内能恢复可起出几柱钻杆，边活动边修理，假如修理时间需要很长，必须起出钻具。

ⅱ.优化钻井液设计，钻井液体系其性能不仅要满足高压喷射钻井的需要，还要满足巩固井壁、携带岩屑的需要，使钻井液能形成坚韧低渗透的滤饼，借以巩固井壁。

ⅲ.钻进时，要根据地层特性选用适当的泵排量，既要保持井眼清洁，又不能冲蚀井壁。起钻前要彻底循环，清洗井筒。

ⅳ.在胶结不好的地层井段不要划眼。当起下钻、循环泥浆而钻头或扶正器处于该井段时不要转动钻具，以保护已形成的滤饼。

ⅴ.下钻时，发现井口不返泥浆或者钻杆内返喷泥浆，应停止下钻。起钻时发现环空内泥浆液面不降，应停止起钻。应立即接方钻杆开泵循环，开泵时要排量由小到大，待循环正常后，方可继续起下钻作业。如开泵困难，应改变钻头位置后再开泵，可能会容易些开通，因为此时钻具是可以自由活动的，如果继续在原位置憋压，漏失的泥浆越多，砂桥憋得越紧，就失去了活动钻具的自由。

ⅵ.严格控制井径扩大率在15%内，因为井径扩大是由于井壁坍塌造成的，井壁坍塌可产生更多的岩屑。

ⅶ.在地层松软机械钻速较快的时候，钻井液中的岩屑浓度必然增大，此时应适当的延长循环时间，待岩屑升到一定程度并均匀分布后，再停泵接单根。接单根速度要快，开泵要由小到大。

ⅷ.要维持钻井液体系性能的稳定。除密度根据需要可以随时调整外，其他性能的改变，要慎重从事。如要改变必须制定详细的安全保证措施，防止各种性能的大起大落。安全、优质、均匀、稳定是维护钻井液应遵循的原则。

ⅸ.粘吸卡钻，往往用解卡剂浸泡解卡，排除解卡剂时要特别小心，宜先小排量开通，经一段时间后，再逐渐增加排量。在解卡剂量未完全排出井口之前，不能随意停泵。因为失去循环的连续性是形成砂桥的主要原因。

ⅹ.裸眼井段，钻井液静止的时间不能过长，特别是松软地层未用套管封隔情况下更要注意。因为井壁剥落现象是经常发生的，有时是周期性的出现。在正常循环时，剥落的岩屑同钻屑一起被钻井液带出，同时钻井液的流动阻力会给地层增加一定的回压。停泵循环后，这个回压消失，井壁剥落速度会增加。同时长期存于大井眼中的陈岩屑也可能滑移到钻井液中。随着时间的延长，这些岩屑越积越多，最终堵塞井眼。遇到这种情况，处理起来比较麻烦，因为下钻时阻力很小，但开泵不通，只好起钻到能循环的井段，划眼下放。而划眼下放稍快一点，就憋泵，悬重下降，司钻必须立即停泵上提钻具，直到开泵泵压正常为止，否则便会卡钻。所以经常是前进一步后退两步，这比正常钻进要困难很多。同时在划眼过程中又极易划出新眼，一旦出了新眼，要想用一般的办法再找回老眼，那是难上难了。

ⅺ. 水层，不宜用气体循环钻进。

### 12.3.4 砂桥卡钻的处理

砂桥卡钻的性质和处理方法与坍塌卡钻差不多，一旦发生就很难处理。不过砂桥比井壁坍塌的性质要轻微一些，有时还有可能小排量循环，在这种情况下，就应维持小排量循环，逐步增加钻井液的黏度、切力，待一切情况稳定之后，再增加排量，力争把循环通路打开，千万不能贸然增加排量，增大泵压，把砂桥挤死，断了这一线希望。如果开泵时，钻井液只进不出，钻具卡死，就应算准卡点位置，争取时间从卡点附近倒开。此时绝不能等待观望，贻误战机，因为时间长了砂桥卡钻可能演化为砂桥、粘吸复式卡钻。下手越早倒出的钻具越多。

砂桥形成的位置，可能在上部，也可能在下部，但它的井段不会太长，不可能把井下钻具全埋死。如果砂桥在上部，最好先下炸弹把钻铤炸裂，为之后恢复循环创造条件，第一次倒出的钻具虽然不多，但有可能利用一次长筒套铣，即可把砂解除。然后将钻具对扣，恢复循环，以后的事情就简单了。如果砂桥在下部，应利用爆炸松扣的方法，一次将未卡钻钻具倒完，以下的钻具只能用套铣倒扣或套铣切割的办法来解卡了。

砂桥卡钻往往是在起下钻过程中发生的，钻头不在井底，因此在套铣过程中，落鱼有可能下沉。遇到这种情况，应立即对扣，活动钻具，极有可能在活动中解卡。如果钻柱上有扶正器的话，砂桥往往在上一个扶正器的上面，因此，套铣到扶正器以后，不必再扩眼去套铣扶正器，可以接震击器震击解卡。

# 12.4 缩径卡钻

缩径卡钻，就是小井径卡钻。无论何种原因，钻头通过的井段，其直径小于钻头直径，均可造成卡钻。缩径卡钻也是钻井工程中常见的事故，处理起来比坍塌卡钻容易些，但比粘吸卡钻要困难。

### 12.4.1 缩径卡钻的原因

ⅰ. 砂砾岩的缩径：砂岩、砾岩、砂砾混层如果胶结不好或甚至没有胶结物，在井眼形成之后，由于其滤失量大，在井壁上形成一层很厚的滤饼，因而缩小了原已形成的井眼。

ⅱ. 泥页岩缩径：泥页岩井段一般表现为井径扩大，但有些泥页岩吸水后膨胀，也可使井径缩小。如浅层泥页岩，主要成分为钠蒙脱石，具有较高的含水量，在钻进中极易出现塑性变形；未固结的黏土层；在压力异常带的泥页岩，其含水量和孔隙压力都远远超过正常值，也容易发生塑性变形。

ⅲ. 盐膏层缩径：盐膏层可分为两类，即纯盐层和盐、膏、泥复合层。纯盐层又可分为原生沉积盐、次生岩脉盐和残存混合盐三种。原生沉积盐为大段结晶状无机盐（大部分为氯化钠和硫酸钙，也可含有其他盐类，如氯化钾、氯化钙、芒硝等），单层厚度较大，岩性比较稳定，夹层常为不易坍塌的白云岩、石灰岩等。次生岩脉盐均在次生缝洞内壁呈垂直或斜交盐晶粒生长，并为同生角砾岩的胶结物。残存混合盐是由原生沉积岩蠕动消失后的残存盐角砾和其他角砾混杂胶结组成。它给钻井造成的主要困难是上部地层的盐溶扩径和下部地层的蠕变缩径。盐、膏、泥复合层往往是三者相间，互层多且薄，岩性变化大，往往由盐层、盐膏层、石膏、芒硝、泥岩、含膏泥岩、灰质泥岩、泥页岩等多种岩性组成。其岩性复杂多变，而且由于沉积环境的不同，产生了富含碳酸盐、硫酸盐的盐岩再加上周期性交互沉积分选差的砂泥岩，形成形形色色的复合盐岩，构成的盐膏岩性质千差万别，蠕变特性差异很大。这给钻井造成的主要困难不仅有盐溶扩径和蠕变缩径，而且还极可能造成井壁坍塌。以盐为胎体或胶结物的泥页岩、粉砂岩等遇到矿化度低的水会溶解，盐溶解的结果导致泥页岩、粉砂岩因失去支撑而坍塌。夹在盐层间的薄泥页岩、粉砂岩，盐溶后失去承托，而掉块、坍塌。

ⅳ.原已存在的小井眼：钻头使用后期，外径磨小，形成一段小井眼，有些取芯钻头，其外径小于正常钻进的钻头，也会形成一段小井眼，如果下钻不注意，或扩眼、划眼过程中发生溜钻，也会造成卡钻。其性质和缩径卡钻一样。

ⅴ.弯曲井眼：有些井由于下部钻具结构刚性不够，而形成弯曲井眼，当下部钻具结构改变，刚性增强，或者下入外径较大的扶正器、大尺寸打捞工具等，在弯曲井眼处容易卡钻。

ⅵ.技术人员粗心大意，将大一级的钻头或扶正器下入小一级的井眼中。

ⅶ.钻井液性能发生了较大的变化：如钻遇石膏层、盐层、高压盐水层，泥浆滤失量增加，黏度、切力增加，滤饼增厚；或者为了堵漏，大幅度调整泥浆性能，都容易形成假泥饼，使某些井段的井径缩小。

## 12.4.2　缩径卡钻的征兆

ⅰ.阻卡点固定在井深某几点。因为小井径总是个别井段，所以下钻遇阻时，提离该点，则一切正常，起钻遇阻时，则下放不会遇阻，而且遇阻点相对固定在某一井深。有时会有若干个遇阻点，但每个遇阻点的井深相对固定。

ⅱ.多数卡钻是在钻具运行中造成，而不是在钻具静止中造成。只有少数卡钻是在钻进中造成（如钻遇蠕动的盐岩、高含水软泥岩等）。

ⅲ.开泵循环泥浆，泵压正常，进出口流量一样，泥浆性能没有大的变化。但钻遇蠕动速率较大甚至是塑性流动状态的盐岩、沥青层、高含水软泥岩时，泵压要逐渐升高，甚至会失去循环。

ⅳ.离开遇阻点则上下活动、转动正常。

ⅴ.下钻距井底不远遇阻，可能有两种情况，一是沉砂，二是钻头后期磨损造成的小井眼。

ⅵ.缩径卡钻的卡点是钻头或大直径工具，而不可能是钻杆或钻铤。

## 12.4.3　缩径卡钻的预防

ⅰ.下入钻头扶正器或其他直径较大的工具时，应仔细丈量其外径。使用打捞工具时，其外径应比井眼小 10mm 以上。

ⅱ.起出的旧钻头和扶正器，应检查其磨损程度，如果发现外径磨小，肯定已钻成了一段欠尺寸井眼。下入新钻头时应特别注意，快到底遇阻时不能硬压。

ⅲ.在用牙轮钻头钻进的井段，下入 PDC 及足尺寸的取芯钻头时要特别小心，遇阻不超过 50kN。

ⅳ.取芯井段必须用常规钻头扩眼或划眼。

ⅴ.改变下部钻具结构，增加了钻具的刚性或下大尺寸的打捞工具时应控制下钻速度。绝不允许在阻力超过 50kN 的情况下强行下入。

ⅵ.下钻遇阻不可硬压。一般的规律是遇阻后上提的力量要比下压的力量大，所以下压力量越小，上提解卡越容易。当然也可以用渐进试验法。

ⅶ.起钻遇阻绝不能硬提。因为下压解卡的力量往往比上提时的阻力大得多，特别是悬重很轻时更要注意。一般情况下上提力量不能超过钻具重量的 1/3。

ⅷ.控制钻井液滤失量及固相含量，使高渗透井段结成薄而韧的滤饼，减少滤饼缩径现象。

ⅸ.如上提遇阻，倒划眼无效，如此时起出的钻具超过井深的一半，可接扩眼器扩眼。

ⅹ.如果井下情况比较复杂，可在钻铤上部接一扩眼器。

ⅺ.在钻柱中接随钻震击器。

ⅻ.在起下钻过程中要详细记录阻卡点。

### 12.4.4　缩径卡钻的处理

ⅰ.遇卡初期，应大力活动钻具，争取解卡。在下钻过程中遇卡，应在钻具及设备的安全负荷限度内大力上提，绝不能多压。在起钻过程中遇卡，应大力下压，绝不能多提。在钻进过程中遇卡，只能多提和强扭。在这种时候，捕捉战机是非常重要的，要敢于用大力，可能三下五除二就解决问题了。如果大力活动数次仍不能解卡，就不要强干了，要在适当的接力压力范围内定期活动钻具，保证卡点不上移。

ⅱ.用震击器震击解卡。如果钻柱上接有随钻震击器，应立即启动震击器根据情况上击或者下击。如果没有随钻震击器，要设法接入震击器，因为震击器是缩径卡钻中最有效、最经济的解卡办法。如果是起钻卡死，而且有足够的钻具重量，可用地面震击器。如果是下钻或在井底卡死，最好是把钻具从卡点以上倒开，把上击器接到离卡点很近的位置，连续上击。

ⅲ.如果发现是缩径与粘吸的复合式卡钻，那就应先浸泡解卡济，然后再进行震击。

ⅳ.如果缩径是盐层蠕动造成的，可以浸泡清水或淡水泥浆以溶化盐层，同时配合震击器震击。

ⅴ.如果大力活动钻具与震击均无效，只能套铣倒扣。

ⅵ.套铣不成，则只能侧钻。

# 12.5　键槽卡钻

## 12.5.1　键槽的形成

键槽形成的主要原因是井身轨迹不是一条直线而产生了局部弯曲，形成了"狗腿"。由于井眼处于三维空间，不能用一个单间的视图表示出来，为了方便起见，把狗腿分为两种：由倾斜角变化产生的"狗腿"叫倾斜狗腿；由方位角变化产生的"狗腿"叫方位狗腿。实际井眼中的狗腿往往是这两种的综合体。实际井眼由垂直段、增斜段、稳斜段、降斜段、水平段五种类型组成，在井斜变化的井段，都会产生狗腿。另外还有一种键槽叫壁阶式键槽，是在特定的情况下产生的，在大段的易坍塌的泥页岩中夹有薄层砂岩，当泥页岩坍塌井径扩大之后，薄层砂岩仍保持着钻头直径。任何直井都有一定的斜度，钻柱由于自身的重量也总是靠向下井壁，只有这部分较硬砂层的壁阶支持着钻柱的侧向力，当大部分井径扩大至钻头直径与钻杆接头直径之和以上时，在此种壁阶上也会产生键槽。

键槽的形成是一个渐变的过程：第一阶段，狗腿处尚为原始状态；第二阶段，狗腿处出现了浅的键槽，其深度不超过钻杆接头直径的一半，起下钻正常尚无阻卡现象；第三阶段，狗腿处出现了较深的键槽，其深度已超过钻杆接头直径的一半，但尚不及钻铤直径的一半，起钻时钻杆接头可顺利通过，但直径大于钻杆接头的钻铤、扶正器、钻头等起到此处将会遇卡，能通过转动方向并上下活动把钻具起出。若落鱼鱼头正处在键槽里，则小直径打捞工具易成功，而大直径工具只能碰到鱼头而捞到的概率较低。第四阶段，键槽已相当深，钻杆接头已完全处于小眼中，其深度已超过钻铤直径的一半，当钻铤、扶正器、钻头等起至该点时严重遇卡，稍微多提，就无法转动转盘。若落鱼鱼头正处于此处，大直径打捞工具及套铣筒都碰不到鱼头，可从鱼侧滑过。第五阶段，键槽已达最大深度，该处狗腿已消失。一般情况下，达不到这个程度，就已经无法施工了。

无论何种地层，只要有产生键槽的条件，都可能产生键槽。有人认为软地层不会产生键槽，实际上，软地层更容易产生，例如明化镇组和馆陶组就极易产生键槽；还有人认为井斜不大就不会产生键槽，但实际上有些井虽然井斜不大，方位变化很大，同样会产生键槽。

增斜键槽不容易卡钻，因为增斜键槽在井眼的上井壁，当大尺寸工具起钻至键槽时，由于工具自身的重量靠向下井壁，不易进入键槽。减斜键槽和壁阶式键槽最容易卡钻，由于钻具自身的重量，大尺寸工具很难脱离键槽。

## 12.5.2　键槽卡钻的征兆

ⅰ.键槽卡钻只会发生在起钻过程中。因为在下钻时，钻头、扶正器等进不了键槽，只有在起钻时，钻柱在自重分力的作用下，靠向井眼下壁，导致钻具在键槽中运行，当钻头、扶正器等进入键槽时便发生遇卡的情况。

ⅱ.如果钻铤直径大于钻杆接头，则钻铤顶部接触键槽下口时即发生阻卡。如果钻铤直径小于钻杆接头，只有钻头或其他大于钻杆接头直径的工具接触键槽下口时才会发生阻卡。

ⅲ.在岩性均匀、井径规则的地层中键槽是向上、下两头发展的，每次起钻的遇阻点有下移现象。如果岩性不均匀、井径不规则，就容易形成壁阶式键槽，这种键槽的位置固定，不会向两头发展，因此遇阻点也是固定不变的。

ⅳ.在键槽中遇阻，接力稍大，转动转盘困难，但只要下放钻具脱离键槽，则转动自如。

ⅴ.在键槽中遇卡，开泵循环泥浆，泵压无变化，进出口平衡。

## 12.5.3　键槽卡钻的预防

ⅰ.钻直井时，尽可能把井打直，不要使井斜有忽大忽小的变化。

ⅱ.钻定向井时，在地质条件许可的情况下，尽量简化井眼轨迹，多增斜小降斜。

ⅲ.用套管封住易产生键槽的井段。这对于大位移井、水平井、分支井尤为重要。

ⅳ.缩短套管鞋以下口袋的长度，长的口袋易造成套管鞋的磨损，甚至把下部套管偏磨而形成键槽。

ⅴ.每次起钻，都要详细记录遇阻点井深及阻力大小，以便综合分析井下情况，判明引起遇阻原因。

ⅵ.起钻遇阻，无论何种原因引起，都不能强提。应反复上下活动，转动方向，以求解卡。如果多次活动无效，只有采取倒划眼的办法，才是唯一可靠的。倒划眼时，提拉力不可太大，稍大则转动困难或转不动。此时只能以指重表为参考，以方钻杆上划记号为主。

ⅶ.如果键槽位置小于总井深一半时，可在钻柱上接破键器。

ⅷ.发现键槽后应主动破除键槽，即在钻柱合适位置接破键器。注意，破键器下要有足够重量的钻具，使其能产生很大的侧向力，划眼速度不能大于该井段机械钻速的三分之一。

ⅸ.如果井身质量不好，为防止键槽卡钻，可在钻铤顶部接一固定式破键器。

ⅹ.在钻柱上带随钻震击器，一旦遇卡可随时下击，但绝不可上击，上击只能是越击越死。

### 12.5.4 键槽卡钻的处理

ⅰ.大力下压。键槽遇卡时，如果上提拉力不大，利用钻具自身重量可压开，此时绝不能缓慢下压，而应迅速一次性将钻具重量全压上去，如全压尚不能解卡，就应在全压的情况下，变动泵压循环泥浆，使钻具产生脉动现象，有助解卡。

ⅱ.用下击器下击。下击是解除键槽卡钻最好的办法，如带有随钻震击器，应立即启动震击器下击。如未带随钻震击器，可接地面震击器下击。必要时，可把钻柱从下部倒开，把下击器接在靠近卡钻的地方，进行下击。

ⅲ.浸泡解卡剂，同时用下击器下击。

ⅳ.套铣解卡。如果浸泡下击仍不解卡，只好直接倒扣或爆破松扣，然后套铣。一定要注意，绝不能把鱼头留在键槽内，极易套出新眼，失去打捞目标。若鱼头在键槽内，只有甩引子到主井眼内，再套铣。

ⅴ.如果是在石灰岩、白云岩地层形成的键槽卡钻，可浸泡盐酸以求解卡。

# 12.6　泥包卡钻

所谓泥包就是软泥、滤饼、钻屑黏附在钻头或扶正器周围，或堵塞在牙轮、复合片之间，轻者降低机械钻速，重则把钻头或扶正器包成一个圆柱状活塞，远远大于钻头或扶正器直径，使得在起钻过程中遇阻卡。最危险的是它的抽吸作用，极易把地层抽垮，把产层抽喷。

### 12.6.1 产生泥包的原因

ⅰ.钻遇松软而黏结性强的泥页岩时，形成泥团，并牢牢地黏附在钻头或扶正器周围。

ⅱ.泥浆循环排量太小，不足以把岩屑携离井底。如果这些岩屑是极易水化的泥岩，在重复破碎的过程中，颗粒越来越细，吸水面积越来越大，最后水化而成泥团，黏附在钻头表面或镶嵌在牙齿间隙中。

ⅲ.泥浆性能不好，黏度太大，滤失量高，固相含量大，在井壁上结成了松软的厚泥饼，在起钻过程中被扶正器或钻头刮削，越集越多，直至把扶正器或钻头周围之间隙堵塞。

ⅳ.钻具有刺漏，泥浆短路循环，到达钻头的泥浆越来越少，钻屑带不上来，只能黏附在钻头上造成钻头泥泡。

ⅴ.钻头泥包主要是泥页岩遇水发生塑性变形，使钻头表面与钻屑间的黏附力变得比举升岩屑的携浮力大得多，因而发生泥泡。

## 12.6.2 产生泥包的征兆

ⅰ.钻进时，机械钻速逐渐降低，转盘扭矩逐渐增大，如因泥泡而卡死牙轮，则有别钻现象发生。如钻头或扶正器周围泥泡严重，减少了循环通道，泵压也会有所升高。

ⅱ.上提钻头有阻力，阻力大小随泥泡的程度而定。

ⅲ.起钻时，随着井径的变化，一般都是软遇阻，即在一定的阻力下一定的井段内，钻具可以上下运行，但阻力随着钻具的上行而增大，只有到小井眼处才会遇卡。

ⅳ.起钻时，环空内泥浆液面不降或下降很慢，有时甚至外返（钻杆内根液面很深）。

## 12.6.3 泥包的预防

ⅰ.要有足够的循环排量。一般泥包都发生在松软地层，因机械钻速快，钻屑浓度大，必须有大的排量才能把钻屑及时带走。

ⅱ.在松软地层中钻进，一定要维持低黏度、低切力的泥浆性能。有时甚至用清水钻进。

ⅲ.在松软地层中钻进要有意识地控制机械钻速，或增加循环泥浆的时间，其目的就是把高浓度钻屑的泥浆远离钻头或扶正器。

ⅳ.钻进时，要经常观察泵压的出口流量变化。如泵压下降而流量不变，则有可能是钻具刺漏，如泵升高而流量不变，则有可能是钻头泥包，或水眼堵塞，或井下出现其他问题，需要结合其他现象仔细分析，不可盲目钻进。

ⅴ.如发现有泥包现象，应停止钻进，提离井底，高速旋转，快速下放，利用旋转产生的离心力和泥浆上返速度加快产生的冲刷力解除泥泡。如果有条件，可增大排量，降低泥浆黏度等。

ⅵ.如果泥泡不能有效清除，起钻时要特别注意，不能在连续遇阻或有抽吸作用的情况下起钻。最好是接方钻杆带至正常井段。这样做虽然麻烦，但比造成卡钻事故好得多。

## 12.6.4 泥包卡钻的处理

ⅰ.如果在井底发生泥包卡钻，应尽可能增大排量，降低泥浆黏度和切力，以增大冲洗力。同时在设备和钻具的安全负荷内大力上提，如有随钻震击器，可启动上震击器上击。

ⅱ.如果在起钻中遇卡，应用钻具自身重量全力下压。或启动随钻震击器下击，若没有随钻则用地面震击器下击。

ⅲ.如果震击无效，并考虑有粘吸卡钻的并发症，可浸泡解卡剂，一方面消除粘吸，另一方面也可以减少泥泡物与钻头和扶正器表面的吸附力，同时用震击器震击以求解卡。

ⅳ.泥包后的钻头和扶正器像活塞一样，如果提的比较死，很可能堵塞环空，失去循环泥浆的条件，也就无法注解卡剂了，在震击无效的情况下，只好原钻具倒扣或爆炸松扣，然后套铣解卡了。别忘了处理事故的一条原则——快速原则，倒扣的时机越早越好，落鱼留得越少，事故解除越快。

ⅴ.如果泥包卡钻，无法循环，因时间较长，又有粘吸卡钻的并发症，则不可轻易倒扣。因泥包卡钻的井段不会太长，不是扶正器就是钻头，可在扶正器之上爆破，以便恢复循环，消除粘吸卡钻后再倒扣。

# 12.7　落物卡钻

## 12.7.1　落物卡钻的原因

井下落物各种各样，有的落物形状规则且有可供打捞的部位，在井眼中处于和井眼轴线平行的状态，如钻杆、钻铤、套管、油管等；有的落物虽然形状规则但无可供打捞的部位，在井眼中处于斜立的状态，如撬杠、测斜仪等；有的落物形状既不规则也无可供打捞的部位，在井眼内所处的状态是不固定的，如牙轮、井口工具、电缆等。

落物的来源也有所不同，有的从井口落入，如井口工具、手工具等；有的从井下落入，如钻头、牙轮、电缆仪器等；有的从井壁上落入，如砾石、水泥块以及原来附在井壁上的其他落物。

落在井底的落物，虽然妨碍钻进，但一般不会造成卡钻，能造成卡钻的是处于钻头或扶正器以上的落物。由于井眼和钻具之间的环型空间有限，较大的落物会像楔铁一样嵌在钻具与井壁中间，使钻具失去活动能力，造成卡钻。

## 12.7.2　落物卡钻的征兆

ⅰ.在钻进中有落物落在环空，会有别钻现象发生，上提有阻力，小落物尚可提脱，大落物则越提越死。

ⅱ.起钻过程中遇有落物会突然遇阻。只要上提力量不大，下放比较容易。若落物处的位置固定，则阻卡点固定。

ⅲ.若落物随钻具上下移动，则钻具只能下放不能上提，阻卡点随钻头或扶正器的下移而下移。在下放无阻力时钻具可以转动，而上提有阻力时转动困难。

ⅳ.落物卡钻的卡点一般在钻头或扶正器位置，落物较大的也可能卡在钻杆接头位置。

ⅴ.落物造成遇阻遇卡的情况下，循环正常，泵压、排量、泥浆性能均无变化。

## 12.7.3　落物卡钻的预防

ⅰ.定时检查所有的井口工具，尤其是大钳、卡瓦和吊卡。

ⅱ.在下钻、接单根时防止井口落物，钻具在井内，井口不要使用撬杠、锒头等足以引起卡钻的大型工具。必须使用时一定要先把井口护好。

ⅲ.凡下井的钻具和工具必须是经厂内检验合格的产品，在下井之前还要在井场仔细检查。

ⅳ.尽量减少套管鞋下口袋长度，防止水泥掉块。

ⅴ.如果明知是落物阻卡，绝对禁止硬提，应下放钻具在无阻力的情况下转动。如无下放余地，就在原地转动，以便扩大井眼，当无别劲时，再上提 1～2cm，继续转动，如此耐心地操作，争取把落物磨小或挤入井壁或带至上部的大井径中。

ⅵ.磨铣井底落物时，要定期上提钻具活动，一方面防止磨碎的落物翻到磨鞋上面，一方面可将翻到磨鞋上面的碎物压到下面去。

ⅶ.在悬重不正常或泵压不正常的情况下，不可投测或者投钢球等。

ⅷ.在裸眼中磨铣，往往用比钻头小 10～20mm 的磨鞋，认为起下钻有利于井下安全，磨铣的碎块不会卡住磨鞋。

ⅸ.落物没有在井底，而是落在井眼中途、大井径井段，有的横在井眼中，妨碍下钻，只有磨铣或打捞。有的落在井壁台阶上，不妨碍下钻，但在井壁不稳定或在钻具的撞击下而滑落下来，这才是最危险的，钻井实践中经常遇到这样的情况，遇到这种情况，那就是软地层想法把它挤到井壁上，硬地层想法把它赶至井底。

### 12.7.4  落物卡钻的处理

**(1) 钻头在井底时发生的落物卡钻**

ⅰ.争取转动解卡。首先是用较大扭力正转，如正转不行则倒转，但一定要数好倒转圈数以防止倒开钻具，因为落物像一个楔子楔在钻头或扶正器上，当正转越挤越死时，倒转有可能松动开。

ⅱ.在安全的前提下，尽最大力量上提。

ⅲ.用震击器向上击，可能击开，也可能使钻头与落物一同上移但不能解卡。不过，只要有了一段活动距离，就可以反过来再下压或下击，如此反复就可解卡了。

**(2) 在起钻过程中发生落物卡钻**

ⅰ.猛力下压，但绝不能多提。

ⅱ.用震击器下击。如有随钻震击器应立即启动下击器下击。如没有，可接地面震击器下击，地面震击器的滑脱力要调至和井内钻具的重量相同。仍不能解卡，可倒扣或爆炸松扣，将震击器接到距卡点最近的位置向下震击。

ⅲ.如果是水泥块造成的卡钻，可用浸泡盐酸并配合震击器震击来破碎水泥块以求解卡。

ⅳ.套铣。

# 12.8  干钻卡钻

## 12.8.1  干钻发生的原因

所谓干钻就是泥浆不通过钻头循环，钻头对岩石做功所产生的热量散发不出去，切削的岩屑携带不上来，积累的热量达到一定程度，足以使钢铁软化甚至熔化，钻头甚至钻铤下部在外力作用下产生变形，和岩屑熔合在一起，这就造成了干钻卡钻。泥浆在钻头处的循环排量减少甚至断流，是由以下原因造成的。

ⅰ.钻具刺漏。钻具刺漏之后，开始是一部分泥浆经过钻头，一部分经刺漏上返，随着时间的延长，刺漏点越来越大，绝大部分甚至是全部泥浆经漏点上返，钻头处没有泥浆通过。

ⅱ.灌泥浆闸门没关死或刺坏，大部分泥浆在地面循环。

ⅲ.泥浆泵上水不好。

ⅳ.泵房和钻台配合不好。

ⅴ.有意识停泵干钻。在取芯或打捞作落物时，习惯干钻几分钟，力图把钻头或铣鞋用泥巴泡死，以防起钻时岩芯或落物滑脱。但若掌握不好，很容易因干钻而卡钻。

ⅵ.取芯过程中因故停泵，因取芯是一个连续作业过程，因此也可能导致卡钻。

### 12.8.2　干钻的征兆

ⅰ.如果钻具刺漏，则在正常排量下泵压会逐渐下降。待泵压下降到一定程度时，所有泥浆由漏点上返，漏点以下失去循环。泵压下降的程度和漏点的位置有关，上部下降明显下部则不明显。

ⅱ.如果泥浆泵上水不好，或地面管线、闸门有刺漏的地方，则泵压下降，泥浆温度显著下降。

ⅲ.机械钻速明显下降。

ⅳ.转盘扭矩增大。

ⅴ.干钻的第一阶段是泥泡，可以活动，但上提钻具时有阻力。随着干钻程度的加剧，阻力越来越大，直至无法活动，造成卡钻。

ⅵ.干钻的结果，一般都是钻头水眼堵死，除钻具有刺漏外，是无法开泵循环的。

### 12.8.3　干钻的预防

ⅰ.要经常注意泵压和井口泥浆返出量的变化。如泵压下降，返出量减少，那肯定是泥浆泵上水不好或地面管线、闸门有刺漏的地方，应停钻检查问题。如泵压下降很突然，但维持这个下降值不变，而且井口返出量正常，那可能是钻头水眼掉了，也可能是钻头掉了，钻具断了，试一下，便见分晓。如泵压缓慢下降，而且井口返出量不变，有可能是钻具刺漏，应起钻检查钻具，绝不能盲目继续钻进。

ⅱ.如果发现机械钻速下降了，转盘扭矩增大，甚至有别钻打倒车的现象时，应结合泵压及井口返出量、正钻地层特性综合分析。如果发现泵压下降或返出量减少，应立即停钻。如循环正常，没有短路现象，可进行试钻，每钻进 10～15min 提起划一次眼，如停转盘打倒车上提有阻力，而且情况越来越严重，一定要起钻检查。

ⅲ.泵房与钻台配合密切。

ⅳ.若停止循环时间较长，应将钻具提离井底一定高度，然后上下活动或转动，绝不允许将钻头压在井底。即使取芯的情况下，也应割芯后提起钻具。

ⅴ.取芯和打捞作业中人为的干钻大可不必，即使要干也要有专业技术人员操作。

### 12.8.4　干钻卡钻的处理

干钻卡钻是恶性卡钻，由于干时摩擦生热，钻头甚至钻铤下部都软化变形，其直径往往大于上部已钻成的井眼，要想从原井眼中起出已干钻变形的钻头简直是不可能的。假如在少量泥浆循环的条件下造成的干钻，尚有蹩通水眼的可能。如果是在断流的情况下干钻，钻头甚至下部钻铤水眼都已堵死，要想恢复循环是不可能的。因此干钻卡钻的处理程序只能是以下几项。

ⅰ.用震击器上击，这在干钻不太严重，钻头尚未变形，处于泥泡状态下可以奏效。

ⅱ.爆炸切割，干钻卡钻的卡点就是钻头，干钻后往往把钻头水眼堵死，因此如确认为干钻卡钻，应及早在卡点以上爆炸切割。即使切割不开，也可以打开一条循环通路。只要能循环了，之后无论用什么方法处理，都要主动得多。如果延误的时间长了，泥浆稠化了，钻柱内下不进任何工具，要想爆炸切割是不可能的。在此关键时刻，绝不能犹豫不决。

ⅲ.爆炸松扣，或用原钻具倒扣。为了防止上部钻具粘卡，倒扣的时间越早越好，套铣。

ⅳ.扩眼、套铣。这种办法在上部地层可行，如果井深了或硬地层就不经济了。

ⅴ.填井，侧钻。

# 12.9　水泥卡钻

在钻井过程中，为了纠正井眼轨迹，或者为了避开井底无法打捞的落物或者为了在套管内开窗侧钻，或者为了封堵漏层等都需要打水泥塞。尾管固井、插入法固井时，送入尾管的钻柱也要接触水泥浆。还有用 DSR 堵漏时等。总之只要钻具接触水泥浆，就有被水泥固死的可能，也就是通常叫的"插旗杆"。

## 12.9.1　水泥卡钻的原因

ⅰ.对所使用的水泥和添加剂的混配物不做理化性试验，也不把水泥浆与井浆做混配试验，不掌握水泥浆的性能和变化规律。

ⅱ.注水泥设备或钻具提升设备没有充分的保障，在施工中途发生问题，使施工不连续或延长施工时间。

ⅲ.施工措施不当或操作失误。这方面发生的问题很多，如注水泥的管柱上有钻头或小水眼工具；注水泥后不能及时将钻具提离水泥段；在水泥塞顶部顶替不彻底；在顶替的过程中不会活动钻具；操作失误致使钻具落井等。

ⅳ.探水泥塞时间过早或措施不当。一般探水泥塞的时间应在注水泥施工完毕的 48h 之后，在水泥未凝固之前，将钻具压入水泥中会造成卡钻。

## 12.9.2　水泥卡钻的预防

ⅰ.在裸眼井段注水泥，要测量井径，按实际井径计算水泥浆用量，附加量不超过 30％。

ⅱ.入井水泥浆必须做理化性能试验，并要和井浆做混溶试验，掌握水泥浆的稠化、初凝、终凝时间，施工时间要控制在稠化时间的一半以内。

ⅲ.打水泥的钻具结构越简单越好，一般只下光钻杆最好，不到万不得已不能带钻头。

ⅳ.打水泥前，井内要平衡，即不喷不漏不塌，若有喷漏现象，则水泥存不住；有坍塌现象发生，则有可能失去循环，钻具也可能起不出来。

ⅴ.提升设备和注水泥设备一定要完好，保证施工连续性。

ⅵ.在注水泥过程中要不停地活动钻具，以防粘卡。如果遇到意想不到的问题，首先考虑钻具的安全，能上提则立即起钻，能循环则立即开泵循环，将水泥全部顶出。

ⅶ.在设计水泥顶部循环，将多余水泥顶替出来时，在残余水泥未完全返出井口之前，不能随意停泵或倒泵，而且要不停地活动钻具。

ⅷ.在把钻具起出水泥的关键时刻，井口操作要紧张有序，忙而不乱，不能发生任何操作失误现象。

ⅸ.探水泥的时间不宜过早，一定要等到水泥终凝之后再探。钻具下至预计井深，先循环泥浆，使上部井眼畅通，然后停泵逐步向下试探，遇阻后不能硬压，应立即提起钻具开泵，再向下探。如果水泥凝固的好则遇阻点固定，如果是混浆或沉砂，则可逐步下行，直到探到真正的水泥面为止。

### 12.9.3　水泥卡钻的处理

水泥卡钻除了爆炸切割、套铣、倒扣以外别无他法，特别是套管内的水泥卡钻，危害更大，因为被卡管柱不居中，要套铣非常困难，极有可能把套管铣破导致全井报废。

# 12.10　案　　例

### 12.10.1　案例一：长庆油田 SH—108 井

**(1) 基本资料**

表层套管 $\phi$273mm，下深 450.76m；裸眼钻头直径 $\phi$241.3mm，钻深 2226.34m；钻具结构：$\phi$241.3mm 钻头＋$\phi$219mm 随钻打捞杯＋$\phi$177.8mm 钻铤 187.50m＋$\phi$127mm 钻杆；钻井液密度 1.05g/cm³，漏斗黏度 24s，滤失量 14ml，pH 值 12；钻进钻压 220kN，转速 66r/min，排量 31L/s，泵压 19.5MPa。

**(2) 事故发生经过**

钻至井深 2226.34m，悬重 780kN，泵压由 19.5MPa 降为 18.5MPa，怀疑钻具有问题，随起钻检查。起至井深 450m 时，突然遇阻，钻具被拉断，吊卡弹开，两截钻具都顿入井内，落鱼总长为 466.73m，计算鱼顶深度应为 1759.61m。

**(3) 事故处理过程**

ⅰ.下钻头探鱼顶，实探鱼顶为 1763.42m，比计算鱼顶深 3.81m。

ⅱ.下安全接头、震击器、加速器，对扣，在 1763.42m 对扣成功，但开泵憋到 19MPa 不通。在震击力 500～700kN 的范围内震击 25 次无效。以后在悬重 400～1400kN 的范围内活动钻具，结果钻具拉断，悬重由 450kN 上升至 520kN，起出钻具 269.2m，发现钻杆在母接头以下 0.5m 处刺坏，刺缝周长 90mm，鱼顶应为 2032.56m。

ⅲ.下钻头通井，在井深 2032.56m 碰到鱼顶。

ⅳ.下 $\phi$219mm 套铣筒，套铣至 2037.26m，突然无进尺，钻井液槽中发现有铁屑。起钻后，铣鞋铣齿全部磨光。

ⅴ.下 $\phi$219mm 卡瓦打捞筒打捞，提至 1500～1600kN 无效，退出打捞筒。

ⅵ.再用 $\phi$219mm 套铣筒套铣，连续用了四只铣鞋，总计进尺只有 1.53m。

ⅶ.下左旋螺纹母锥倒扣，滑脱。

ⅷ.下 $\phi$219mm 卡瓦打捞筒带震击器打捞，震击力 300～500kN，震击 25 次，无效。

ⅸ.再下 $\phi$219mm 套铣筒套铣，连续用了三只铣鞋，累计进尺只有 4.99m。

ⅹ.下 $\phi$219mm 卡瓦打捞筒带震击器打捞，提至悬重 1100kN，捞出 8.7m 长的一截钻杆，钻杆下部被铣鞋铣成椭圆形。鱼顶为 2037.51m。

ⅺ.下 $\phi$219mm 套铣筒 9.98m，由 2037.51m 套铣至 2047.40m，进尺 9.98m。起钻后，

发现铣筒大小头内带出半边钻杆公接头，长 0.43m。

ⅻ.又下套铣筒 122.80m，由 2047.40m 铣至 2158.82m，进尺 111.42m。

ⅹⅲ.下左旋螺纹钻杆与卡瓦打捞筒倒扣，倒出钻铤 116.69m，发现最上一根钻铤从中间铣开 7.6m 长的一道口子。此时落鱼尚有 71.71m，鱼顶为 2154.63m。

ⅹⅳ.下套铣筒 86.07m，从 2154.63m 铣至 2226m，进尺 71.37m。

ⅹⅴ.下安全接头带震击器、加速器，对扣，对扣后，用 400～600kN 的震击力震击，无效。以后在悬重 1300～1500kN 之间活动钻具，活动七次后解卡。起钻后，发现三只牙轮落井。

ⅹⅵ.用三只 $\phi$220mm 磨鞋磨牙轮，下两次打捞器打捞，最后用反循环打捞篮捞完井下全部落物。

**(4) 认识与建议**

ⅰ.钻柱上带有随钻打捞杯，起至套管鞋处，打捞杯的上台肩挂住套管鞋，造成了这次事故。所以说下井的任何工具，都不许带有平台肩。钻头起至套管鞋时也应慢起，只要措施得当，也不会造成事故。

ⅱ.本井是两条落鱼，看来正好从钻铤顶部断开，一条落鱼是钻头加钻铤，长 188.40m，鱼底为 2226.34m，鱼顶为 2037.94m；另一条落鱼是钻杆，长 278.33m，鱼底应为 2041.75m，鱼顶应为 1763.42m；两鱼重合 3.81m。套铣时，八只铣鞋都在铣钻铤，当套铣至 2037.26m 时，突然毫无进尺，就说明已经铣到了钻铤，此时就应停止套铣，盲目套铣的结果是把钻铤铣了一道长 7.6m 的破口，若再铣下去，把整个钻铤铣成两半，本井的事故就无法处理了。

ⅲ.对扣后，憋泵 19MPa 不通，就放弃憋泵，是不应该的，起码要憋到 35MPa。如果憋泵能憋通的话，这次事故处理起来可能简单得多了。

### 12.10.2　案例二：华北油田 LG—4 井

**(1) 基础资料**

中间套管 $\phi$244.573mm，下深 3856.43m；裸眼钻头直径 $\phi$215.9mm，钻深 5500.30m；钻具结构 $\phi$215.9mm 钻头＋$\phi$158mm 钻铤 158.3m＋$\phi$127mm 钻杆；钻井液密度 1.76g/cm$^3$，黏度 44s，滤失量 4.4mL，泥饼 0.8mm，含砂量 0.65%，pH 值 9；地层为灰白色砂岩和暗红色泥岩互层；井身质量最大井斜角 4000m 为 6°和 4700m 为 5.5°，最小井斜角为 4300m 为 1°10′和 5100m 为 1°40′。

**(2) 事故发生经过**

下钻后，活动牙轮、钻进，发现泵压下降，认为是钻井液上水不好，在 40h 内，反复修泵的时间近 30h，而真正钻进的时间只有 10h 左右，进尺只有 14.05m。特别是最后 6h，根本无进尺，每次提起钻具划眼，均划不到井底，而且有憋钻现象。钻具悬重由 1430kN 降为 1310kN，不认为是钻具有问题，反而认为是指重表有问题，又去修指重表，耽误了不少时间。起钻后才发现是钻铤公螺纹断了，落鱼 106.61m，鱼顶 5393.69m。

**(3) 事故处理过程**

ⅰ.下 $\phi$114mm 公锥打捞，上提 2000kN，解卡。起钻到 4320m 和 4186m 遇阻严重，在倒划眼时把公锥扭断。

ⅱ.下 $\phi$200mm 卡瓦打捞筒带 $\phi$177.8mm 震击器打捞，上提 1750kN，解卡，起到

4320m 遇卡，又起到 4244m 卡死，下击 12 次，解卡。倒划眼时，把接在加速器下面的 $\phi$158mm 钻铤公螺纹折断，落鱼为 157.15m，鱼顶为 5343.65m。

ⅲ. 又下 $\phi$200mm 卡瓦打捞筒打捞，上提 2000kN，解卡，开泵憋压 18MPa，不通。起钻到 4299m 遇卡，倒划眼无效，上提 1700kN 反复活动，起出两个单根，落鱼滑脱，悬重下降 180kN，但卡瓦打捞筒仍然起不出来，倒划眼两天，无效。

ⅳ. 下 $\phi$63.5mm 爆炸筒，炸掉卡瓦打捞筒，起出上部钻具。

ⅴ. 下尾管固井，下部井段报废。

**(4) 认识与建议**

ⅰ. 泵压下降，在地面找不出原因的情况下，必须起钻检查钻具，绝不允许继续钻进。

ⅱ. 泵压下降，悬重下降，是钻具断落的最明显的标志，最后 6h 毫无进尺，划眼划不到底，而且还有整劲，这是钻具断落之后磨鱼头的现象，本井却毫无感觉，实在太麻痹。

ⅲ. 公锥断入钻铤水眼，已经堵死了循环通路，憋压有什么意义？在不能循环钻井液的情况下，倒划眼也起不了什么作用。

ⅳ. 根据历次起钻的情况来看，本井在 4000m 以下已经拉出了键槽，认识到这一点，就应该主动破坏键槽，然后打捞才有希望。最好的办法就是在下打捞钻柱时，在适当的地方接上键槽破坏器，譬如从打捞工具以上 1000m 处接一个键槽破坏器，下钻时从 3900m 至 4320m 井段彻底破槽，然后再进行打捞，可能效果会好得多。

### 12.10.3 案例三：大港油田 GSH—23—1 井

**(1) 基础资料**

表层套管 $\phi$339.7mm，下深 209.26m；裸眼钻头直径 $\phi$311.1mm，钻深 2328.40m；钻具结构 $\phi$311.1mm 钻头＋$\phi$310mm 扶正器 1.87m＋$\phi$203mm 钻铤 25.94m＋$\phi$177.8mm 钻铤 105.77m＋$\phi$127mm 钻杆；钻井液密度 1.28g/cm³，漏斗黏度 43s，滤失量 6mL，滤饼 0.5mm，切力 1～2Pa，含砂量 0.5%，pH 值 8.5。

**(2) 事故发生经过**

下钻至最后一单根，开泵循环，划眼下放，距井底 1.5m 处，突然转盘负荷加重，只听咔嚓一声，钻具悬重由 740kN 降至 200kN，判断是钻具折断，立即起钻，起出钻杆 40 根，落鱼长 1924.58m，计算鱼顶应为 388.72m。

**(3) 事故处理过程**

ⅰ. 下 $\phi$127mm 公锥探鱼，一直下至 404.91m，未碰见鱼顶。

ⅱ. 下 $\phi$244.5mm 大小头探鱼，一直下至 452.57m，未碰见鱼顶。

ⅲ. 电测，证明鱼顶在井深 591.77m，显然井内是两条鱼，互相重合在一起。

ⅳ. 下 $\phi$127mm 钻杆对扣，在 591.79m 处对扣成功，用小排量开泵，泵压 5MPa，证明捞获的是带钻头的那条鱼，上下活动范围 10m 左右，也能转动，最多提到 1600kN，既提不出来也卡不死，计算卡点位置在 1972m。

ⅴ. 在钻铤与钻杆连接处爆松倒扣成功，起钻时每过一个钻杆接头，遇阻 80～90kN，起出 16 柱后，情况转入正常，共起出钻杆 2126.60m。新鱼顶为 2135.49m，鱼长 135.51m。

ⅵ. 电测另一条鱼的鱼头，在井深 1931.50m。

ⅶ. 下 $\phi$127mm 钻杆对扣，悬重增加 45kN，小鱼全部捞获。

ⅷ.下 φ311.1mm 钻头通井，循环钻井液。

ⅸ.下 φ219mm 卡瓦打捞筒，内装 φ174mm 卡瓦，打捞成功，起出全部落鱼。

**（4）认识与建议**

ⅰ.本井两次打捞，都是用 φ127mm 钻杆直接对扣，证明钻具不是折断，而是操作失误，造成钻具倒扣。原因可能是遇卡后，转盘打倒车，未加控制，也可能是钻头克服阻力后，在蓄能作用下飞速旋转，而转盘反而成了制动器，将钻具甩开。无论何种原因，都证明下钻时钻杆的连接螺纹没有上紧。

ⅱ.发生事故后，在起钻前就应该用原钻具探鱼顶，本井肯定是探不到的，但得到了这个信息，起钻后就应该下 φ311.1mm 钻头探鱼顶，一直往下追，总是可以探到的。一边往下探，一边间断的转动钻具，防止钻头超过鱼顶，因为如果钻头超过鱼顶，转动时肯定会有显示，同时，也可以循环好钻井液，把上部井筒搞畅通，这样就可以省去前三步的做法。

ⅲ.这次事故，比较复杂，但判断准确，措施得当，加之钻井液性能好，没有发生粘吸及坍塌等现象，所以能很快解除，特别是第五步中的爆松倒扣，实为妙招。

## 12.10.4　案例四：华北油田 Z—86—1 井

**（1）基础资料**

中间套管 φ244.5mm，下深 2700m；裸眼钻头直径 φ215.9mm，钻深 3986.86m；钻具结构 φ215.9mm 钻头＋φ158mm 减震器 2.98m＋φ158mm 钻铤 187.22m＋φ127mm 钻杆。

**（2）事故发生经过**

钻进到井深 3986.86m，接单根后，划眼放不到井底，在距井底 0.4m 处突然蹩钻，S-135 钢级的 φ127mm 钻杆母螺纹胀大而脱落，悬重由 1300kN 降到 850kN，泵压由 17MPa 降到 5MPa。起钻后，核实落鱼长度为 1538.89m，计算鱼顶为 2447.47m。

**（3）事故处理过程**

ⅰ.下 φ127mm 公锥打捞，滑扣。

ⅱ.用 411 接头对扣，起至 2984m，滑脱。

ⅲ.下 φ127mm 公锥打捞，滑扣。

ⅳ.下 φ127mm 公锥打捞，起至 2920m，滑脱。

ⅴ.下加大 411 接头对扣，起至 3037m 卡死，循环不通，下击 57 次，无效。上提 2200kN，倒扣，从安全接头处倒开，以下钻具又顿入井底。

ⅵ.下 φ127mm 左旋螺纹公锥倒扣，滑扣。

ⅶ.下 φ127mm 左旋螺纹公锥倒出安全接头。

ⅷ.下 φ127mm 左旋螺纹公锥倒扣，滑扣。

ⅸ.下 φ127mm 左旋螺纹公锥倒扣，滑扣。

ⅹ.下右旋螺纹钻杆对扣，从 2925m 处炸断，仍然活动不开，浸泡原油 7m³，柴油 2m³，解卡，把上部钻杆起出。

ⅺ.下 φ195mm 套筒磨鞋修整鱼顶。

ⅻ.下 φ215mm 磨鞋修整鱼顶。

ⅹⅲ.套铣、倒扣十三天，全部钻具捞获。但井底还有三个钻头牙轮。

**(4) 认识与建议**

ⅰ.接单根前，牙轮早已掉了，应该有显示，而司钻竟然没有发现。划眼时，蹩劲如此之大，地面上也应该有显示，而司钻也没有感觉，以致发生如此大的事故。

ⅱ.G-105 和 S-135 钢级的钻杆，公锥不易造扣，应直接用加大的接头对扣，可以加快处理进度，避免一些井下复杂情况。本井有六次下公锥，都是徒劳无益，而用未加大的 411 接头对扣也是错误的做法。由于这些失误，又造成两次顿钻，每次都从 2900 多米顿到井底，循环失灵，肯定和顿钻有关，使本来不复杂的事故也复杂化了。

ⅲ.全部钻具悬重只有 1300kN，倒扣时为什么提到 2200kN 呢？既然下有安全接头，总是从安全接头处倒开的可能性大，提到 850kN 就可以了。

ⅳ.除非万不得已，就不应该炸断钻具，应在卡点以上爆松倒扣，或者将爆炸筒下到钻头附近爆炸，争取恢复循环，再进行处理。

ⅴ.爆炸断的鱼头，套筒磨鞋无法套入，平底磨鞋又容易偏磨，这是一个很大的难题，本井在 $\phi$215.9mm 的井眼中下入 $\phi$215mm 的磨鞋，是担了很大的风险的，这也是不得已而为之，但是用领眼铣鞋应该是可以的。

## 12.10.5　案例五：胜利油田 SC—1 井

**(1) 基础资料**

表层套管 $\phi$339.7mm，下深 1399.64m；中间套管 $\phi$244.5mm，下深 3108.55m；裸眼钻头直径 $\phi$215.9mm，钻深 4921.90m；钻具结构 $\phi$215.9mm 钻头＋$\phi$158mm 钻铤 108.89m＋$\phi$127mm 加重钻杆 256.31m＋$\phi$127mm 钻杆。

**(2) 事故发生经过**

钻至井深 4921.90m，起钻换钻头，起至第 10 柱时，因等修吊卡，停止起钻。在上下活动钻具的时候，因刹车失灵，造成顿钻，把转盘顿坏，大绳折断，所幸吊卡没有顿坏，钻具尚留在井口。倒好大绳后，继续起钻，起至第 12 柱，用转盘卸扣时把吊卡甩开，钻具顿入井下，鱼长 4598.85m，鱼顶 323.05m。

**(3) 事故处理过程**

ⅰ.下光钻杆对扣，上提 1900kN，解卡，起出钻杆 3619.85m，发现钻杆本体折断，落鱼 979m，鱼顶 3942.90m。

ⅱ.下 $\phi$200mm 套筒磨鞋修鱼顶，实探鱼顶位置为 3949.82m。

ⅲ.下卡瓦打捞筒打捞，上提 2000kN，解卡。

**(4) 认识与建议**

ⅰ.工欲善其事，必先利其器，设备工具有重大问题就不能进行作业。本井刹车失灵，是设备问题还是操作问题？抑或是其他人为的问题？看来应该后者居多，不然，为什么还能继续起钻呢？

ⅱ.既然已经发生了大顿钻，设备、工具应做仔细地检查，有损坏者不能使用，为什么刚起两个立柱又发生吊卡甩开的事故呢？100 多吨的重量座在吊卡上，吊卡为什么能甩开呢？看来还是不严不细，吊卡没有检查或者是没有扣好。本次事故可以说是"马虎、凑合、不在乎"的老毛病的集中表现。

ⅲ.本井事故的顺利解除，得益于中间套管下得深，而下部地层硬，井眼也较规矩，才没有造成两条鱼互相穿插的现象。同时钻井液性能好，没有发生粘吸卡钻。

### 12.10.6　案例六：长庆油田 SH—75 井

**(1) 基础资料**

中间套管 $\phi$339.7mm，下深 500m；裸眼钻头直径 $\phi$241.3mm，钻深 2320.31m；钻具结构 $\phi$241.3mm 钻头＋$\phi$177.8mm 减震器 5.05m＋$\phi$177.8mm 钻铤 98.13m＋$\phi$127mm 钻杆；钻井液密度 1.01g/cm$^3$，漏斗黏度 17s。

**(2) 事故发生经过**

在正常钻进时，泵压由 11MPa 降到 6MPa，上提钻具，悬重由 840kN 降为 720kN，泵压降为 4.5MPa，证明钻具有问题，起钻后，发现钻铤刺断，落鱼 79.44m，鱼顶 2240.89m。

**(3) 事故处理过程**

ⅰ. 下 $\phi$114mm 公锥打捞，造扣时落鱼跟着转动，造扣不牢，起钻中途，公锥滑扣。

ⅱ. 下 $\phi$219mm 卡瓦打捞筒打捞，捞出钻铤八根，长 65.41m。落鱼还有 14.03m，鱼顶 2306.28m。还是钻铤母螺纹刺断。

ⅲ. 继续下卡瓦打捞筒打捞，捞获后，憋泵不通，落鱼被卡，退出卡瓦打捞筒。

ⅳ. 下 $\phi$219mm 套铣筒套铣，套铣到钻头。

ⅴ. 下 $\phi$219mm 卡瓦打捞筒，捞出全部落鱼。

**(4) 认识与建议**

ⅰ. 既然是钻铤刺漏，泵压从 11MPa 降到 6MPa，总有个从小到大的过程，应该很早就可以发现。但司钻根本没有意识到这个问题，直至造成了事故的发生。

ⅱ. 下部落鱼被卡，循环失灵，可能是钻铤刺漏后钻头干钻所造成，也可能出于钻井液性能太差钻屑沉淀所造成。钻井液如同清水，根本没有悬浮力，在 2000 多米的深井钻进中，这是很危险的。

### 12.10.7　案例七：胜利油田 C—119 井

**(1) 基础资料**

表层套管 $\phi$339.7mm，下深 92.24m；中间套管 $\phi$244.5mm，下深 999.18m；裸眼钻头直径 $\phi$215.9mm，钻深 1602.56m。

**(2) 事故发生经过**

下钻，因井口不正，当下到第 38 柱时，钻杆接头下台肩挂在井口上，吊卡放松，一只吊环从吊卡耳中弹出。当钻杆从井口滑脱继续下行时，只有一只吊环受力，将钻杆折断。落井钻具 1137.25m，鱼顶 465.31m。

**(3) 事故处理过程**

ⅰ. 下 $\phi$200mm 套筒磨鞋修鱼头，磨去 0.3m。

ⅱ. 下 $\phi$177.8mm 卡瓦打捞筒打捞，捞获后，上下反复活动，最大拉力提到 1400kN 时，落鱼被提起，事故解除。

**(4) 认识与建议**

ⅰ. 天车、转盘、井口三点一线，必须校准。如果实在无法校准，可以采取如下办法：第一，使用小补心，迫使钻杆居中；第二，井口一定要焊成喇叭口状，从喇叭口以下包括防喷器、四通内部的任何地方都不允许有齐平台肩存在。

ⅱ. 单吊环造成的钻具折断，鱼顶往往呈烟锅头状，必须下套筒磨鞋修整，否则不易打捞。

ⅲ.顿钻后，钻柱多处弯曲，和井壁的接触点少，同时本井的中间套管下得比较深，这是本井事故能顺利解除的主要因素。

# 单元习题

1.简述钻井现场常见的卡钻事故。

2.简述处理钻井现场卡钻事故的措施。

# 单元13
## 钻井HSE管理体系

随着社会的进步，健康、安全与环境（HSE）管理工作受到越来越广泛的重视。维护员工健康、安全，保护生态环境，不仅是企业应承担的责任和义务，也是参与市场竞争的评估标准和必要条件。20世纪90年代，西方一些石油公司从行为学分析和危害管理理论入手，把"以人为本、线性管理、风险控制、持续发展"的HSE指导思想融入企业的管理运行之中。联手开发出科学、完整、规范的HSE管理体系，并逐步被各国石油公司所接受，现已被公认为国际石油界健康、安全与环境管理共同遵守的规则。在钻井作业中全面推行和实施HSE管理体系标准，有利于防范和消减钻井作业中的各种风险，充分体现"以人为本，预防为主，防治结合，持建改进"的原则，使经济效益、社会效益和环境效益有机地结合在一起。

## 13.1 HSE 管理体系概述

健康、安全与环境管理体系简称为 HSE 管理体系，或简单地用 HSE MS（Heath Safety and Environment Management System）表示。HSE MS 是近几年出现的国际石油天然气工业通行的管理体系。它体现当今石油天然气企业在大市场环境下的规范运作，突出了预防为主、领导承诺全员参与持续改进的科学管理思想，是石油天然气工业实现现代化管理，走向国际大市场的准行证。

### 13.1.1 HSE 管理体系运行模式和基本思想

HSE 管理体系是企业管理体系中的一种，它将企业的健康、安全与环境纳入了一个管理体系之中，体现了企业一体化管理思想。HSE 管理体系为企业实现持续发展提供了一个结构化的运行机制，并为企业提供了一种不断改进 HSE 表现和实现既定目标的内部管理工具。HSE 管理体系的主要作用就是在全面管理 HSE 事项的基础上，确定 HSE 的关键活动及其风险和影响，加强有效控制，预防事故的发生，将风险降低到尽可能低的水平。HSE 体系的基本思想包括所有事故都是可以认识的，所有事故都是可以预防的，所有事故都是可以避免的等。

HSE 管理体系借鉴了先进的 PDCA 管理模式（戴明模式）的思想。HSE 管理体系运行模式如图 13-1 所示。

HSE 管理体系是一个不断变化和发展的动态体系，其设计和建设也是一个不断发展和

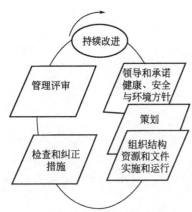

图 13-1 HSE 管理体系运行模式

交互作用的过程。随着时间的推移，随着对体系下断设计和改进，体系经过良性循环，不断达到更佳的运行状态。

## 13.1.2 HSE 管理体系的基本要素

管理体系要素是指为了建立和实施体系，将 HSE 管理体系划分成的一些具有相对独立性的条款。

**(1) 领导和承诺**

承诺是 HSE 管理的基本要求和动力，高层领导的承诺是 HSE 管理体系的核心，自上而下的承诺和企业 HSE 文化的培育是体系成功实施的基础。

**(2) 组织机构、资源和文件**

组织机构、资源和文件是保证 HSE 表现良好的必要条件，是体系运行的基本要素。

**(3) 方针和目标**

方针和战略目标是由高层领导为公司制定的 HSE 管理方面的指导思想和行为准则，是公司对健康安全与环境管理的意向和原则的陈述，是体系建立和运行的依据与指南。

**(4) 规划**

公司在自己的全部工作程序中应制定和保持实现 HSE 目标及表现准则的计划，对 HSE 关键任务制定程序文件和工作指南，还包括变更管理和应急反应计划。

**(5) 评价和风险管理**

评价和风险管理是通过调查和分析公司中已有和可能会产生的健康、安全与环境危害和影响，以及对当前的管理、控制现状进行全面分析和系统评价的过程。通过这一过程可识别公司的现状和存在的健康安全与环境问题，为建立 HSE 管理体系提供背景条件和基础，为事故和风险的控制及预防打下可靠的基础。

**(6) 实施和监测**

实施和监测主要包括活动的实施、监测和必要时采取的纠正措施。不同层次的人员负有不同的职责和担当不同的任务，应根据 HSE 方针，在计划阶段或更早阶段按照工.作程序与指南开展和执行相应活动与任务；公司应建立和保持工作程序，监测 HSE 表现的有关情况，记录和保存相应的监测结果，以利于 HSE 表现的持续改进。

**(7) 审核和评审**

审核和评审是 HSE 管理体系的最后环节，是定期对 HSE 管理体系的表现、有效性和持续适用性所进行的评估，是体系持续改进的必要保证。

审核是对体系是否按照预定要求运行的检查和评价活动，其可分为内部审核（审核组成员来自公司内部）和外部审核（应公司要求，由外部审核机构进行）；评审是对体系的充分性、适宜性和有效性进行的检查，由公司最高层组织进行。

**(8) 纠正与改进**

纠正与改进不作为单独要素列出，而是贯穿于循环过程的各要素中。

## 13.1.3 HSE 管理体系发展趋势

随着全球一体化和石油经济的发展，健康安全与环境管理体系已在国际石油工业界得到广泛实施。许多大型石油天然气公司在建立和实施 HSE 管理体系的过程中获得了许多有意的经验，如企业文化的建立，健康、安全与环境创优计划，HSE 表现年报的外部验证，ISO 14000 认证的 HSE 管理体系的实施，以及一体化质量、健康、安全与环境（QHSE）管理体系建立等。

一体化（QHSE）管理体系主要是从并存的几种管理体系之间整合一些共同点，如方针制定、法规符合、培训、文件控制、监督、不符合控制、审核和管理评审等。而对一些特殊要素则分类进行控制，如质量管理体系中加工、储运、包装、服务以及产品和服务的检查，健康、安全与环境管理体系中风险消减或应急管理控制等。

中国石油天然气集团公司健康、安全和环境管理体系标准是对国际标准化组织 ISO/CD14690《石油天然气工业健康、安全和环境管理体系》（标准草案）的等同转化，该标准草案已得到世界上主要石石油公司的认可。

# 13.2  钻井 HSE 管理体系

石油天然气钻井作业是勘探和开发油气田的主要手段，是高投入、高风险和高技术水平的特殊作业。由于钻井工艺和钻井场所的特殊性，在钻井作业的不同阶段和不同的环节中，均存在对人员身体健康、人员与设施安全和生态环境等不同程度、不同形式的影响和危害，也存在不同程度、形式各异的风险。

## 13.2.1  钻井 HSE 管理体系的产生与作用

原中国石油天然气总公司于 1997 年 6 月 27 日发布了 SY/T 6276—1997《石油天然气工业健康、安全与环境管理体系》，并于 1997 年底发布了 SY/T 6283—1997《石油天然气钻井健康、安全与环境管理体系指南》等标准。在 1999 年发布了《中国石油天然气集团公司 HSE 体系管理手册》，标志着中石油 HSE 管理体系全面推行。2013 年，发布了最新的 Q/SY 1002.10—2013《健康，安全和环境管理体系》。

在钻井作业中全面推行和实施 HSE 管理体系标准，有利于防范和消减钻井作业中的各种风险，充分体现"以人为本、预防为主、防治结合、持续改进"的原则，使钻井队（平台）员工接受"安全是最大的节约，安全出效益"的理念。

在钻井作业中全面推行和实施 HSE 管理体系标准，符合国家的可持续发展战略，有利于促进石油工业的发展，能有效地控制钻井作业全过程中对健康、安全与环境的影响，满足安全生产人员健康和环境保护的需要，为保护人类生存和实现国民经济的可持续发展做出应有的贡献。

在钻井作业中全面推行和实施 HSE 管理体系标准，增强员工对安全事故和环境污染事故的预防意识，有助于减少钻井作业中各种事故、特别是重大恶性事故的发生，降低钻井作业风险，减少钻井作业成本，节约能源和资源，有利于提高钻井行业的健康、安全与环境风险管理水平。

在钻井作业中全面推行和实施 HSE 管理体系标准，促进我国石油天然气钻井企业的健康、安全与环境管理与国际接轨，可以增强钻井队伍的市场竞争能力，促进我国钻井企业进入国际市场。

总之，在钻井作业中实施健康、安全与环境风险管理，一方面可以通过提高 HSE 的管理质量，改善企业的形象；另一方面，通过减少和预防事放的发生，降低和预防 HSE 风险，提高经济效益，增强市场竞争力，使经济效益、社会效益和环境效益有机地结合在一起，为保护人类生存和发展作出应有的贡献。

### 13.2.2　风险管理的基本概念

HSE 管理体系明确定义了有关的术语，其内涵有别于其他管理体系。

① 风险　发生特定危害事件的可能性以及事件结果的严重性。

② 危害　可能引起的损害，包括引起疾病和外伤，造成财产损失或环境破坏，导致生产损失或增加负担。

③ 危害评价　依据现有的专业经验评价标准和准则，对危害分析结果做出判断的过程。

④ 危险源　是指可能造成人员伤害、财产损失或环境破坏的根源，可以是一件设备、处设施或一个系统；也可能是多件设备、一处设施或个系统中存在的一部分。

⑤ 事故隐患　隐患是指客观存在的，对人和物的潜在危害。事故隐患是指作业场所、设备或设施的不安全状态、人的不安全行为和管理缺陷。

⑥ 风险管理　是指对系统存在的危险生进行定性和定量分析，得出系统发生危害的可能性及其后果严重程度的评价。根据评价结果，对危害尤其是重大危害因素制定风险消减措施，编制应急反应计划，以实现对风险及其影响的管理。

风险管理充分体现对事故危害及影响以预防为主、突出控制和消减风险的管理思想。

图 13-2 显示了风险管理的控制过程。

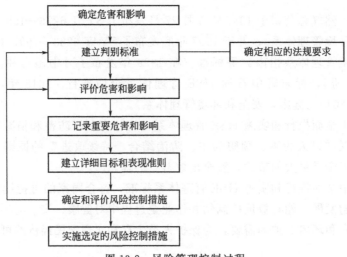

图 13-2　风险管理控制过程

### 13.2.3　钻井作业 HSE 风险识别

众所周知，钻井是高风险的行业，在整个钻井作业活动中都可能有对健康、安全与环境产生危害的潜在影响因素。钻井作业风险识别具有差异性、严重性、多样性、时间性、隐蔽性、变化性等特征，识别钻井作业活动中潜在的 HSE 风险与危害影响因素，是有效控制、削减钻井过程中给健康、安全与环境带来的危害及影响的重要基础。

### 13.2.3.1  钻井作业 HSE 风险因素的识别方法

根据钻井作业地区环境调查结果和钻井作业活动中易发生事故环节以及日常管理经验，从人的行为、物理状态、环境因素等方面进行分析，对钻井作业项目的全过程进行风险因素识别。可采用危险点源分级挂牌、危害程度分级挂图、环境监测、关联图等定性方法和定量方法进行风险识别。

钻井作业 HSE 风险识别，通常可采用关联图分析法，它是通过一种假设方法，是用图表示危害如何产生及如何导致一系列后果的危险分析法。

### 13.2.3.2  钻井及相关作业的主要风险

钻井作业过程中，存在相关承包方的技术服务作业，产生的 HSE 风险会影响整个全局。因此，在进行风险识别时，不但要识识别共同风险，也要识别相关作业风险。

**(1) 共同作业风险**

ⅰ.井喷及井喷失控可能造成地层碳氧化合物的溢出。

ⅱ.火灾及爆炸：地层碳氧化合物的溢出，特别是轻质油、硫化氢等可燃气体溢出，汽油、柴油、润滑油及机油等泄漏造成火灾爆炸危险事故。

ⅲ.营房火灾。

ⅳ.电器火灾。

ⅴ.现场易燃纤维或其他物品着火。

ⅵ.高空作业人员坠落。

ⅶ.高空物品坠落。

ⅷ.起吊重物坠落。

ⅸ.人员施工操作过程中造成物体打击危险。

ⅹ.机械伤害。

ⅺ.触电伤害。

ⅻ.食物中毒。

ⅹⅲ.化学品中毒。

ⅹⅳ.硫化氢中毒。

ⅹⅴ.噪声伤害。

ⅹⅵ.交通事故。

ⅹⅶ.恶劣天气或大自然灾害造成的危害，如山洪、地震、雷击等。

ⅹⅷ.环境污染：包括修建道路、井场对植被的破坏作业及生活污水、有害气体对大气的污染。

ⅹⅸ.海上钻井的风险：海浪、台风等恶劣天气的危害，如平台倾斜、倒塌撞船、迷航。

ⅹⅹ.社会环境带来的风险：如不法分子侵袭、战争骚乱等。

**(2) 相关作业风险**

ⅰ.测井作业风险：放射性伤害、射孔弹误发伤人危险、测井仪器落井危险。

ⅱ.录井作业风险：使用的天然气样标瓶泄漏，野蛮装卸可能造成火灾爆炸，使用三氯甲烷等有毒物料可能造成中毒危害，使用强酸性物质可能造成人员皮肤腐蚀或烧伤危险等。

ⅲ.定向井作业风险：测斜绞车伤人、定向井工具落井危险。

ⅳ.固井作业风险：高压管汇泄漏可能造成人员伤亡严重，窜槽未封住高压油气水层发生井喷危险。

ⅴ.试油作业风险：管线爆炸接头泄漏，井口采油树刺漏、压爆等。

ⅵ.相关作业产生的废水、废渣、废气对环境的污染。

### 13.2.4　钻井作业 HSE 风险消减措施

钻井作业 HSE 风险消减措施就是根据钻井工艺的特点及所在地理环境和条件，利用先进的科学技术，采用一些有效的预防措施将风险降低至实际合理的最低水平或将无法承受的风险危害转化成中等以及可以承受的水平。

在钻井作业中应本着"安全第一，预防为主"的方针，建立一套完善的 HSE 保障体系，制定出具体的预防控制、消除险情的措施。钻井作业 HSE 风险消减措施的制定和实施，涉及钻井施工过程中 HSE 管理的各个方面，既需要有消减风险措施的保障体系，也需要各级领导的承诺和人、财、物的支持。

#### 13.2.4.1　钻井作业 HSE 风险管理措施

钻井活动中的风险管理措施，是达到风险控制目标、保证风险消减措施的落实以及顺利实施钻井活动的重要保证。

**(1) 管理措施的内容**

ⅰ.建立完善钻井 HSE 风险防范保障体系和运行机制，保证有关风险消减措施的实施。

ⅱ.组织落实风险防范和消减措施必备的人、财、设备等条件和手段，并制定有关保护设备、工具的配制和采购计划。

ⅲ.识别钻井活动中各个阶段和不同工艺施工作业中可能产生的 HSE 风险，制定防止和消减措施。

ⅳ.制定钻井作业中各种险情和危害发生的应急反应计划，以减少影响。

ⅴ.钻井安全生产管理措施应形成文件形式，以规定、制度和条例形式下发，指导钻井安全生产。

ⅵ.制定危害影响的恢复措施。在钻井作业中，某些危害是不可避免的。

ⅶ.对提出的风险防范、消减和恢复措施可能产生的危害进行再识别和评估。

ⅷ.监控措施。

**(2) 钻井作业 HSE 管理监测**

实施 HSE 管理对健康安全与环境表现的有关情况进行监测，并建立和保存相应结果与记录，有利于健康安全与环境表现的持续改进，也是审核和评审的重要客观证据。

建立钻井健康、安全与环境管理的监测检查制度，是强化 HSE 管理的重要手段，督促HSE 各项消减风险措施落实到实处，也保证 HSE 管理质量的必要条件。

#### 13.2.4.2　硬件措施

在消减风险危害的措施中，硬件措施必不可少。消减钻井作业 HSE 风险的硬件措施包括：配备控制和消除危害的设备、仪器、工具、防护装置以及安全劳保用品等硬件的配置和保证钻井设备、设施的完整性及有效使用措施。硬件措施具体包括：

ⅰ.钻井搬家安装要求。

ⅱ.灭火器材配置。

ⅲ.劳动保护措施。

#### 13.2.4.3　系统措施

消减钻井作业 HSE 风险的系统措施，主要包括钻井施工中各种工程事故及安全隐患的预防和环境保护等措施。通过实施这些措施，消除和减少事故隐患，防止事故升级，从而降低系统风险。系统措施具体包括：

　　ⅰ.钻井中一般事故的防范与处理措施。

　　ⅱ.钻井工程事故预防措施。

　　ⅲ.钻井作业现场防火和营地火灾预防措施。

　　ⅳ.钻井作业现场环境保护措施。

　　ⅴ.预防硫化氢中毒措施。

　　ⅵ.恶劣天气危害的预防措施。

# 13.3　钻井作业 HSE "两书一表" 的编制

　　钻井作业 HSE "两书一表"，即《钻井作业 HSE（工作）指导书》《钻井作业 HSE（工作）计划书》和"钻井作业 HSE 管理检查表"，是指导和实施 HSE 管理的重要作业文件，是钻井队（平台）运行 HSE 管理体系的具体体现，是预防 HSE 风险的有效措施。

　　"两书一表"通常由负责 HSE 管理的有关人员、相关的技术专家或有经验的技术人员进行编制，初稿完成后交项目负责人审查修改，然后再交指定专家审核。根据专家审核意见修改定稿，由公司 HSE 管理小组进行讨论认可后，由主管健康、安全与环境的领导签发批准实施。

　　钻井作业 HSE "两书一表" 的编制应严格按照中国石油天然气集团公司的《中国石油天然气集团公司 HSE 作业指导书编写指南（试行）》、《中国石油天然气集团公司 HSE 作业计划书编写指南（试行）》文件进行。

## 13.3.1　《钻井作业 HSE（工作）指导书》的编制

　　钻井作业 HSE 指导书是 HSE 管理体系文件的重要组成部分，是对钻井岗位 HSE 工作的基本要求，是对现有的岗位操作规程和 HSE 作业文件的有效补充，是钻井队（平台）运行 HSE 体系的具体体现，是预防事故的有效措施，对现场作业的 HSE 管理和实施起着指导作用。

　　编写《钻井作业 HSE（工作）指导书》时，在总结作业规程和 HSE 管理经验的基础上，二级单位（钻井公司）可集中人力和精力，共同开发。

　　**(1)《钻井作业 HSE（工作）指导书》的编制原则**

　　该指导书的编制应体现 HSE 管理中共同性、普遍性、通用性和指导性原则。贯彻 HSE 管理体系及相关法律、法规要求，落实岗位 HSE 职责，消减和控制岗位 HSE 风险。一般来说，《钻井作业 HSE（工作）指导书》使用的时间长、范围广，内容相对固定或 "静态" 不变，适用于本公司大多数钻井队作业中的健康、安全与环境管理实施的指导，并保持相对稳定，一般不随项目改变。

　　**(2)《钻井作业 HSE（工作）指导书》编制的基本要求**

　　《钻井作业 HSE（工作）指导书》是指导实施 HSE 管理的正式书面文件，应体现严肃性和严谨性，内容和格式应严格按照《中国石油天然气集团公司 HSE 作业指导书编写指南（试行）》和编写规范的要求进行编制，术语和定义应符合 Q/SY 1002.1—2013 和《中国石油天然气集团公司 HSE 管理体系管理手册》的规定。内容的描述应符合 HSE 和 OSH 标准、HSE 相关的法律法规、公司管理体系文件的要求。

**(3)《钻井作业 HSE（工作）指导书》的结构和内容**

《钻井作业 HSE（工作）指导书》的结构包括以下几部分：封面、审核（审批）项、目录、正文和附录。

《钻井作业 HSE（工作）指导书》的内容分为六个层次：概述部分、HSE 管理体系、作业情况和岗位分布、岗位 HSE 职责的操作指南风险及控制、记录与考核。

除此之外，还可增加编写说明更改记录等项内容。

## 13.3.2 《钻井作业 HSE（工作）计划书》的编制

《钻井作业 HSE（工作）计划书》是针对某一口井的特定环境和工艺设计要求，通过对健康、安全与环境风险识别和评价，制定出的消减及控制风险的工作计划，是钻井队（平台）项目实施过程中的 HSE 管理作业文件，是《钻井作业 HSE（工作）指导书》的支持文件，而不是取代现有的 HSE 管理体系文件。根据《钻井作业 HSE（工作）指导书》有关风险管理、应急预案等内容，结合具体的钻井施工项目作出细化和补充，在钻井项目实施前编写完成。在编制过程中，应严格按照《中国石油天然气集团公司 HSE 作业计划书编写指南（试行）》的要求进行编写。

**(1)《钻井作业 HSE（工作）计划书》的编制原则**

编制时应遵循针对性、实用性、可操作性和计划性的原则，尽可能做到简单、实用、全面。使内容容易理解、容易管理、容易操作，达到职责清、程序清和目标清的要求。在制定一口井 HSE 管理措施预案和计划时，应根据该井的实际地理环境、钻井工艺设计以及 HSE 管理方针、目标和要求来制定，并从经济效益、社会效益和环境效益三个方面来考虑，制定出的方案和措施能有效地付诸实施。

**(2)《钻井作业 HSE（工作）计划书》编制的基本要求**

编制时应针对具体实施的钻井项目，充分考虑业主、承包商以及其他相关方的要求，在开工前编写完毕后，经项目方评审实施。内容和格式应严格按照《中国石油天然气集团公司 HSE 作业计划书编写指南》试行和编写规范的要求进行编制，术语和定义应符合 Q/SY 1002.1—2013 和《中国石油天然气集团公司 HSE 管理体系管理手册》的规定。

由于钻井作业场所、地域环境和工艺的特殊性复杂性，其 HSE 危害程度不同，在编写计划书时，可在不影响健康、安全与环境保护的前提下，对部分内容进行调整。

**(3)《钻井作业 HSE（工作）计划书》的结构**

《钻井作业 HSE（工作）计划书》篇章的结构应包括：封面、审核和审批项、目录、正文、附件及变更记录等。

## 13.3.3 "钻井作业 HSE 管理检查表"的编制

"钻井作业 HSE 管理检查表"，是监测现场 HSE 管理实施效果，评价 HSE 管理体系运行有效性的重要工具，通过检查表对监测检查结果的记录，有利于发现事故隐患、降低作业 HSE 风险、促进 HSE 管理体系的顺利运行。

**(1)"钻井作业 HSE 管理检查表"的编制原则和要求**

针对不同的检查项目和要求，编制不同的表格形式，使文字形式的检查制度、检查内容与要求，结论内容形式表格化，防止漏检，方便检查操作。在编制"钻井作业 HSE 管理检查表"时，应遵循针对性、实用性和简明性的原则，编制规范表格。

**(2)"钻井作业 HSE 管理检查表"的内容**

钻井作业 HSE 管理检查在项目较多，检查项目的类型也各不相同，因此，不同检查表的栏目设置就存在差异，但通常应包括表头和表格两部分。

"钻井作业 HSE 管理检查表"表头的内容通常包括：井号、队（平台）号、检查人、监督人、记录人、检查日期编码和顺序号等。

"钻井作业 HSE 管理检查表"表格内容的设置应根据不同的检查项目设置不同的栏目，通常包括（但不限于）以下内容：检查项目（包括被检查部位、岗位设备名称等），检查标准或要求，检查结果，存在的问题和整改意见措施或方案，责任人，整改日期等。

## 13.3.4　钻井作业 HSE 管理检查内容

根据建立的健康安全与环境管理的监测检查制度和有关 HSE 管理检查项目的要求，制定"钻井作业 HSE 管理检查表"，以方便检查操作。"钻井作业 HSE 管理检查表"通常有上级单位（如钻井公司）对钻井队 HSE 管理的检查和钻井队 HSE 自检表两种。

**(1) 钻井队 HSE 管理实施情况检查表**

此表主要反映钻井队（平台）实施 HSE 管理的情况，检查表主要内容包括：

ⅰ. 钻井队 HSE 管理小组人员配备和职责落实情况。

ⅱ. 井队是否按 HSE 管理运作情况。

ⅲ. 井队有关 HSE 管理的规章制度的制定情况。

ⅳ. 钻井作业 HSE 指导书、计划书的执行情况。

ⅴ. 钻井队 HSE 检查的执行情况、检查表及记录情况。

ⅵ. 有关 HSE 管理的法律法规、规程规定等文件资料和资料管理情况。

ⅶ. 对井队员工进行健康、安全与环境保护方面的宣传、教育和培训情况。

ⅷ. 有关 HSE 的规章制度措施是否贴在墙上，危险部位警示标志或警示牌的配备和管理情况等。

**(2) 开钻前验收检查表**

开钻前应对所有的结前准备工作进行一次 HSE 方面的全面检查，未达到健康、安全与环境保护的要求不能开钻。其内容包括：井场、钻井设备消防设施营地、人员安全检查等。

**(3) 每周钻机安全检查表**

此表是为常规钻机、设备的例行安全检查设置的表格。其内容包括设备及部件的工况，安全防护设施、卫生等情况。

**(4) 钻井设备维护检查表**（月检查表）

此表主要是为钻井设备维护月检查设置的表格。主要检查内容包括井架和底座、提升系统、传动系统、循环系统以及气控系统，重点检查设备的磨损、变形情况及工况。该表也可作为大型施工（如下套管、固井等作业）前的设备检查用表。此外，表格内容应包括设备维护责任人等项目。

**(5) 钻井设备维护检查表**（周检查表）

此表主要是为钻井设备维护每周检查设置的表格，主要检查内容包括提升系统、传动发统、循环系统以及气控系统，重点检查各部件的工况。

**(6) 钻井设备维护检查表**（班检查表）

此表主要是为钻井设备维护每班检查设置的表格，主要检查内容包括提升系统、传动系统、循环系统以及气控系统，重点检查各部件的工作性能、可靠性能以及每班需要维护设备正常运行所要求的性能。

**(7) 井控装置安全检查表**

此表是专为井控装置安全检查设置的表格，主要内容包括防喷器组、防喷管汇、节流压井管汇、远程控制台、司钻控制台的全套井控装置，重点检查安装是否符合要求、是否处于良好的工况以及维护保养情况等。

**(8) 每周营房安全与卫生检查表**

此表是为每周例行检查营房、营地安全与卫生情况设置的表格，主要内容包括浴室、厕所、厨房、餐厅、营房的清洁卫生、防火及用电安全等。该表格的设计可有多种形式，如卫生检查结果可给出检查评比的等级。

**(9) 钻井队**（平台）**污水治理检查表**

此表主要是为检查钻井队（平台）的污水排放及治理情况设置的表格，主要内容包括现场监测和室内分析两部分。现场监测内容包括污水类型、污水来源（作业污水或生活污水）、污水量、污水处理方法、回用量以及达标排入量等情况。室内分析内容包括按规定要求的监测项目、分析方法、分析结果等项目。

**(10) 钻井队**（平台）**易燃易爆及有毒危险品安全检查表**

此表主要是为检查钻井队（平台）易燃易爆及有毒危险品设置的表格，主要内容包括易燃、易爆及有毒危险品名称、数量用途、危险类型、存放保管要求和管理人员等。

**(11) 钻井队**（平台）**医疗设施配备情况检查表**

此表是为检查钻井队（平台）医疗设施配备情况设置的表格，主要内容包括钻井队（平台）医疗设施状况、医疗器材和药品的配备情况等。该表格也可以按规定设置钻井队（平台）应配备的医疗器材和药品数量、药品规格等，以便对照检查。

**(12) 钻井队**（平台）**HSE 管理检查班报表**（行政班）

此表是专为检查行政班各岗位 HSE 管理检查设置的表格。主要内容包括行政班所有人员岗位职责落实情况及存在的问题。

**(13) 钻井队**（平台）**HSE 管理检查班报表**（生产班）

此表是专为检查生产班各岗位 HSE 管理检查设置的表格，主要内容包括生产班所有人员岗位职责落实情况及存在的问题。

**(14) 钻井队**（平台）**HSE 管理检查周报表**

此表主要是为每周 HSE 管理检查的结果进行小结和统计设置的表格，主要内容包括设备工况、工程事故及事故隐患、员工健康、安全情况和营地安全与环境情况以及存在的问题、整改措施和方案等。

**(15) 钻井队**（平台）**HSE 管理检查月报表**

此表主要是为每月 HSE 管理检查的结果进行小结和统计设置的表格，一般应报送上级单位（钻井公司），主要内容包括本月的生产简况、设备工况、工程事故、员工健康、安全情况和营地安全与环境情况、应急措施培训演习 HSE 管理实施情况以及存在的问题和整改意见等。

**(16) 钻井队（平台）HSE 管理完井评估（审核）检查表**

此表是为完井后对钻井队（平台）HSE 管理进行评估检查设置的表格，表格应有检查内容、检查结果、实施 HSE 管理的效果与评审结论等项目。检查的主要内容包括：

ⅰ.承诺是否实现。

ⅱ.预定目标是否达到 HSE 计划。

ⅲ.措施实施是否顺利，HSE 计划是否完成。

ⅳ.安全预防措施的效率、工程事故预防措施的效果。

ⅴ.环境污染预防措施效果。

ⅵ.应急措施的有效性。

ⅶ.制定的 HSE 计划措施是否有误。

ⅷ.有无重大变更、有无重大安全事故。

ⅸ.有无重大环境污染事故。

ⅹ.有无重大人身伤亡事故。

ⅺ.环境恢复情况。

ⅻ.所有 HSE 管理资料情况。

ⅹⅲ.实施 HSE 管理存在的主要问题。

ⅹⅳ.其他需要检查的内容等。

### 13.3.5 附件的编制

在钻井作业 HSE 管理及计划书中，工体检情况登记表除了"两书一表"外，还可根据需要编制一些有关 HSE 管理的附件，如钻井队（平台）员工体检情况登记表、钻井队（平台）HSE 管理入场登记表、钻井队（平台）HSE 管理员工综合成绩评比表、钻井队（平台）HSE 管理隐患整改情况统计表、钻井队（平台）HSE 管理事故报告表、钻井队（平台）不安全问题及事故隐患报告表等实用表格。

# 单元习题

1.简述 HSE 管理体系。

2.简述钻井 HSE 管理体系中的风险。

# 参 考 文 献

[1]  陈庭根，管志川.钻井工程理论与技术.东营：石油大学出版社，2000.

[2]  钻井手册（甲方）编写组.钻井手册（甲方）.北京：石油工业出版社，1990.

[3]  谢南屏.钻井工程.北京：石油工业出版社，1997.

[4]  蒋希文.钻井事故与复杂问题.北京：石油工业出版社，2002.

[5]  孙明光.钻井、完井工程基础知识手册.北京：石油工业出版社，2002.

[6]  王德新.完井与井下作业.东营：石油大学出版社，1999.

[7]  周英操，翟洪军，等.欠平衡钻井技术与应用.北京：石油工业出版社，2003.

[8]  高德利，翟洪军，等.复杂地质条件下深井超深井钻井技术.北京：石油工业出版社，2004.

[9]  中国石油勘探与生产分公司工程技术与监督处.钻井监督.北京：石油工业出版社，2003.

[10]  董国永.钻井作业 HSE 风险管理.北京：石油工业出版社，2001.

[11]  陈平.钻井与完井工程.北京：石油工业出版社，2005.

[12]  韩志勇.定向井设计与计算.北京：石油工业出版社，1989.

[13]  苏义脑.水平井井眼轨道控制.北京：石油工业出版社，2000.

[14]  王清江.定向井钻井技术.北京：石油工业出版社，2012.

[15]  胡湘炯，高德利.油气井工程.北京：石油工业出版社，2003.

[16]  刘修善.井眼轨道几何学.北京：石油工业出版社，2006.

[17]  吴翔，杨凯华，蒋国盛.定向钻进原理与应用.武汉：中国地质大学出版社，2006.

[18]  毛建华，王清江.NWD 磁干扰的分析与判断方法探讨.钻采工艺，2008.

[19]  王清江，毛建华.定向井井眼轨迹预测与控制技术.钻采工艺，2008.

[20]  王清江，毛建华."井眼惯性"对水平井水平段轨迹控制的影响探讨.钻采工艺，2009.

[21]  周金葵，李效新.钻井工程.北京：石油工业出版社，2007.

[22]  中国石油天然气集团公司人事部.石油钻井技师培训教程.北京：石油工业出版社，2012.

[23]  杨伟，苗崇良，李建铭.油气井井控.北京：石油工业出版社，2012.

[24]  龙艺辉，于文平.井控技术.北京：石油工业出版社，2013.

[25]  金业权，刘刚.钻井装备与工具.北京：石油工业出版社，2012.

[26]  中国石油天然气集团公司.中石油天然气集团公司固井技术规范.北京：石油工业出版社，2008.

[27]  中国石油天然气集团公司职业技能鉴定指导中心.固井工.东营：石油大学出版社，2003.

[28]  谷风贤，刘桂和，周金葵.钻井作业.北京：石油工业出版社，2011.

[29]  王义洲，最新石油固井关键技术应用手册.北京：石油工业出版社，2007.

[30]  贾忠杰，刘桂和.钻井工程实训指导.北京：石油工业出版社，2007.

[31]  陈涛平，胡靖邦.石油工程.北京：石油工业出版社，2002.

[32]  何耀春，赵红星.石油工业概论.北京：石油工业出版社，2006.

[33]  中国石油天然气集团公司 HSE 指导委员会.钻井作业 HSE 风险管理.北京：石油工业出版社，2001.

[34]  王建学，万健仓，沈慧.钻井工程.北京：石油工业出版社，2008.

[35]  董国永，赵朝成.健康安全与环境管理体系.北京：石油工业出版社，2000.

[36]  刘子春，张召平，石凤岐.钻井工程事故预防与处理.北京：石油工业出版社，2000.

[37]  郭伟，刘桂和，王清江.钻井工程.北京：石油工业出版社，2015.